2022
浙江科技统计年鉴

浙江省科学技术厅
浙江省统计局 编

ZHEJIANG UNIVERSITY PRESS
浙江大学出版社
·杭州·

图书在版编目（CIP）数据

2022浙江科技统计年鉴 / 浙江省科学技术厅，浙江
省统计局编. —— 杭州 : 浙江大学出版社，2022.12
　　ISBN 978-7-308-23301-9

　　Ⅰ. ①2… Ⅱ. ①浙… ②浙… Ⅲ. ①科技统计—浙江
—2022—年鉴 Ⅳ. ①G322.755-66

　　中国版本图书馆CIP数据核字（2022）第221649号

2022浙江科技统计年鉴

浙江省科学技术厅　　编
浙 江 省 统 计 局

责任编辑	范洪法　樊晓燕
责任校对	王　波
装帧设计	刘依群
出版发行	浙江大学出版社
	（杭州市天目山路148号　邮政编码310007）
	（网址：http://www.zjupress.com）
排　　版	浙江时代出版服务有限公司
印　　刷	杭州宏雅印刷有限公司
开　　本	889mm×1194mm　1/16
印　　张	22.25
字　　数	592千
版 印 次	2022年12月第1版　2022年12月第1次印刷
书　　号	ISBN 978-7-308-23301-9
定　　价	180.00元

《2022 浙江科技统计年鉴》编辑委员会

编 辑 说 明

为反映浙江科技进步状况和区域创新能力，满足宏观管理部门制定科技发展规划和调整科技政策的需要，浙江省科技厅、省统计局在征询有关部门意见的基础上，共同整理编辑了这本科技统计资料书。

本书收集了浙江各类科技活动的投入产出等方面统计数据，较为全面、系统地描述了浙江区域科技活动的规模、水平、布局、构成与发展，是有关管理部门和社会各界了解、研究和分析浙江科技政策以及科技活动情况的主要工具书。

本书共分六个部分。第一部分为全社会科技活动的综合统计资料，主要有科技活动人员构成与投入情况、科技活动经费构成与投入情况、地方财政科技拨款情况、科技成果产出及获奖、技术市场成交等指标的综合资料；第二、三、四、五部分则依次为研究与开发机构、规模以上工业企业、大中型工业企业、高等院校的科技活动统计资料，主要有机构情况、科技活动人员情况、科技活动经费筹集与支出情况、科技项目（课题）情况、成果和知识产权等科技产出情况的内容；第六部分为浙江高技术产业发展状况的综合资料。本书的最后还附了主要指标解释，便于读者了解科技统计数据资料的统计定义、口径范围和统计方法。

目　录

一、综　合

二、研究与开发机构

三、规模以上工业企业

四、大中型工业企业

五、高等院校

六、高技术产业

一、综　合

1-1 各市土地面积和行政区划（2021）

城市	土地面积 （平方公里）	市辖区 （个）	县（县级市） （个）	建制镇 （个）	乡 （个）	村 （个）
杭州市	16850	10	3	75	23	1913
宁波市	9816	6	4	73	10	2159
温州市	12103	4	8	92	26	2951
嘉兴市	4237	2	5	42		743
湖州市	5820	2	3	38	6	916
绍兴市	8279	3	3	49	7	1587
金华市	10942	2	7	74	30	2841
衢州市	8844	2	4	43	39	1482
舟山市	1459	2	2	17	5	280
台州市	10050	3	6	61	24	3023
丽水市	17275	1	8	54	88	1890

1–2　全省生产总值（1978—2021）

年份	全省生产总值（亿元）	第一产业（亿元）	第二产业（亿元）	第三产业（亿元）	工业产值（亿元）	人均生产总值（元）
1978	123.72	47.09	53.52	23.11	46.97	332
1979	157.75	67.56	64.07	26.12	55.59	418
1980	179.92	64.61	84.07	31.24	73.71	472
1981	204.86	69.06	94.68	41.12	84.08	532
1982	234.01	84.88	98.44	50.69	87.21	600
1983	257.09	82.89	113.12	61.08	102.55	652
1984	323.25	104.40	141.48	77.37	127.91	813
1985	429.16	123.88	198.91	106.37	178.68	1070
1986	502.47	136.29	230.89	135.29	206.63	1241
1987	606.99	159.41	281.47	166.11	249.69	1482
1988	770.25	195.68	354.39	220.18	315.36	1858
1989	849.44	210.95	386.25	252.24	346.50	2028
1990	904.69	225.04	408.18	271.47	363.74	2143
1991	1089.33	245.22	494.11	350.00	438.36	2564
1992	1375.70	262.67	652.26	460.77	581.73	3209
1993	1925.91	315.97	982.19	627.75	876.26	4459
1994	2689.28	438.65	1395.61	855.02	1243.37	6183
1995	3563.90	549.95	1856.32	1157.63	1650.60	8144
1996	4195.76	594.93	2233.98	1366.85	1989.68	9534
1997	4695.93	618.90	2557.87	1519.16	2293.10	10615
1998	5065.50	609.30	2772.28	1683.92	2495.25	11395
1999	5461.27	606.32	2983.27	1871.68	2693.52	12229
2000	6164.79	630.97	3287.10	2246.72	2964.69	13467
2001	6927.70	659.78	3590.07	2677.85	3205.39	14726
2002	8040.66	685.20	4112.87	3242.59	3670.38	16918
2003	9753.37	717.85	5126.27	3909.25	4501.61	20249
2004	11482.11	803.83	6160.40	4517.87	5428.69	23476
2005	13028.33	881.47	6953.67	5193.19	6177.64	26277
2006	15302.68	913.16	8295.66	6093.87	7418.99	30415
2007	18639.95	969.27	10122.74	7547.94	9093.98	36453
2008	21284.58	1073.30	11512.68	8698.60	10317.04	41061
2009	22833.74	1134.68	11882.36	9816.70	10491.27	43543
2010	27399.85	1322.85	14140.90	11936.10	12432.05	51110
2011	31854.80	1535.20	16271.04	14048.56	14277.77	57828
2012	34382.39	1610.81	17040.53	15731.05	14853.27	61097
2013	37334.64	1718.74	18162.78	17453.12	15835.77	65105
2014	40023.48	1726.57	19580.72	18716.19	16955.25	68569
2015	43507.72	1771.36	20606.55	21129.81	17803.30	73276
2016	47254.04	1890.43	21571.25	23792.36	18661.48	78384
2017	52403.13	1933.92	23246.72	27222.48	20038.67	85612
2018	58002.84	1975.89	25308.13	30718.83	21621.19	93230
2019	62462.00	2086.70	26299.51	34075.77	22520.94	98770
2020	64689.06	2166.26	26361.50	36161.30	22627.82	100738
2021	73515.76	2209.09	31188.57	40118.10	27015.35	113032

注：1. 本表按当年价格计算。2000 年以后人均生产总值均按常住人口计算。

2. 从 2004 年起第一产业包括农林牧渔服务业。

3. 2013 年起三次产业分类依据国家统计局 2012 年制定的《三次产业划分规定》，后表同。

4. 2016 年起研发支出计入地区生产总值，后表同。

1-3 历年总户数和总人口数（1978—2021，年底数）

年份	总户数（万户）	总人口数（万人）	按性别分（万人）	
			男性	女性
1978	897.62	3750.96	1948.29	1802.67
1979	905.32	3792.33	1967.40	1824.93
1980	923.58	3826.58	1985.59	1840.99
1981	965.92	3871.51	2007.55	1863.96
1982	990.66	3924.32	2034.98	1889.34
1983	1014.03	3963.10	2056.06	1907.04
1984	1038.85	3993.09	2071.46	1921.63
1985	1081.20	4029.56	2090.69	1938.87
1986	1122.09	4070.07	2112.05	1958.02
1987	1167.30	4121.19	2137.38	1983.81
1988	1211.08	4169.85	2161.26	2008.59
1989	1240.41	4208.88	2180.83	2028.05
1990	1259.49	4234.91	2193.71	2041.20
1991	1276.80	4261.37	2206.65	2054.72
1992	1297.81	4285.91	2218.72	2067.19
1993	1311.07	4313.30	2232.72	2080.58
1994	1321.54	4341.20	2246.57	2094.63
1995	1339.82	4369.63	2259.54	2110.09
1996	1353.99	4400.09	2273.54	2126.55
1997	1369.79	4422.28	2282.85	2139.43
1998	1389.44	4446.86	2293.29	2153.57
1999	1410.25	4467.46	2302.64	2164.82
2000	1440.40	4501.22	2316.54	2184.68
2001	1447.67	4519.84	2323.87	2195.97
2002	1466.19	4535.98	2330.30	2205.68
2003	1485.72	4551.58	2335.61	2215.97
2004	1509.29	4577.22	2345.26	2231.96
2005	1534.16	4602.11	2354.19	2247.91
2006	1556.53	4629.43	2364.97	2264.46
2007	1578.85	4659.34	2377.12	2282.22
2008	1595.70	4687.85	2388.98	2298.87
2009	1604.17	4716.18	2400.16	2316.02
2010	1607.86	4747.95	2413.13	2334.83
2011	1618.04	4781.31	2426.93	2354.38
2012	1616.25	4799.34	2433.68	2365.66
2013	1622.44	4826.89	2445.04	2381.86
2014	1630.49	4859.18	2458.69	2400.49
2015	1642.42	4873.34	2462.76	2410.58
2016	1652.99	4910.85	2479.23	2431.62
2017	1672.00	4957.63	2499.50	2458.13
2018	1694.80	4999.84	2517.95	2481.89
2019	1715.29	5038.91	2535.05	2503.86
2020	1741.09	5069.00	2547.06	2521.94
2021	1764.71	5095.78	2556.86	2538.91

注：本表资料为公安年报数。

1-4 按三次产业分的就业人员总数（1985—2021，年底数）

年份	就业人员总数（万人）	第一产业	第二产业	第三产业	构成（以合计为100）		
					第一产业	第二产业	第三产业
1985	2318.56	1273.25	735.22	310.09	54.9	31.7	13.4
1986	2386.42	1275.22	765.13	346.07	53.4	32.1	14.5
1987	2444.73	1272.01	802.04	370.68	52.0	32.8	15.2
1988	2502.73	1282.16	803.67	416.90	51.2	32.1	16.7
1989	2522.86	1330.74	770.12	422.00	52.7	30.5	16.7
1990	2554.46	1358.28	762.48	433.70	53.2	29.8	17.0
1991	2579.36	1366.99	770.86	441.51	53.0	29.9	17.1
1992	2600.38	1359.49	770.81	470.08	52.3	29.6	18.1
1993	2615.89	1248.22	886.90	480.77	47.7	33.9	18.4
1994	2640.51	1193.56	917.87	529.08	45.2	34.8	20.0
1995	2621.47	1152.15	882.82	586.50	44.0	33.7	22.3
1996	2625.06	1129.34	886.02	609.70	43.0	33.8	23.2
1997	2619.66	1113.27	881.42	624.97	42.5	33.6	23.9
1998	2612.54	1108.81	854.14	649.59	42.4	32.7	24.9
1999	2625.17	1078.16	784.29	762.73	41.0	29.9	29.1
2000	2726.09	969.97	966.30	789.82	35.6	35.5	29.0
2001	2796.65	935.24	1009.55	851.86	33.4	36.1	30.5
2002	2858.56	885.29	1070.13	903.14	31.0	37.4	31.6
2003	2918.74	826.03	1201.30	891.41	28.3	41.2	30.5
2004	2991.95	779.65	1304.94	907.36	26.1	43.6	30.3
2005	3100.76	759.53	1397.69	943.54	24.5	45.1	30.4
2006	3172.38	717.81	1452.29	1002.28	22.6	45.8	31.6
2007	3220.29	680.23	1465.91	1074.15	21.1	45.5	33.4
2008	3252.35	645.02	1480.50	1126.83	19.8	45.5	34.7
2009	3288.29	610.32	1492.13	1185.84	18.6	45.4	36.1
2010	3352.00	573.83	1508.77	1269.40	17.1	45.0	37.9
2011	3385.00	535.77	1523.40	1325.83	15.8	45.0	39.2
2012	3407.00	498.99	1539.02	1368.99	14.7	45.2	40.2
2013	3436.00	460.98	1553.63	1421.39	13.4	45.2	41.4
2014	3459.00	425.50	1569.26	1464.24	12.3	45.4	42.3
2015	3505.00	387.66	1588.73	1528.61	11.1	45.3	43.6
2016	3552.00	351.64	1609.18	1591.18	9.9	45.3	44.8
2017	3613.00	319.22	1629.66	1664.12	8.8	45.1	46.1
2018	3691.00	278.13	1649.05	1763.82	7.5	44.7	47.8
2019	3771.00	244.41	1673.08	1853.51	6.5	44.4	49.2
2020	3857.00	208.00	1692.00	1957.00	5.4	43.9	50.7
2021	3897.00	206.00	1727.00	1964.00	5.3	44.3	50.4

注：2011年起就业人口数据按照人口普查和住户失业率调查数据测算。

1-5 地方财政科技拨款情况 (1990—2021)

年份	地方财政科技拨款（亿元）	科技三项费	科学事业费	财政科技拨款占财政支出比重（%）
1990	1.50	0.77	0.73	1.87
1991	1.73	0.91	0.81	2.03
1992	1.93	0.96	0.95	2.03
1993	2.26	1.11	1.11	1.80
1994	2.78	1.32	1.37	1.82
1995	3.49	1.78	1.63	1.94
1996	4.42	2.04	2.19	2.07
1997	5.57	2.94	2.41	2.32
1998	7.30	4.08	2.98	2.55
1999	9.46	5.59	3.39	2.80
2000	13.98	9.18	3.95	3.24
2001	18.55	12.05	5.12	3.10
2002	24.94	16.05	6.12	3.33
2003	29.41	19.52	7.17	3.28
2004	38.35	25.18	9.15	3.61
2005	50.01	34.10	10.56	3.95
2006	62.88	41.52	12.81	4.29
2007	72.88			4.03
2008	88.19			3.99
2009	99.30			3.74
2010	121.40			3.78
2011	143.90			3.74
2012	165.98			3.99
2013	191.87			4.06
2014	207.99			4.03
2015	250.79			3.77
2016	269.04			3.86
2017	303.50			4.03
2018	379.66			4.40
2019	516.06			5.13
2020	472.13			4.68
2021	578.60			5.25

1–6 省本级财政科技拨款情况 (1999—2021)

年份	省本级地方财政科技拨款（亿元）	科技三项费	科学事业费	科技基建费	占本级财政支出比重（％）
1999	3.32	1.37	1.93	0.02	5.94
2000	3.97	1.76	2.20	0.01	5.99
2001	5.13	2.23	2.89	0.01	5.71
2002	6.52	3.33	3.12	0.07	6.19
2003	7.52	3.87	3.58	0.06	6.52
2004	10.01	5.53	4.48	0.01	7.29
2005	12.96	7.90	4.79	0.01	8.10
2006	16.48	9.09	5.58	0.01	9.04
2007	16.99				8.50
2008	18.86				7.50
2009	20.42				6.27
2010	22.02				6.29
2011	24.16				6.04
2012	27.00				6.27
2013	30.34				6.30
2014	23.77				4.94
2015	25.47				3.08
2016	24.40				4.79
2017	24.77				2.38
2018	28.42				4.93
2019	33.67				5.26
2020	31.68				4.68
2021	51.62				7.91

1-7 R&D 人员投入情况（1990—2021）

单位：万人年

年份	R&D 人员	按执行部门分			
		研究机构	高等院校	工业企业	其他部门
1990	1.23				
1991	1.30				
1992	1.39				
1993	1.49				
1994	1.56				
1995	1.63				
1996	1.71				
1997	1.76				
1998	2.31				
1999	2.74				
2000	2.86	0.29	0.53	1.62	0.43
2001	3.92	0.27	0.57	2.43	0.65
2002	4.46	0.28	0.77	2.66	0.74
2003	4.96	0.29	0.82	3.13	0.72
2004	5.85	0.28	1.03	3.98	0.56
2005	8.01	0.32	1.06	6.11	0.52
2006	10.81	0.34	1.05	8.80	0.63
2007	13.05	0.45	1.08	10.55	0.96
2008	16.03	0.41	1.13	13.03	1.46
2009	18.51	0.40	1.20	15.09	1.81
2010	22.35	0.42	1.30	18.57	2.05
2011	26.29	0.46	1.29	21.71	2.82
2012	27.81	0.54	1.34	22.86	3.07
2013	31.10	0.51	1.42	26.35	2.82
2014	33.84	0.56	1.41	29.03	2.84
2015	36.47	0.71	1.61	31.67	2.48
2016	37.66	0.71	1.77	32.18	2.99
2017	39.81	0.78	2.00	33.36	3.66
2018	45.80	0.89	2.07	39.41	3.43
2019	53.47	0.88	2.68	45.18	4.73
2020	58.30	0.98	2.89	48.05	6.38
2021	57.53	1.09	3.17	48.21	5.06

1-8 R&D 经费投入情况（1990—2021）

年份	R&D 活动经费 （亿元）	占 GDP 比重 （%）
1990	2.04	0.23
1991	2.27	0.21
1992	3.46	0.25
1993	4.43	0.23
1994	7.88	0.30
1995	9.14	0.26
1996	10.5	0.25
1997	15.19	0.33
1998	19.7	0.39
1999	27.05	0.50
2000	36.59	0.59
2001	44.74	0.65
2002	57.65	0.72
2003	77.76	0.80
2004	115.55	0.99
2005	163.29	1.25
2006	224.03	1.43
2007	286.32	1.53
2008	345.76	1.61
2009	398.84	1.73
2010	494.23	1.80
2011	612.93	1.90
2012	722.59	2.08
2013	817.27	2.18
2014	907.85	2.26
2015	1011.18	2.32
2016	1130.63	2.39
2017	1266.34	2.42
2018	1445.69	2.49
2019	1669.80	2.67
2020	1859.90	2.88
2021	2157.69	2.94

注：2016 年起研发支出计入地区生产总值。

1-9 R&D 经费支出情况（1990—2021）

单位：亿元

年份	R&D 经费支出	按执行部门分				按经费来源分			
		研究机构	高等院校	工业企业	其他部门	政府资金	企业资金	国外资金	其他资金
1990	2.04	0.96	0.51	0.52	0.05				
1991	2.27	0.87	0.69	0.64	0.06				
1992	3.46	1.21	1.25	0.90	0.09				
1993	4.43	1.48	1.77	1.04	0.13				
1994	7.88	1.33	1.82	4.52	0.21				
1995	9.14	1.85	2.42	4.63	0.24				
1996	10.50	2.23	2.43	5.56	0.29				
1997	15.19	2.96	3.04	7.85	1.34				
1998	19.70	3.10	3.00	11.80	1.80				
1999	27.05	3.04	3.71	17.80	2.50				
2000	36.59	3.21	3.33	26.54	3.51	5.73	26.93	0.53	3.40
2001	44.74	3.32	5.09	32.04	4.29	6.59	32.73	0.64	4.78
2002	57.65	2.97	6.58	42.58	5.52	6.77	42.20	0.17	8.51
2003	77.76	4.35	7.88	59.62	5.91	9.46	57.70	0.32	10.28
2004	115.55	4.62	13.33	91.10	6.50	13.78	97.42	0.63	3.72
2005	163.29	11.58	13.90	130.41	7.40	24.12	134.74	0.55	3.88
2006	224.03	12.38	15.99	183.39	12.27	28.00	190.28	1.12	4.63
2007	286.32	13.63	18.18	235.55	18.96	30.94	246.39	2.50	6.49
2008	345.76	13.89	19.15	283.73	28.99	37.08	296.46	4.39	7.83
2009	398.84	12.85	23.91	330.10	31.98	36.63	354.22	2.48	5.51
2010	494.23	15.36	34.55	407.43	36.89	48.00	435.45	3.27	7.53
2011	612.93	18.07	40.81	501.87	52.18	53.56	539.41	9.51	10.45
2012	722.59	21.83	44.72	588.61	67.43	60.41	644.37	3.13	14.68
2013	817.27	24.17	47.28	684.36	61.46	66.16	733.62	2.38	15.12
2014	907.85	27.12	49.76	768.15	62.83	70.65	817.35	2.58	17.27
2015	1011.18	30.28	56.14	853.57	71.19	75.29	911.30	2.00	22.60
2016	1130.63	35.03	54.65	935.79	105.16	78.72	1033.25	2.10	16.56
2017	1266.34	36.24	62.19	1030.14	137.77	91.58	1151.55	1.56	21.66
2018	1445.69	47.41	72.36	1147.39	178.53	113.89	1302.68	2.18	26.94
2019	1669.80	55.22	93.00	1274.23	247.35	136.33	1506.98	0.34	26.15
2020	1859.90	56.02	103.60	1395.90	304.38	164.95	1676.28	1.57	17.09
2021	2157.69	67.67	114.54	1591.66	383.82	201.35	1920.96	1.26	34.13

1-10 按行业分的事业单位专业技术人员数（2021）

单位：人

行　业	合计	按职务分		
		高级	中级	初级
总计	973139	205754	418803	348582
教育	535620	122382	247713	165525
科研	5542	2152	2437	953
文化	10968	2564	4715	3689
卫生	300110	61552	114144	124414
体育	1715	356	720	639
新闻出版	2126	558	959	609
广播电视	9839	1466	4447	3926
社会福利	2356	113	1054	1189
救助减灾	222	8	84	130
统计调查	568	39	191	338
技术推广与实验	8541	1763	3737	3041
公共设施与管理	23384	4271	9995	9118
物资仓储	83	8	30	45
监测	2250	584	983	683
勘探与勘察	2153	743	1196	214
测绘	841	281	436	124
检验检测与鉴定	1956	445	836	675
法律服务	545	17	160	368
资源管理事务	3848	609	1743	1496
质量技术监督事务	2947	829	1281	837
经济监管事务	1754	196	726	832
知识产权事务	210	36	75	99
公证与认证	385	47	146	192
信息与咨询	1865	320	772	773
人才交流	221	35	104	82
机关后勤服务	2176	237	902	1037
其他服务	50914	4143	19217	27554

1-11 按行业分的企业单位专业技术人员数（2021）

单位：人

项　目	总数	按职务分				
		高级职务	#正高级职务	中级职务	初级职务	未聘任专业技术职务
总计	206753	19996	1352	57734	63044	65979
农、林、牧、渔业	1343	79	5	388	709	167
采矿业	369	56	2	153	142	18
制造业	17891	2134	122	5561	5016	5180
电力、热力、燃气及水生产和供应业	19962	1754	52	6082	8303	3823
建筑业	29395	3918	255	9392	8842	7243
批发和零售业	24836	836	20	3409	5684	14907
交通运输、仓储及邮政业	43214	4493	355	11743	14698	12280
住宿和餐饮业	1034	47		173	214	600
信息传输、软件和信息技术服务业	3955	147	3	443	533	2832
金融业	19129	607	13	5249	4041	9232
房地产业	6335	919	16	2697	1941	778
租赁和商务服务业	5594	516	15	1970	1899	1209
科学研究和技术服务业	8497	2079	189	2876	2054	1488
水利、环境和公共设施管理业	8291	1123	77	2822	3135	1211
居民服务、修理和其他服务业	2683	188	10	808	1206	481
教育	515	48	6	165	233	69
卫生和社会工作	1695	223	36	627	784	61
文化、体育与娱乐业	12015	829	176	3176	3610	4400

注：#表示其中主要项，后表同。

单位：人

项　目	按专业分					
	#工程技术人员	#农业技术人员	#科学技术人员	#卫生技术人员	#教学人员	#其他专技人员
总计	**101003**	**1066**	**2205**	**4819**	**56699**	**154359**
农、林、牧、渔业	546	245	6	1	220	765
采矿业	189		3	8	65	234
制造业	12162	212	80	156	2740	8021
电力、热力、燃气及水生产和供应业	12983	9	362	12	4299	10895
建筑业	24742	9	156	4	1947	6431
批发和零售业	909	367	926	2926	10885	30593
交通运输、仓储及邮政业	22658	141	100	152	14337	34500
住宿和餐饮业	119		156		346	1105
信息传输、软件和信息技术服务业	2341		102		889	2401
金融业	763	3	8	6	14704	33053
房地产业	3695	2	17	3	1342	3960
租赁和商务服务业	2125	43	130	17	1765	5044
科学研究和技术服务业	7783		58	1	370	1025
水利、环境和公共设施管理业	6084	25	25		1039	3196
居民服务、修理和其他服务业	1079	8	63	11	826	2348
教育	34			8	49	522
卫生和社会工作	90			1510	49	144
文化、体育与娱乐业	2701	2	13	4	827	10122

注：#表示其中主要项，后表同。

1-12 技术市场成交合同数量与成交金额（1990—2021）

年份	合同数量（项）	技术开发	技术转让	技术咨询	技术服务	成交金额（亿元）	技术开发	技术转让	技术咨询	技术服务
1990	8336	1375	526	1436	4999	1.36	0.40	0.13	0.10	0.74
1991	9200	1014	538	1502	6146	1.62	0.41	0.28	0.16	0.78
1992	12670	1788	671	2188	8023	3.08	0.55	0.41	0.42	1.71
1993	15769	876	437	3824	10632	7.15	0.75	0.44	1.22	4.74
1994	14436	550	458	4387	9041	7.20	0.69	0.53	1.85	4.13
1995	17954	467	491	5206	11790	9.78	1.05	1.04	2.22	5.47
1996	19031	759	360	4554	13358	10.73	1.22	0.48	2.25	6.78
1997	19808	849	378	5296	13285	13.32	1.40	0.85	2.79	8.28
1998	21774	1094	314	5294	15072	16.23	2.14	0.70	3.45	9.93
1999	25479	1713	542	6435	16789	18.85	3.57	1.21	4.24	9.63
2000	31218	4391	395	11163	15269	27.63	7.38	1.34	6.94	11.97
2001	33728	4014	510	10328	18876	31.67	8.85	1.21	8.40	13.20
2002	38400	4143	458	13975	19824	38.94	9.14	1.75	12.48	15.58
2003	50861	5886	489	21046	23440	53.04	12.06	2.41	20.77	17.79
2004	39974	6862	562	18825	13725	58.15	17.02	2.74	23.39	15.00
2005	20628	6788	816	8361	4663	38.70	19.75	3.47	8.74	6.74
2006	17734	6900	682	6908	3244	39.96	24.17	2.70	7.37	5.73
2007	16400	6508	830	5711	3351	45.42	28.24	3.86	6.96	6.36
2008	17391	6313	739	7048	3291	58.92	39.31	6.41	9.23	3.97
2009	12786	6221	717	3871	1977	56.51	43.41	5.83	4.43	2.83
2010	12826	7135	536	3223	1932	60.35	45.32	8.02	3.71	3.30
2011	13857	8761	335	2746	2015	68.30	57.53	4.17	2.58	4.01
2012	13551	9594	285	1995	1677	81.31	66.46	9.17	2.16	3.52
2013	12095	8360	312	1737	1686	81.41	55.70	9.85	1.92	13.94
2014	11955	8189	376	1871	1519	89.16	61.75	16.05	2.60	8.75
2015	11283	8176	530	1070	1507	99.29	64.81	24.44	2.17	7.87
2016	14826	8191	548	1251	4836	198.37	132.90	28.15	4.35	32.98
2017	13704	9154	625	910	3015	324.73	214.45	49.19	5.09	56.00
2018	16142	10544	715	939	3944	539.39	413.93	43.34	16.58	65.55
2019	18996	11869	913	1302	4912	888.01	519.53	94.55	24.43	249.50
2020	25724	14333	1159	1304	8928	1403.32	757.11	94.30	103.81	448.11
2021	36970	19031	1712	2468	13759	1438.24	780.96	151.27	38.52	467.49

注：本表数据为技术输出口径。

1-13 科协系统科技活动情况（2020—2021）

项 目	单位	科协合计		省科协		市科协		县级科协	
		2020	2021	2020	2021	2020	2021	2020	2021
机构数	个	101	101	1	1	11	11	89	89
人员数	人	1563	1581	239	238	533	541	791	802
学术活动									
学术会议									
次数	次	299	282	5	8	210	199	84	75
参加人数	人	60339	442793	3800	2565	38671	185858	17868	254370
干部教育培训									
办培训班	个	72	80	8	9	14	55	66
培训人数	人次	5892	5231	830	1063	923	3999	4308
科普活动									
宣讲活动	次	11704	13806	187	180	3628	3973	7889	9653
受众	人次	223011211	26756055	205167520	8495441	12754418	8823647	5089273	9436967
出版									
编著科技图书	种	65	108			9	13	56	95
年发行总量	册	278265	359040			60000	86020	176750	273020

1-14 科协系统省级学会情况（2013—2021）

项　目	单位	2013	2014	2015	2016	2017	2018	2019	2020	2021
机构数	个	165	169	170	173	173	175	176	175	176
会员数	人	197578	219027	231067	220897	235037	274195	276952	241186	257596
学术活动										
学术会议										
次数	次	771	927	1105	1058	780	829	852	610	701
参加人数	人	100846	127614	173171	182818	223252	223508	264382	575103	863366
交流论文数	篇	14873	33283	35226	39773	26284	24887	34355	16067	20963
科技培训										
继续教育	个	253	344	443	334	326	239	456	436	2703
培训人数	人次	35343	51386	82564	59965	76936	73540	70106	86157	1118783
科普活动										
宣讲活动	次	937	1455	1967	1254	452	342	2183	1897	3097
受众人数	人次	265364	323308	352079	1984109	1863481	3561227	5307130	18351392	7678049
青少年科技竞赛次数	次	61	39	48	49	26	30	33	50	51
出版										
主办科技期刊	.	58	54	56	53	60	54	35	42	42
年发行总数	册	981607	2144011	2109891	995120	1862500	1929077	887280	485589	512605
编著科技图书	种	44	51	51	70	34	37	49	46	65
年发行总量	册	167000	291400	306300	362232	362730	318750	242700	144551	272901

1-15 专利申请量和授权量（1990—2021）

单位：件

年份	申请量合计	发明	实用新型	外观设计	授权量合计	发明	实用新型	外观设计
1990	2243	256	1754	233	989	43	882	64
1991	2571	300	1965	306	1217	49	1006	162
1992	3194	377	2382	435	1577	63	1343	171
1993	3343	423	2353	567	2946	129	2404	413
1994	3495	389	2373	733	2028	62	1612	354
1995	4042	357	2323	1362	2131	54	1455	622
1996	5162	403	2845	1914	2410	45	1377	988
1997	6262	493	3062	2707	3167	64	1487	1616
1998	7074	571	3309	3194	4470	47	1967	2456
1999	8177	587	3465	4125	7071	108	3524	3439
2000	10316	859	4439	5018	7495	184	3439	3872
2001	12828	1093	5216	6519	8312	174	3549	4589
2002	17265	1843	6390	9032	10479	188	3860	6431
2003	21463	2750	7758	10955	14402	398	4928	9076
2004	25294	3578	9021	12695	15249	785	5492	8972
2005	43221	6776	12723	23722	19056	1110	6778	11168
2006	52980	8333	15940	28707	30968	1424	10503	19041
2007	68933	9532	19270	40131	42069	2213	16108	23748
2008	89965	12063	25168	52734	52955	3269	20002	29684
2009	108563	15655	40436	52472	79945	4818	25295	49832
2010	120783	18027	50249	52507	114643	6410	47617	60616
2011	177081	24745	75875	76461	130190	9135	56030	65025
2012	249373	33265	108599	107509	188431	11459	84897	92075
2013	294014	42744	127122	124148	202350	11139	106238	84973
2014	261434	52405	116011	93018	188544	13372	99508	75664
2015	307263	67674	150172	89417	234983	23345	124465	87173
2016	393147	93254	199244	100649	221456	26576	123744	71136
2017	377115	98975	191372	86768	213805	28742	114311	70752
2018	455526	143064	219176	93286	284592	32550	172435	79607
2019	435824	112974	218590	104260	285325	33963	168331	83031
2020					391700	49888	231693	110119
2021					465468	56796	292944	115728

注：2020年、2021年数据来源于《浙江省市场监督管理局关于印发2020年全省专利授权量等统计数据的通知》。其中，专利申请量相关数据自2020年起不再公布。

1-16 测绘部门主要指标完成情况（2011—2021）

项　目	单位	2011	2012	2013	2014	2015	2016	2017	2018	2019	2020	2021
测绘资质单位数	家							723	799	837	845	689
测绘服务总值	亿元	25.10	27.95	32.39	33.64	37.43	50.40	54.13	66.18	81.41	85.20	91.71
年末测绘人数	人	10774	11742	12488	14587	16061	18576	20011	21939	23332	22529	19027
1∶10000 地形图测制与更新	幅	1473	1657	1639	1502	1446	1446	1446	4336	1504	4336	4336
1∶2000 地形图测制与更新	幅							22076	12262	50200	105000	105000

1-17 标准计量、特种设备和质量监督情况（2019—2021）

项　目	单位	2019	2020	2021
国家质检中心	家	50	52	52
省级质检中心	家	105	107	85
各级政府质量奖获奖企业数	家	2683	3172	4096
现行有效地方标准数	项	829	855	996
企业产品标准自我声明公开数	项	169677	207331	243940
依法设置的计量检定机构数	所	75	75	75
省级检定机构数	所	1	1	1
市级检定机构数	所	12	12	12
县（市、区）级检定机构数	所	62	62	62
依法授权的计量检定机构数	个	70	78	88
省级授权机构数	个	8	10	15
市级授权机构数	个	62	68	73
全省最高等级社会公用计量标准数	个	335	351	366
全省其他等级社会公用计量标准数	个	3298	3346	3512
强制检定计量器具实际检出数	万台件	925.04	928	978
全省检验检测机构数	个	2128	2224	2337
产品质量监督抽查批次数	批次	17522	37217	41945
特种设备综合检验机构数	个	19	19	19
省特种设备检验机构数	个	1	1	1
市特种设备检验机构数	个	11	11	11
行业特种设备检验机构数	个	7	7	7
固定资产总值	万元	121252	137491	179567
打击假冒伪劣案件立案数	个	9380	9402	10714

注：产品质量监督抽查批次数 2020 年前为产品质量监督检验受检企业数；2019 年打击假冒伪劣案件立案数为结案数。

1-18 高新技术产品进出口贸易情况（2019—2021）

单位：万美元

项　目	出口			进口			进出口		
	2019	2020	2021	2019	2020	2021	2019	2020	2021
高新技术产品	**2328339**	**2933576**	**4211267**	**1296468**	**1323656**	**1905912**	**3624807**	**4257232**	**6117180**
生物技术	23243	26571	31247	363	233	333	23606	26804	31580
生命科学技术	586138	814163	1250163	232675	191682	266084	818813	1005846	1516248
光电技术	111770	134149	148108	128965	142013	181225	240736	276163	329333
计算机与通信技术	710607	993622	1341406	163836	288084	383403	874443	1281706	1724809
电子技术	564974	582701	952807	547550	513109	752652	1112524	1095810	1705459
计算机集成制造技术	255376	296957	393924	180716	156480	277190	436092	453437	671114
材料技术	59091	62262	66788	13518	15800	21484	72609	78062	88272
航空航天技术	10614	15458	16368	28219	15533	23069	38834	30991	39437
其他技术	6525	7693	10457	625	721	472	7151	8414	10929

1-19 分地区工业制成品、高新技术产品进出口情况（2019—2021）

单位：万美元

地 区	出口								
	2019			2020			2021		
	总 值	工业制成品	高新技术产品	总 值	工业制成品	高新技术产品	总 值	工业制成品	高新技术产品
合计	33451323	32493618	2328339	38288535	35354959	2933576	49382726	45171458	4211267
杭州地区	5238273	5103956	825371	6138882	5200739	938144	8456207	7050874	1405333
宁波地区	8660343	2412781	660079	9790238	9092316	697922	12487139	11632218	854921
温州地区	2439834	2959578	77472	2761430	2673628	87803	3224305	3112409	111896
嘉兴地区	3055807	1178521	246033	3729036	3229776	499260	4982937	4275845	707091
湖州地区	1215954	3216521	49266	1562201	1458631	103570	2312352	2074818	237535
绍兴地区	3262222	5826967	64772	3487003	3392307	94696	4324462	4210608	113854
金华地区	5848392	332969	159950	6820921	6615494	205427	8641060	8206640	434420
衢州地区	345514	332614	15383	376110	357112	18997	505547	477822	27725
舟山地区	727238	374069	3409	400221	396426	3795	334383	330736	3647
台州地区	2270394	2244626	218499	668037	396426	271611	3670446	3372753	297694
丽水地区	387339	8511003	8105	428836	416485	12351	443889	426736	17153

地 区	进口								
	2019			2020			2021		
	总 值	工业制成品	高新技术产品	总 值	工业制成品	高新技术产品	总 值	工业制成品	高新技术产品
合计	11262348	6859940	1296468	8540916	7217260	1323656	11308998	9403086	1905912
杭州地区	2877126	1664239	567937	2422723	1916503	506220	3014215	2241507	772708
宁波地区	4647296	205988	519739	3676773	3164639	512134	4745432	4093419	652013
温州地区	315264	751756	2741	348972	345217	3755	459332	452071	7262
嘉兴地区	1053689	103902	96366	1091028	878981	212047	1472674	1215308	257367
湖州地区	147495	267791	13395	122467	112160	10307	181664	152117	29547
绍兴地区	301873	120705	27634	248742	226199	22543	292048	237838	54210
金华地区	267518	42293	15073	182578	165742	16837	589503	515870	73633
衢州地区	157424	186120	11249	50683	48695	1988	157140	132309	24831
舟山地区	1258531	13748	16695	196801	188599	8202	164405	159708	4697
台州地区	196140	175459	25060	216921	188599	28322	1243726	1215308	28418
丽水地区	39993	3327938	580	28818	27516	1302	38284	37056	1228

1-20 全省科技成果获奖情况（1990—2021）

单位：项

年份	国家自然科学奖	国家技术发明奖	国家科技进步奖	省科技进步奖	浙江科技大奖
1990	—	3	16	297	—
1991	2	7	14	299	—
1992	—	4	6	297	—
1993	1	4	24	300	—
1994	—	—	—	299	—
1995	5	5	19	—	—
1996	—	3	12	300	—
1997	2	6	22	300	—
1998	—	1	16	299	—
1999	1	0	11	299	—
2000	0	0	13	300	—
2001	0	1	8	300	—
2002	2	0	4	279	—
2003	0	1	8	280	3
2004	0	2	13	280	—
2005	3	0	11	280	2
2006	1	2	9	280	—
2007	2	6	21	273	3
2008	0	6	17	279	—
2009	0	8	31	277	3
2010	1	2	15	279	—
2011	—	2	28	280	3
2012	2	6	21	277	—
2013	4	8	14	281	3
2014	2	5	27	291	—
2015	1	0	7	291	3
2016	2	4	6	280	—
2017	0	2	8	252	3
2018	0	3	4	259	—
2019	—	2	9	240	2
2020	2	5	12	240	1
2021	—	—	—	234	2

注：2019 年度开始省重大科技贡献奖更名为浙江科技大奖。

二、研究
与开发机构

2-1 科学研究和技术服务业事业单位机构、人员和经费概况（2021）

指标	机构数（个）	从业人员（人）	#科技活动人员（不含外聘的流动学者和在读研究生）	#本科及以上学历	经费收入总额（万元）	#科技活动收入	经费内部支出总额（万元）	#科技经费内部支出
总计	**292**	**29765**	**26581**	**23858**	**2277528**	**2119535**	**2082658**	**1875617**
按机构所属地域分组								
杭州市	71	14594	12942	11663	1295496	1209288	1193524	1082311
宁波市	44	4527	4152	3778	423191	403394	362276	336415
温州市	46	2958	2635	2418	206400	197879	163212	145629
嘉兴市	21	2202	1840	1668	92181	65670	111923	84372
湖州市	14	971	868	798	39838	36345	36154	31529
绍兴市	17	986	932	833	38273	33580	41914	37972
金华市	16	682	593	507	46792	45411	35417	30199
衢州市	20	855	808	677	47445	45404	43910	41830
舟山市	14	742	679	546	34782	32921	35248	30377
台州市	10	580	524	461	24487	22864	30138	27602
丽水市	19	668	608	509	28644	26779	28942	27382
按机构所属隶属关系分组								
中央部门属	12	3109	2811	2522	252463	226434	256466	243629
中国科学院	1	999	999	942	100485	100470	92665	92650
非中央部门属	280	26656	23770	21336	2025065	1893101	1826192	1631988
省级部门属	46	11099	9707	8605	954576	875201	861480	764431
副省级城市属	32	3908	3406	3124	372333	351259	319497	287310
地市级部门属	76	5983	5507	4870	322458	303610	292840	259159
按机构从事的国民经济行业分组								
科学研究和技术服务业	292	29765	26581	23858	2277528	2119535	2082658	1875617
研究和试验发展	159	19311	17461	16094	1709862	1631086	1493582	1363011
专业技术服务业	66	7824	6773	5664	446136	381292	440611	384041
科技推广和应用服务业	67	2630	2347	2100	121530	107156	148464	128565
按机构服务的国民经济行业分组								
农、林、牧、渔业	41	4424	3855	3296	275628	250720	285661	231707
农业	21	1938	1671	1440	112632	101670	120290	102487
林业	6	448	413	320	21385	18653	21724	20794
渔业	7	437	391	356	31339	29683	31620	26774
农、林、牧、渔专业及辅助性活动	7	1601	1380	1180	110271	100714	112027	81651

指标	机构数（个）	从业人员（人）	#科技活动人员（不含外聘的流动学者和在读研究生）	#本科及以上学历	经费收入总额（万元）	#科技活动收入	经费内部支出总额（万元）	#科技经费内部支出
制造业	50	2661	2412	2232	202550	195965	184733	167043
农副食品加工业	2	91	90	80	4585	4545	4010	3953
食品制造业	3	31	16	15	1443	1414	919	870
酒、饮料和精制茶制造业	2	79	69	63	3726	2397	2757	2345
皮革、毛皮、羽毛及其制品和制鞋业	3	91	87	78	4533	4518	4534	4443
文教、工美、体育和娱乐用品制造业	1	6	6	2	340	263	247	246
化学原料和化学制品制造业	7	318	295	262	25936	24882	29520	28720
医药制造业	5	266	245	243	52142	51682	30540	27120
橡胶和塑料制品业	1	7	7	7	83	83	146	99
通用设备制造业	8	158	126	117	16457	16135	10091	9309
专用设备制造业	3	236	232	213	18275	17811	14232	13958
汽车制造业	2	41	33	33	1314	705	920	837
铁路、船舶、航空航天和其他运输设备制造业	2	117	90	90	17116	16874	8794	8222
计算机、通信和其他电子设备制造业	8	822	736	668	30190	29674	51422	40546
仪器仪表制造业	1	289	272	254	21868	20449	22032	21807
其他制造业	2	109	108	107	4543	4535	4571	4566
电力、热力、燃气及水生产和供应业	1	121	111	97	5510	4427	5443	4802
电力、热力生产和供应业	1	121	111	97	5510	4427	5443	4802
交通运输、仓储和邮政业	1	217	212	195	24525	24437	19069	18644
道路运输业	1	217	212	195	24525	24437	19069	18644
信息传输、软件和信息技术服务业	13	714	685	618	44089	43642	46868	46266
软件和信息技术服务业	13	714	685	618	44089	43642	46868	46266
租赁和商务服务业	1	67	23	23	4602	1525	3425	803
商务服务业	1	67	23	23	4602	1525	3425	803
科学研究和技术服务业	164	19488	17700	15925	1581829	1488473	1421349	1313241
研究和试验发展	67	9668	9086	8577	1050918	1034274	918847	873976
专业技术服务业	61	7356	6528	5440	405425	362722	404912	362520
科技推广和应用服务业	36	2464	2086	1908	125486	91477	97591	76746
水利、环境和公共设施管理业	15	1815	1354	1256	121214	92892	97640	75494
水利管理业	3	775	580	536	55292	46983	41030	37739
生态保护和环境治理业	12	1040	774	720	65922	45909	56610	37755
卫生和社会工作	3	210	184	172	15335	15256	16423	15670

指标	机构数（个）	从业人员（人）	#科技活动人员（不含外聘的流动学者和在读研究生）	#本科及以上学历	经费收入总额（万元）	#科技活动收入	经费内部支出总额（万元）	#科技经费内部支出
卫生	3	210	184	172	15335	15256	16423	15670
文化、体育和娱乐业	2	33	30	30	1481	1472	1315	1216
文化艺术业	1	8	7	7	274	274	275	199
体育	1	25	23	23	1208	1198	1040	1018
公共管理、社会保障和社会组织	1	15	15	14	766	727	731	731
国家机构	1	15	15	14	766	727	731	731
按机构所属学科分组								
自然科学领域	41	4496	4052	3778	518840	488847	444926	420332
信息科学与系统科学	11	1956	1863	1791	337541	335940	254926	252693
力学	3	217	213	198	7430	6566	15474	15432
物理学	1	18	12	11	531		936	655
化学	8	528	478	444	37288	31803	37205	35709
地球科学	12	1333	1047	913	78606	57547	92960	72500
生物学	6	444	439	421	57444	56991	43427	43344
农业科学领域	51	5441	4667	4009	335463	300265	345049	280513
农学	29	4044	3507	3002	252418	227649	261061	207899
林学	11	841	658	553	46140	37649	47693	41205
水产学	11	556	502	454	36905	34967	36294	31410
医学科学领域	17	1666	1592	1533	169580	166780	153354	139839
基础医学	6	894	867	848	102169	100253	89087	80171
临床医学	4	184	174	168	9125	9125	11457	11241
预防医学与公共卫生学	1	15	15	13	1456	1436	3767	3758
药学	5	450	432	408	44749	43964	37606	33890
中医学与中药学	1	123	104	96	12082	12002	11438	10780
工程科学与技术领域	166	17096	15294	13724	1174969	1092978	1053395	956910
工程与技术科学基础学科	26	2325	2145	1898	123136	114242	104864	99206
信息与系统科学相关工程与技术	3	999	764	716	64978	42106	52956	39144
自然科学相关工程与技术	8	386	359	317	17738	16771	24435	22794
测绘科学技术	2	1294	1285	912	101136	100405	92898	89823
材料科学	16	2061	1849	1718	198398	194028	147961	141381
机械工程	21	1522	1295	1206	78745	70538	83802	73027
动力与电气工程	5	697	640	589	44400	42543	37272	35889
能源科学技术	3	44	38	37	25510	25414	2156	1863

指标	机构数（个）	从业人员（人）	#科技活动人员（不含外聘的流动学者和在读研究生）	#本科及以上学历	经费收入总额（万元）	#科技活动收入	经费内部支出总额（万元）	#科技经费内部支出
电子与通信技术	17	1808	1566	1530	141930	137932	162144	141418
计算机科学技术	9	520	512	480	37343	37161	21631	21334
化学工程	7	281	275	240	26028	25717	26748	26109
产品应用相关工程与技术	8	1360	1275	1125	61670	59241	80125	76489
纺织科学技术	2	212	195	174	7981	7602	10017	9675
食品科学技术	9	615	545	493	18346	16375	16473	14974
土木建筑工程	1	67	67	30	2945	2945	2394	2394
水利工程	3	881	679	623	59862	50469	45533	42391
交通运输工程	2	224	217	200	24837	24620	19346	18839
航空、航天科学技术	4	337	312	295	61536	61393	55946	47101
环境科学技术及资源科学技术	14	1054	885	792	56076	42286	46664	34009
安全科学技术	2	279	273	236	17359	16849	14998	14962
管理学	4	130	118	113	5015	4340	5032	4090
社会、人文科学领域	17	1066	976	814	78676	70665	85934	78023
马克思主义	1	150	145	141	9224	9166	7975	7473
艺术学	1	6	6	2	340	263	247	246
考古学	2	229	228	100	13636	13520	13466	12896
经济学	3	184	139	137	26279	22516	34668	32026
社会学	3	187	154	150	11647	8106	10398	8577
图书馆、情报与文献学	6	285	281	261	16343	15897	18142	15788
体育科学	1	25	23	23	1208	1198	1040	1018
按机构从业人员规模分组								
≥1000 人	3	3961	3740	3175	493744	482935	400938	369337
500～999 人	6	3985	3439	3253	296759	264408	277571	250631
300～499 人	9	3415	3105	2859	235040	224455	261761	241374
200～299 人	18	4335	3894	3472	253759	241222	269890	254805
100～199 人	49	6663	5741	5144	439983	376924	443059	361430
50～99 人	60	4397	3976	3529	258750	242385	237355	217664
30～49 人	38	1463	1295	1203	76160	69687	76160	71352
20～29 人	26	595	530	477	112479	110419	49680	47137
10～19 人	50	736	670	580	102733	99557	58400	54889
0～9 人	33	215	191	166	8123	7543	7843	6998

2-2 科学研究和技术服务业事业单位人员概况（2021）

单位：人

指标名称	从业人员	#科技活动人员（不含外聘的流动学者和在读研究生）	#女性	外聘的流动学者	非本单位在读研究生	离退休人员
总计	**29765**	**26581**	**9132**	**3131**	**4058**	**7399**
按机构所属地域分组						
杭州市	14594	12942	4905	1153	1163	4872
宁波市	4527	4152	1335	676	1453	363
温州市	2958	2635	927	393	164	567
嘉兴市	2202	1840	445	412	324	71
湖州市	971	868	221	65	346	96
绍兴市	986	932	284	117	116	109
金华市	682	593	210	68	251	183
衢州市	855	808	221	84	153	411
舟山市	742	679	205	32	33	293
台州市	580	524	162	125	54	165
丽水市	668	608	217	6	1	269
按机构所属隶属关系分组						
中央部门属	3109	2811	1049	364	805	1210
中国科学院	999	999	366	203	507	8
非中央部门属	26656	23770	8083	2767	3253	6189
省级部门属	11099	9707	3627	831	364	3632
副省级城市属	3908	3406	1247	243	751	974
地市级部门属	5983	5507	1734	516	760	1201
按机构从事的国民经济行业分组						
科学研究和技术服务业	29765	26581	9132	3131	4058	7399
研究和试验发展	19311	17461	6313	2552	3574	5014
专业技术服务业	7824	6773	2127	46	50	1932
科技推广和应用服务业	2630	2347	692	533	434	453
按机构服务的国民经济行业分组						
农、林、牧、渔业	4424	3855	1662	137	281	2315
农业	1938	1671	710	85		945
林业	448	413	169	4	109	219
渔业	437	391	130	12	17	241
农、林、牧、渔专业及辅助性活动	1601	1380	653	36	155	910

指标名称	从业人员	#科技活动人员（不含外聘的流动学者和在读研究生）	#女性	外聘的流动学者	非本单位在读研究生	离退休人员
制造业	2661	2412	830	388	463	393
农副食品加工业	91	90	36			26
食品制造业	31	16	4	12		
酒、饮料和精制茶制造业	79	69	32	5	1	38
皮革、毛皮、羽毛及其制品和制鞋业	91	87	31	10		
文教、工美、体育和娱乐用品制造业	6	6	1			26
化学原料和化学制品制造业	318	295	77	142	206	135
医药制造业	266	245	123	10		
橡胶和塑料制品业	7	7		5		
通用设备制造业	158	126	41	97	204	8
专用设备制造业	236	232	112	2		18
汽车制造业	41	33	11	51	12	
铁路、船舶、航空航天和其他运输设备制造业	117	90	22	1	2	
计算机、通信和其他电子设备制造业	822	736	221	36	28	1
仪器仪表制造业	289	272	96		10	141
其他制造业	109	108	23	17		
电力、热力、燃气及水生产和供应业	121	111	29			59
电力、热力生产和供应业	121	111	29			59
交通运输、仓储和邮政业	217	212	67	1		15
道路运输业	217	212	67	1		15
信息传输、软件和信息技术服务业	714	685	145	73	5	10
软件和信息技术服务业	714	685	145	73	5	10
租赁和商务服务业	67	23	11			24
商务服务业	67	23	11			24
科学研究和技术服务业	19488	17700	5852	2409	3144	3582
研究和试验发展	9668	9086	3156	1945	2776	1216
专业技术服务业	7356	6528	2131	53	29	2121
科技推广和应用服务业	2464	2086	565	411	339	245
水利、环境和公共设施管理业	1815	1354	420	122	165	786
水利管理业	775	580	120			288
生态保护和环境治理业	1040	774	300	122	165	498
卫生和社会工作	210	184	99	1		208
卫生	210	184	99	1		208

指标名称	从业人员	#科技活动人员（不含外聘的流动学者和在读研究生）	#女性	外聘的流动学者	非本单位在读研究生	离退休人员
文化、体育和娱乐业	33	30	11			6
文化艺术业	8	7	3			
体育	25	23	8			6
公共管理、社会保障和社会组织	15	15	6			1
国家机构	15	15	6			1
按机构所属学科分组						
自然科学领域	4496	4052	1409	925	332	1416
信息科学与系统科学	1956	1863	584	694	5	33
力学	217	213	70	10		12
物理学	18	12	6	4	7	
化学	528	478	176	54		80
地球科学	1333	1047	363	152	190	1291
生物学	444	439	210	11	130	
农业科学领域	5441	4667	2016	140	299	3250
农学	4044	3507	1571	113	136	2305
林学	841	658	283	4	128	680
水产学	556	502	162	23	35	265
医学科学领域	1666	1592	779	118	566	334
基础医学	894	867	428	32	509	28
临床医学	184	174	66	23	29	9
预防医学与公共卫生学	15	15	5			6
药学	450	432	228	63	28	92
中医学与中药学	123	104	52			199
工程科学与技术领域	17096	15294	4490	1934	2861	1955
工程与技术科学基础学科	2325	2145	616	192	226	273
信息与系统科学相关工程与技术	999	764	129	46	110	2
自然科学相关工程与技术	386	359	166	4	4	74
测绘科学技术	1294	1285	360			514
材料科学	2061	1849	622	347	723	12
机械工程	1522	1295	243	446	219	24
动力与电气工程	697	640	129	7	31	15
能源科学技术	44	38	10	7	30	22
电子与通信技术	1808	1566	394	325	835	108
计算机科学技术	520	512	128	64	1	2

指标名称	从业人员	#科技活动人员（不含外聘的流动学者和在读研究生）	#女性	外聘的流动学者	非本单位在读研究生	离退休人员
化学工程	281	275	88	169	315	
产品应用相关工程与技术	1360	1275	501	116	35	149
纺织科学技术	212	195	91			40
食品科学技术	615	545	251	15		53
土木建筑工程	67	67	5			
水利工程	881	679	147			337
交通运输工程	224	217	68	1		15
航空、航天科学技术	337	312	66	123	216	
环境科学技术及资源科学技术	1054	885	351	72	108	221
安全科学技术	279	273	62		8	20
管理学	130	118	63			74
社会、人文科学领域	1066	976	438	14		444
马克思主义	150	145	58	10		82
艺术学	6	6	1			26
考古学	229	228	76			25
经济学	184	139	72			74
社会学	187	154	73	4		58
图书馆、情报与文献学	285	281	150			173
体育科学	25	23	8			6
按机构从业人员规模分组						
≥1000 人	3961	3740	1350	690	118	1251
500～999 人	3985	3439	1072	395	683	788
300～499 人	3415	3105	1201	171	450	159
200～299 人	4335	3894	1418	135	508	772
100～199 人	6663	5741	1880	317	873	2321
50～99 人	4397	3976	1328	528	859	1325
30～49 人	1463	1295	412	381	108	348
20～29 人	595	530	174	217	253	63
10～19 人	736	670	234	255	164	234
0～9 人	215	191	63	42	42	138

2-3 科学研究和技术服务业事业单位从业人员按工作性质分（2021）

单位：人

指标名称	从业人员	科技活动人员（不含外聘的流动学者和在读研究生）	科技管理人员	课题活动人员	科技服务人员	生产经营活动人员	其他人员
总计	**29765**	**26581**	**3875**	**19266**	**3440**	**1121**	**2063**
按机构所属地域分组							
杭州市	14594	12942	1758	9669	1515	530	1122
宁波市	4527	4152	586	2938	628	44	331
温州市	2958	2635	431	1929	275	106	217
嘉兴市	2202	1840	258	1221	361	290	72
湖州市	971	868	165	673	30	8	95
绍兴市	986	932	145	697	90	46	8
金华市	682	593	92	408	93	52	37
衢州市	855	808	141	560	107	15	32
舟山市	742	679	112	440	127	2	61
台州市	580	524	98	343	83	17	39
丽水市	668	608	89	388	131	11	49
按机构所属隶属关系分组							
中央部门属	3109	2811	332	2065	414	47	251
中国科学院	999	999	86	744	169		
非中央部门属	26656	23770	3543	17201	3026	1074	1812
省级部门属	11099	9707	1217	7255	1235	636	756
副省级城市属	3908	3406	534	2304	568	135	367
地市级部门属	5983	5507	791	4103	613	88	388
按机构从事的国民经济行业分组							
科学研究和技术服务业	29765	26581	3875	19266	3440	1121	2063
研究和试验发展	19311	17461	2611	12940	1910	378	1472
专业技术服务业	7824	6773	751	4867	1155	564	487
科技推广和应用服务业	2630	2347	513	1459	375	179	104
按机构服务的国民经济行业分组							
农、林、牧、渔业	4424	3855	573	2689	593	81	488
农业	1938	1671	278	1119	274	63	204
林业	448	413	63	222	128	7	28
渔业	437	391	58	317	16	10	36

指标名称	从业人员	科技活动人员（不含外聘的流动学者和在读研究生）	科技管理人员	课题活动人员	科技服务人员	生产经营活动人员	其他人员
农、林、牧、渔专业及辅助性活动	1601	1380	174	1031	175	1	220
制造业	2661	2412	452	1697	263	74	175
农副食品加工业	91	90	12	54	24		1
食品制造业	31	16	5	10	1	4	11
酒、饮料和精制茶制造业	79	69	12	57		7	3
皮革、毛皮、羽毛及其制品和制鞋业	91	87	12	66	9		4
文教、工美、体育和娱乐用品制造业	6	6		5	1		
化学原料和化学制品制造业	318	295	53	205	37	3	20
医药制造业	266	245	43	196	6	2	19
橡胶和塑料制品业	7	7	1	5	1		
通用设备制造业	158	126	35	80	11	7	25
专用设备制造业	236	232	33	152	47		4
汽车制造业	41	33	12	20	1	6	2
铁路、船舶、航空航天和其他运输设备制造业	117	90	8	77	5	27	
计算机、通信和其他电子设备制造业	822	736	154	481	101	18	68
仪器仪表制造业	289	272	59	199	14		17
其他制造业	109	108	13	90	5		1
电力、热力、燃气及水生产和供应业	121	111	16	95			10
电力、热力生产和供应业	121	111	16	95			10
交通运输、仓储和邮政业	217	212	33	179			5
道路运输业	217	212	33	179			5
信息传输、软件和信息技术服务业	714	685	149	495	41	12	17
软件和信息技术服务业	714	685	149	495	41	12	17
租赁和商务服务业	67	23	6	17		44	
商务服务业	67	23	6	17		44	
科学研究和技术服务业	19488	17700	2367	12933	2400	741	1047
研究和试验发展	9668	9086	1260	6882	944	68	514
专业技术服务业	7356	6528	706	4632	1190	356	472
科技推广和应用服务业	2464	2086	401	1419	266	317	61
水利、环境和公共设施管理业	1815	1354	251	1010	93	169	292
水利管理业	775	580	74	483	23	11	184
生态保护和环境治理业	1040	774	177	527	70	158	108
卫生和社会工作	210	184	16	121	47		26

指标名称	从业人员	科技活动人员（不含外聘的流动学者和在读研究生）				生产经营活动人员	其他人员
			科技管理人员	课题活动人员	科技服务人员		
卫生	210	184	16	121	47		26
文化、体育和娱乐业	33	30	9	18	3		3
文化艺术业	8	7	3	1	3		1
体育	25	23	6	17			2
公共管理、社会保障和社会组织	15	15	3	12			
国家机构	15	15	3	12			
按机构所属学科分组							
自然科学领域	4496	4052	601	3237	214	200	244
信息科学与系统科学	1956	1863	316	1503	44		93
力学	217	213	44	147	22		4
物理学	18	12	4	8		6	
化学	528	478	63	383	32		50
地球科学	1333	1047	127	817	103	193	93
生物学	444	439	47	379	13	1	4
农业科学领域	5441	4667	702	3302	663	140	634
农学	4044	3507	508	2525	474	70	467
林学	841	658	119	378	161	60	123
水产学	556	502	75	399	28	10	44
医学科学领域	1666	1592	225	1145	222	13	61
基础医学	894	867	73	680	114	10	17
临床医学	184	174	37	94	43	3	7
预防医学与公共卫生学	15	15	15				
药学	450	432	93	286	53		18
中医学与中药学	123	104	7	85	12		19
工程科学与技术领域	17096	15294	2130	11048	2116	703	1099
工程与技术科学基础学科	2325	2145	303	1518	324	66	114
信息与系统科学相关工程与技术	999	764	100	551	113	218	17
自然科学相关工程与技术	386	359	69	262	28	9	18
测绘科学技术	1294	1285	29	1150	106		9
材料科学	2061	1849	254	1347	248	85	127
机械工程	1522	1295	197	809	289	82	145
动力与电气工程	697	640	88	467	85		57
能源科学技术	44	38	18	18	2		6
电子与通信技术	1808	1566	221	1260	85	55	187

指标名称	从业人员	科技活动人员（不含外聘的流动学者和在读研究生）	科技管理人员	课题活动人员	科技服务人员	生产经营活动人员	其他人员
计算机科学技术	520	512	126	360	26	2	6
化学工程	281	275	60	175	40		6
产品应用相关工程与技术	1360	1275	187	792	296		85
纺织科学技术	212	195	15	175	5		17
食品科学技术	615	545	51	275	219	41	29
土木建筑工程	67	67	15	37	15		
水利工程	881	679	87	569	23	8	194
交通运输工程	224	217	34	183		2	5
航空、航天科学技术	337	312	49	178	85	25	
环境科学技术及资源科学技术	1054	885	165	623	97	98	71
安全科学技术	279	273	42	216	15		6
管理学	130	118	20	83	15		12
社会、人文科学领域	1066	976	217	534	225	65	25
马克思主义	150	145	39	101	5		5
艺术学	6	6		5	1		
考古学	229	228	24	76	128		1
经济学	184	139	34	105		44	1
社会学	187	154	46	100	8	21	12
图书馆、情报与文献学	285	281	68	130	83		4
体育科学	25	23	6	17			2
按机构从业人员规模分组							
≥1000 人	3961	3740	373	3141	226		221
500～999 人	3985	3439	480	2544	415	218	328
300～499 人	3415	3105	242	2182	681	71	239
200～299 人	4335	3894	491	2817	586	35	406
100～199 人	6663	5741	898	4160	683	522	400
50～99 人	4397	3976	716	2783	477	195	226
30～49 人	1463	1295	289	842	164	35	133
20～29 人	595	530	134	329	67	16	49
10～19 人	736	670	202	361	107	22	44
0～9 人	215	191	50	107	34	7	17

2-4 科学研究和技术服务业事业单位科技活动人员按学历和职称分（2021）

单位：人

指标名称	科技活动人员（不含外聘的流动学者和在读研究生）	学历					职称			
		博士	硕士	本科	大专	其他	高级职称	中级职称	初级职称	其他
总计	26581	6338	8407	9113	1726	997	7548	7937	3748	7348
按机构所属地域分组										
杭州市	12942	3333	4495	3835	743	536	3912	3799	1259	3972
宁波市	4152	1013	1344	1421	269	105	1202	1266	883	801
温州市	2635	582	867	969	188	29	700	923	447	565
嘉兴市	1840	562	527	579	86	86	458	493	327	562
湖州市	868	343	191	264	45	25	281	131	35	421
绍兴市	932	128	220	485	53	46	223	278	122	309
金华市	593	96	141	270	59	27	163	161	121	148
衢州市	808	112	180	385	60	71	171	206	132	299
舟山市	679	44	176	326	106	27	140	280	166	93
台州市	524	115	145	201	39	24	148	152	102	122
丽水市	608	10	121	378	78	21	150	248	154	56
按机构所属隶属关系分组										
中央部门属	2811	1104	828	590	181	108	1235	847	406	323
中国科学院	999	483	295	164	33	24	365	358	276	
非中央部门属	23770	5234	7579	8523	1545	889	6313	7090	3342	7025
省级部门属	9707	1717	3473	3415	645	457	2609	3058	1236	2804
副省级城市属	3406	701	1130	1293	208	74	888	1057	521	940
地市级部门属	5507	988	1619	2263	403	234	1403	1864	957	1283
按机构从事的国民经济行业分组										
科学研究和技术服务业	26581	6338	8407	9113	1726	997	7548	7937	3748	7348
研究和试验发展	17461	5443	6259	4392	771	596	5355	5028	1876	5202
专业技术服务业	6773	332	1554	3778	768	341	1625	2383	1475	1290
科技推广和应用服务业	2347	563	594	943	187	60	568	526	397	856
按机构服务的国民经济行业分组										
农、林、牧、渔业	3855	962	1320	1014	255	304	1333	1362	460	700
农业	1671	264	742	434	91	140	543	604	248	276
林业	413	107	78	135	69	24	125	149	54	85
渔业	391	67	146	143	25	10	125	169	51	46

指标名称	科技活动人员（不含外聘的流动学者和在读研究生）	学历					职称			
		博士	硕士	本科	大专	其他	高级职称	中级职称	初级职称	其他
农、林、牧、渔专业及辅助性活动	1380	524	354	302	70	130	540	440	107	293
制造业	2412	525	880	827	136	44	617	680	268	847
农副食品加工业	90	1	22	57	6	4	24	42	20	4
食品制造业	16	1	7	7	1		2	5	4	5
酒、饮料和精制茶制造业	69	9	32	22	4	2	34	18	5	12
皮革、毛皮、羽毛及其制品和制鞋业	87	48	9	21	9		31	18	1	37
文教、工美、体育和娱乐用品制造业	6			2	4			4	2	
化学原料和化学制品制造业	295	68	101	93	16	17	84	68	37	106
医药制造业	245	85	101	57	2		56	42	21	126
橡胶和塑料制品业	7	7					7			
通用设备制造业	126	27	33	57	7	2	42	27	28	29
专用设备制造业	232	9	74	130	17	2	28	77	11	116
汽车制造业	33	19	4	10			6	19	8	
铁路、船舶、航空航天和其他运输设备制造业	90	18	56	16			39	50	1	
计算机、通信和其他电子设备制造业	736	193	229	246	59	9	145	196	113	282
仪器仪表制造业	272	19	136	99	10	8	100	105	14	53
其他制造业	108	21	76	10	1		19	9	3	77
电力、热力、燃气及水生产和供应业	111	2	31	64	14		49	35	27	
电力、热力生产和供应业	111	2	31	64	14		49	35	27	
交通运输、仓储和邮政业	212	7	82	106	17		48	83	19	62
道路运输业	212	7	82	106	17		48	83	19	62
信息传输、软件和信息技术服务业	685	181	149	288	33	34	135	75	79	396
软件和信息技术服务业	685	181	149	288	33	34	135	75	79	396
租赁和商务服务业	23	6	14	3			8	12	3	
商务服务业	23	6	14	3			8	12	3	
科学研究和技术服务业	17700	4485	5267	6173	1181	594	4741	5216	2633	5110
研究和试验发展	9086	3759	3172	1646	312	197	2578	2365	865	3278
专业技术服务业	6528	189	1550	3701	739	349	1599	2338	1346	1245
科技推广和应用服务业	2086	537	545	826	130	48	564	513	422	587
水利、环境和公共设施管理业	1354	133	565	558	85	13	540	422	197	195
水利管理业	580	37	258	241	38	6	260	205	84	31
生态保护和环境治理业	774	96	307	317	47	7	280	217	113	164
卫生和社会工作	184	34	75	63	4	8	66	38	52	28

指标名称	科技活动人员（不含外聘的流动学者和在读研究生）	学历					职称			
		博士	硕士	本科	大专	其他	高级职称	中级职称	初级职称	其他
卫生	184	34	75	63	4	8	66	38	52	28
文化、体育和娱乐业	30	1	14	15			5	10	8	7
文化艺术业	7		1	6				2	3	2
体育	23	1	13	9			5	8	5	5
公共管理、社会保障和社会组织	15	2	10	2	1		6	4	2	3
国家机构	15	2	10	2	1		6	4	2	3
按机构所属学科分组										
自然科学领域	4052	1224	1510	1044	199	75	950	988	343	1771
信息科学与系统科学	1863	543	888	360	43	29	185	417	53	1208
力学	213	26	57	115	13	2	35	59	65	54
物理学	12	4	3	4		1	4			8
化学	478	96	125	223	23	11	191	113	63	111
地球科学	1047	320	316	277	105	29	450	277	144	176
生物学	439	235	121	65	15	3	85	122	18	214
农业科学领域	4667	1099	1613	1297	331	327	1679	1634	550	804
农学	3507	852	1250	900	224	281	1306	1189	379	633
林学	658	156	171	226	77	28	217	239	98	104
水产学	502	91	192	171	30	18	156	206	73	67
医学科学领域	1592	485	663	385	43	16	390	442	182	578
基础医学	867	333	351	164	18	1	179	268	45	375
临床医学	174	40	56	72	4	2	45	37	63	29
预防医学与公共卫生学	15		5	8	2		4	8	3	
药学	432	88	198	122	17	7	115	110	52	155
中医学与中药学	104	24	53	19	2	6	47	19	19	19
工程科学与技术领域	15294	3431	4219	6074	1071	499	4213	4624	2576	3881
工程与技术科学基础学科	2145	457	472	969	160	87	478	781	459	427
信息与系统科学相关工程与技术	764	301	180	235	46	2	204	261	147	152
自然科学相关工程与技术	359	74	129	114	38	4	72	113	44	130
测绘科学技术	1285	11	221	680	205	168	271	417	235	362
材料科学	1849	717	522	479	81	50	640	566	423	220
机械工程	1295	234	299	673	80	9	392	431	228	244
动力与电气工程	640	71	143	375	39	12	226	245	85	84
能源科学技术	38	9	10	18	1		10	11	6	11
电子与通信技术	1566	894	385	251	31	5	507	253	54	752

指标名称	科技活动人员（不含外聘的流动学者和在读研究生）	学历					职称			
		博士	硕士	本科	大专	其他	高级职称	中级职称	初级职称	其他
计算机科学技术	512	124	185	171	16	16	89	37	52	334
化学工程	275	104	89	47	16	19	90	43	28	114
产品应用相关工程与技术	1275	147	416	562	99	51	274	354	161	486
纺织科学技术	195	6	52	116	12	9	35	62	50	48
食品科学技术	545	26	129	338	48	4	105	228	193	19
土木建筑工程	67		5	25	35	2	2	2	3	60
水利工程	679	39	288	296	51	5	307	239	106	27
交通运输工程	217	7	84	109	17		50	85	20	62
航空、航天科学技术	312	64	141	90	17		53	102	107	50
环境科学技术及资源科学技术	885	138	305	349	53	40	298	246	111	230
安全科学技术	273	5	94	137	21	16	77	111	41	44
管理学	118	3	70	40	5		33	37	23	25
社会、人文科学领域	976	99	402	313	82	80	316	249	97	314
马克思主义	145	53	56	32	4		71	30	2	42
艺术学	6			2	4			4	2	
考古学	228	3	44	53	52	76	35	23	20	150
经济学	139	19	90	28	2		95	36	5	3
社会学	154	15	65	70	3	1	43	30	6	75
图书馆、情报与文献学	281	8	134	119	17	3	67	118	57	39
体育科学	23	1	13	9			5	8	5	5
按机构从业人员规模分组										
≥ 1000 人	3740	936	1257	982	276	289	796	1068	314	1562
500～999 人	3439	908	1303	1042	147	39	1311	1195	677	256
300～499 人	3105	1049	855	955	157	89	688	871	363	1183
200～299 人	3894	1056	1162	1254	244	178	1206	1112	490	1086
100～199 人	5741	1129	1836	2179	425	172	1659	1733	850	1499
50～99 人	3976	753	1173	1603	289	158	1144	1203	603	1026
30～49 人	1295	263	440	500	64	28	383	385	161	366
20～29 人	530	115	169	193	42	11	148	122	92	168
10～19 人	670	96	163	321	66	24	165	181	146	178
0～9 人	191	33	49	84	16	9	48	67	52	24

2–5 科学研究和技术服务业事业单位经费收入（2021）

单位：万元

指标名称	经费收入总额	科技活动收入	政府资金	财政拨款	承担政府科研项目收入	其他	非政府资金	#技术性收入	#国外资金	生产经营活动收入	其他收入
总计	**2277528**	**2119535**	**1575531**	**1290367**	**216737**	**68426**	**544004**	**474572**	**186**	**84887**	**73106**
按机构所属地域分组											
杭州市	1295496	1209288	861447	727299	122908	11239	347842	299070	180	42463	43744
宁波市	423191	403394	297216	223685	35893	37638	106179	98315		7287	12510
温州市	206400	197879	174938	154348	18868	1722	22941	22882		2691	5830
嘉兴市	92181	65670	50832	28540	12606	9685	14838	3312		23926	2585
湖州市	39838	36345	29958	24411	5441	106	6387	6300		611	2882
绍兴市	38273	33580	17052	9884	2817	4350	16528	16528		3250	1443
金华市	46792	45411	41260	38792	2341	127	4151	3358		1143	238
衢州市	47445	45404	39296	33543	5197	556	6108	5799		715	1326
舟山市	34782	32921	24989	16490	7185	1314	7932	7926	6	885	976
台州市	24487	22864	15387	12184	1583	1620	7477	7477		622	1001
丽水市	28644	26779	23157	21191	1897	69	3622	3605		1294	571
按机构所属隶属关系分组											
中央部门属	252463	226434	157059	93356	29707	33996	69374	66072	166	8026	18004
中国科学院	100485	100470	81047	36092	11412	33543	19424	16287			15
非中央部门属	2025065	1893101	1418471	1197011	187030	34430	474630	408500	20	76862	55103
省级部门属	954576	875201	588914	473662	104612	10639	286287	247688	14	53290	26084
副省级城市属	372333	351259	278059	253180	21661	3218	73200	66883		11728	9346
地市级部门属	322458	303610	248266	215502	28855	3909	55344	53682	6	4477	14371
按机构从事的国民经济行业分组											
科学研究和技术服务业	2277528	2119535	1575531	1290367	216737	68426	544004	474572	186	84887	73106
研究和试验发展	1709862	1631086	1337808	1099169	175273	63366	293279	229686	186	27830	50946
专业技术服务业	446136	381292	152368	118764	29509	4095	228925	224473		48057	16787
科技推广和应用服务业	121530	107156	85355	72435	11954	966	21801	20413		9001	5373
按机构服务的国民经济行业分组											
农、林、牧、渔业	275628	250720	208465	129706	71642	7116	42255	33001	186	2473	22435
农业	112632	101670	90895	65248	24051	1595	10776	9448		945	10018
林业	21385	18653	16207	11817	3957	432	2447	2275	172	279	2453
渔业	31339	29683	25042	12536	11297	1209	4641	4641		1217	439
农、林、牧、渔专业及辅助性活动	110271	100714	76322	40105	32337	3880	24392	16637	14	32	9525

单位：万元

指标名称	经费收入总额	科技活动收入	政府资金	财政拨款	承担政府科研项目收入	其他	非政府资金	#技术性收入	#国外资金	生产经营活动收入	其他收入
制造业	202550	195965	159812	148538	7090	4185	36153	35821		1433	5152
农副食品加工业	4585	4545	4505	4387	110	8	40	40			40
食品制造业	1443	1414	1165	1165			249	249		30	
酒、饮料和精制茶制造业	3726	2397	1232	1050	154	27	1166	1166		439	889
皮革、毛皮、羽毛及其制品和制鞋业	4533	4518	217	217			4301	4301			15
文教、工美、体育和娱乐用品制造业	340	263	243	243			20			63	14
化学原料和化学制品制造业	25936	24882	20375	14437	2427	3512	4507	4198		241	814
医药制造业	52142	51682	50926	50802	124	1	756	756			460
橡胶和塑料制品业	83	83	56	26	30		27	27			
通用设备制造业	16457	16135	15153	14629	345	179	982	979		225	97
专用设备制造业	18275	17811	7957	7201	755		9854	9854			464
汽车制造业	1314	705	334	330	4		371	371			609
铁路、船舶、航空航天和其他运输设备制造业	17116	16874	16874	16874						242	
计算机、通信和其他电子设备制造业	30190	29674	27914	26682	796	436	1760	1760		194	322
仪器仪表制造业	21868	20449	8481	6291	2191		11968	11968			1419
其他制造业	4543	4535	4381	4204	154	23	154	154			8
电力、热力、燃气及水生产和供应业	5510	4427	306	222	84		4121	4121		109	974
电力、热力生产和供应业	5510	4427	306	222	84		4121	4121		109	974
交通运输、仓储和邮政业	24525	24437	10463	1183	9280		13974	12720			88
道路运输业	24525	24437	10463	1183	9280		13974	12720			88
信息传输、软件和信息技术服务业	44089	43642	33190	26474	6443	273	10452	10080		158	289
软件和信息技术服务业	44089	43642	33190	26474	6443	273	10452	10080		158	289
租赁和商务服务业	4602	1525	1199	1087	113		326	326		3077	
商务服务业	4602	1525	1199	1087	113		326	326		3077	
科学研究和技术服务业	1581829	1488473	1105433	936004	114730	54700	383040	336037		54116	39241
研究和试验发展	1050918	1034274	907787	774885	82876	50026	126487	84791		1282	15363
专业技术服务业	405425	362722	121171	98735	19033	3402	241551	237600		24358	18345
科技推广和应用服务业	125486	91477	76475	62384	12821	1271	15002	13647		28476	5533
水利、环境和公共设施管理业	121214	92892	42293	35361	4846	2087	50598	40430		23523	4800
水利管理业	55292	46983	11044	9585	1459		35938	25938		6550	1760
生态保护和环境治理业	65922	45909	31249	25776	3387	2087	14660	14492		16973	3040
卫生和社会工作	15335	15256	12206	10404	1800	1	3050	2000			79

指标名称	经费收入总额	科技活动收入	政府资金	财政拨款	承担政府科研项目收入	其他	非政府资金	#技术性收入	#国外资金	生产经营活动收入	其他收入
卫生	15335	15256	12206	10404	1800	1	3050	2000			79
文化、体育和娱乐业	1481	1472	1472	1164	243	64					10
文化艺术业	274	274	274	274							
体育	1208	1198	1198	890	243	64					10
公共管理、社会保障和社会组织	766	727	692	225	466		35	35			40
国家机构	766	727	692	225	466		35	35			40
按机构所属学科领域分组											
自然科学领域	518840	488847	431247	402170	26177	2900	57599	57255		15613	14380
信息科学与系统科学	337541	335940	315284	296634	17099	1550	20656	20656		5	1596
力学	7430	6566	6423	5534	572	317	143	143			865
物理学	531									531	
化学	37288	31803	13424	12142	973	309	18378	18378		1006	4479
地球科学	78606	57547	40170	32914	6532	724	17377	17033		14042	7017
生物学	57444	56991	55947	54946	1000	1	1045	1045		30	423
农业科学领域	335463	300265	247423	156467	81488	9468	52842	40490	186	6445	28753
农学	252418	227649	186420	118745	59849	7827	41229	29399	14	1416	23353
林学	46140	37649	31062	23675	6955	432	6587	6415	172	3812	4679
水产学	36905	34967	29941	14048	14684	1209	5027	4676		1217	720
医学科学领域	169580	166780	124141	112555	10974	612	42640	19984		12	2788
基础医学	102169	100253	67477	59314	8163		32776	11175		12	1903
临床医学	9125	9125	6859	6154	704	1	2266	2266			
预防医学与公共卫生学	1456	1436	1431	1223		208	5				20
药学	44749	43964	37421	36658	361	403	6543	6543			786
中医学与中药学	12082	12002	10952	9206	1747		1050				79
工程科学与技术领域	1174969	1092978	721413	588979	77053	55382	371565	340978		57468	24524
工程与技术科学基础学科	123136	114242	79358	65184	3760	10415	34884	34295		3204	5691
信息与系统科学相关工程与技术	64978	42106	37540	27314	8611	1616	4566	3987		22649	223
自然科学相关工程与技术	17738	16771	14523	10535	3052	936	2249	2249		183	784
测绘科学技术	101136	100405	25361	25361			75044	72293			731
材料科学	198398	194028	172580	122498	16126	33957	21448	17867		2840	1530
机械工程	78745	70538	31569	30063	610	896	38970	38800		6064	2143
动力与电气工程	44400	42543	7400	5675	66	1658	35143	35006			1857
能源科学技术	25510	25414	25138	25036	102		276	276			96
电子与通信技术	141930	137932	122767	114033	8536	198	15165	14964		280	3718

指标名称	经费收入总额	科技活动收入	政府资金	财政拨款	承担政府科研项目收入	其他	非政府资金	#技术性收入	#国外资金	生产经营活动收入	其他收入
计算机科学技术	37343	37161	33979	32773	1184	23	3182	3016		26	157
化学工程	26028	25717	18090	11934	2554	3602	7627	7319		204	107
产品应用相关工程与技术	61670	59241	25718	17556	8041	120	33524	23308			2429
纺织科学技术	7981	7602	915	139	776		6688	6688			379
食品科学技术	18346	16375	10480	9609	863	8	5895	5895		1810	161
土木建筑工程	2945	2945	1600	1600			1345	1345			
水利工程	59862	50469	10410	8867	1543		40059	30059		6659	2734
交通运输工程	24837	24620	10647	1366	9280		13974	12720		129	88
航空、航天科学技术	61536	61393	55318	51549	3182	587	6075	5797		144	
环境科学技术及资源科学技术	56076	42286	31243	22931	7051	1262	11042	10874		12866	924
安全科学技术	17359	16849	3174	1695	1479		13675	13675			510
管理学	5015	4340	3606	3263	239	105	734	547		411	264
社会、人文科学领域	78676	70665	51306	30196	21046	64	19359	15865		5349	2662
马克思主义	9224	9166	9166	7451	1716						58
艺术学	340	263	243	243			20			63	14
考古学	13636	13520	5876	2132	3744		7644	7644			116
经济学	26279	22516	16533	2006	14528		5982	5982		3077	687
社会学	11647	8106	6106	5770	336		2000	2000		2210	1331
图书馆、情报与文献学	16343	15897	12184	11705	479		3713	239			446
体育科学	1208	1198	1198	890	243	64					10
按机构从业人员规模分组											
≥ 1000 人	493744	482935	384607	341893	37283	5430	98329	90924	14		10809
500 ～ 999 人	296759	264408	164013	95548	33262	35204	100395	86622		22649	9702
300 ～ 499 人	235040	224455	153585	124144	27983	1458	70870	44132		5387	5198
200 ～ 299 人	253759	241222	136885	106421	29419	1045	104337	102770		1755	10782
100 ～ 199 人	439983	376924	277917	226265	45076	6576	99007	83511		41539	21520
50 ～ 99 人	258750	242385	188787	144752	32679	11356	53598	50689	166	8295	8071
30 ～ 49 人	76160	69687	61791	48793	7012	5985	7897	6679		2355	4117
20 ～ 29 人	112479	110419	107173	104426	2493	255	3246	3049	6	680	1380
10 ～ 19 人	102733	99557	94513	92681	960	872	5045	4934		1922	1254
0 ～ 9 人	8123	7543	6261	5445	570	246	1282	1262		306	275

2-6 科学研究和技术服务业事业单位经费支出（2021）

单位：万元

指标名称	经费内部支出总额	科技经费内部支出	日常性支出	人员劳务费	其他日常性支出	资产性支出	仪器与设备支出	非基建的科学仪器与设备支出	基建的仪器与设备支出
总计	2082658	1875617	1265010	599514	665496	610607	429764	328342	101423
按机构所属地域分组									
杭州市	1193524	1082311	730057	332671	397386	352254	278361	228968	49393
宁波市	362276	336415	229305	96954	132351	107110	71398	60125	11273
温州市	163212	145629	99001	52077	46924	46628	16494	7594	8900
嘉兴市	111923	84372	45472	25639	19833	38900	17113	12097	5016
湖州市	36154	31529	24930	13916	11013	6599	5832	2442	3390
绍兴市	41914	37972	22836	13928	8908	15136	12324	5496	6829
金华市	35417	30199	20683	12216	8467	9516	2779	1643	1136
衢州市	43910	41830	28621	14259	14362	13208	12913	4428	8485
舟山市	35248	30377	24899	13529	11369	5479	5129	3102	2027
台州市	30138	27602	19261	9728	9533	8341	3096	1161	1935
丽水市	28942	27382	19946	14596	5350	7436	4325	1287	3038
按机构所属隶属关系分组									
中央部门属	256466	243629	186670	88430	98240	56959	33144	21976	11168
中国科学院	92665	92650	63193	30859	32334	29457	11150	11150	
非中央部门属	1826192	1631988	1078340	511084	567256	553647	396621	306366	90255
省级部门属	861480	764431	528802	240740	288062	235629	151288	106937	44352
副省级城市属	319497	287310	178063	72936	105128	109247	93988	90412	3576
地市级部门属	292840	259159	183497	102963	80535	75662	45922	27353	18569
按机构从事的国民经济行业分组									
科学研究和技术服务业	2082658	1875617	1265010	599514	665496	610607	429764	328342	101423
研究和试验发展	1493582	1363011	873747	412560	461187	489264	352678	274850	77828
专业技术服务业	440611	384041	295837	146437	149400	88204	57064	42459	14605

单位：万元

指标名称	经费内部支出总额	科技经费内部支出	日常性支出	人员劳务费	其他日常性支出	资产性支出	仪器与设备支出	非基建的科学仪器与设备支出	基建的仪器与设备支出
科技推广和应用服务业	148464	128565	95426	40517	54909	33139	20022	11032	8990
按机构服务的国民经济行业分组									
农、林、牧、渔业	285661	231707	191469	102965	88504	40237	17582	10089	7493
农业	120290	102487	85081	49006	36075	17406	4527	2114	2413
林业	21724	20794	18095	12178	5917	2699	1943	989	954
渔业	31620	26774	22233	11055	11178	4541	3753	1741	2012
农、林、牧、渔专业及辅助性活动	112027	81651	66061	30726	35334	15591	7360	5245	2115
制造业	184733	167043	91634	42598	49036	75409	48017	29815	18202
农副食品加工业	4010	3953	3384	1559	1825	570	570		570
食品制造业	919	870	423	318	105	448	388	48	340
酒、饮料和精制茶制造业	2757	2345	2261	1453	808	84	84	84	
皮革、毛皮、羽毛及其制品和制鞋业	4534	4443	4426	2352	2074	17	17		17
文教、工美、体育和娱乐用品制造业	247	246	246	95	151				
化学原料和化学制品制造业	29520	28720	13351	6427	6924	15369	12614	1200	11414
医药制造业	30540	27120	6842	2769	4073	20278	5534	5534	
橡胶和塑料制品业	146	99	98	90	8	2	2	2	
通用设备制造业	10091	9309	3949	2111	1839	5360	3571	645	2926
专用设备制造业	14232	13958	8809	4982	3827	5149	4996	4996	
汽车制造业	920	837	728	207	521	109	109	109	
铁路、船舶、航空航天和其他运输设备制造业	8794	8222	2321	1618	703	5902	5548	5548	
计算机、通信和其他电子设备制造业	51422	40546	27972	10519	17453	12573	9480	6544	2936
仪器仪表制造业	22032	21807	12337	5605	6732	9470	5095	5095	
其他制造业	4571	4566	4487	2495	1993	79	11	11	
电力、热力、燃气及水生产和供应业	5443	4802	4706	3302	1404	96	96	96	
电力、热力生产和供应业	5443	4802	4706	3302	1404	96	96	96	
交通运输、仓储和邮政业	19069	18644	15838	6259	9579	2806	2528	2528	

指标名称	经费内部支出总额	科技经费内部支出	日常性支出	人员劳务费	其他日常性支出	资产性支出	仪器与设备支出	非基建的科学仪器与设备支出	基建的仪器与设备支出
道路运输业	19069	18644	15838	6259	9579	2806	2528	2528	
信息传输、软件和信息技术服务业	46868	46266	35389	12321	23068	10878	8292	3655	4637
软件和信息技术服务业	46868	46266	35389	12321	23068	10878	8292	3655	4637
租赁和商务服务业	3425	803	803	493	310				
商务服务业	3425	803	803	493	310				
科学研究和技术服务业	1421349	1313241	855986	397177	458809	457255	341065	271840	69224
研究和试验发展	918847	873976	512329	223672	288656	361647	278149	222260	55889
专业技术服务业	404912	362520	288119	142285	145834	74401	45148	39076	6072
科技推广和应用服务业	97591	76746	55539	31220	24319	21207	17767	10504	7263
水利、环境和公共设施管理业	97640	75494	60586	28940	31646	14908	10532	9337	1195
水利管理业	41030	37739	33854	16749	17105	3886	2884	2884	
生态保护和环境治理业	56610	37755	26732	12192	14540	11022	7648	6453	1195
卫生和社会工作	16423	15670	6949	4346	2603	8721	1504	832	672
卫生	16423	15670	6949	4346	2603	8721	1504	832	672
文化、体育和娱乐业	1315	1216	922	554	368	294	145	145	
文化艺术业	275	199	49	17	32	150	2	2	
体育	1040	1018	874	537	336	144	144	144	
公共管理、社会保障和社会组织	731	731	728	558	170	4	4	4	
国家机构	731	731	728	558	170	4	4	4	
按机构所属学科领域分组									
自然科学领域	444926	420332	262063	101336	160728	158268	124351	88711	35640
信息科学与系统科学	254926	252693	156250	57539	98710	96443	80281	55735	24547
力学	15474	15432	14874	4884	9990	558	555	500	55
物理学	936	655	523	114	409	132	121	121	
化学	37205	35709	27961	8526	19435	7748	7279	4149	3130
地球科学	92960	72500	54361	28121	26241	18138	15441	7682	7759
生物学	43427	43344	8095	2153	5942	35249	20674	20525	149

指标名称	经费内部支出总额	科技经费内部支出	日常性支出	人员劳务费	其他日常性支出	资产性支出	仪器与设备支出	非基建的科学仪器与设备支出	基建的仪器与设备支出
农业科学领域	345049	280513	233831	129046	104785	46683	22187	14556	7631
农学	261061	207899	173938	96917	77021	33961	15188	10853	4335
林学	47693	41205	33934	18720	15214	7271	2475	1201	1274
水产学	36294	31410	25959	13409	12550	5451	4524	2502	2022
医学科学领域	153354	139839	69880	41795	28085	69959	51969	37403	14565
基础医学	89087	80171	37102	25118	11984	43069	37008	25865	11143
临床医学	11457	11241	8681	4597	4084	2559	1748	608	1140
预防医学与公共卫生学	3767	3758	1237	384	853	2521	2521	238	2282
药学	37606	33890	19618	9642	9976	14272	10308	10308	
中医学与中药学	11438	10780	3242	2054	1188	7538	384	384	
工程科学与技术领域	1053395	956910	648441	300989	347453	308469	226058	182901	43157
工程与技术科学基础学科	104864	99206	67521	31494	36027	31684	21339	17623	3716
信息与系统科学相关工程与技术	52956	39144	24934	15599	9336	14210	12653	10381	2273
自然科学相关工程与技术	24435	22794	14185	5653	8532	8610	4861	2412	2450
测绘科学技术	92898	89823	87066	37266	49801	2756	2205	2205	
材料科学	147961	141381	89283	40642	48642	52098	31657	26466	5191
机械工程	83802	73027	53149	20813	32336	19878	14682	8223	6458
动力与电气工程	37272	35889	28912	14302	14610	6977	5765	5765	
能源科学技术	2156	1863	1332	962	371	531	529	529	
电子与通信技术	162144	141418	78684	31538	47146	62734	62083	55718	6366
计算机科学技术	21631	21334	18759	8901	9858	2576	1134	709	425
化学工程	26748	26109	10312	5661	4651	15797	12652	1855	10797
产品应用相关工程与技术	80125	76489	39419	20094	19325	37070	13264	11275	1989
纺织科学技术	10017	9675	6108	1818	4290	3567	3567	3507	60
食品科学技术	16473	14974	12087	6772	5315	2887	2800	1246	1554
土木建筑工程	2394	2394	2394	1069	1325				

指标名称	经费内部支出总额	科技经费内部支出	日常性支出	人员劳务费	其他日常性支出	资产性支出	仪器与设备支出	非基建的科学仪器与设备支出	基建的仪器与设备支出
水利工程	45533	42391	38409	19910	18500	3982	2980	2980	
交通运输工程	19346	18839	16034	6343	9691	2806	2528	2528	
航空、航天科学技术	55946	47101	18117	7685	10432	28985	22280	22280	
环境科学技术及资源科学技术	46664	34009	25367	13877	11490	8642	7487	5607	1879
安全科学技术	14998	14962	12383	7926	4457	2579	1546	1546	
管理学	5032	4090	3989	2667	1321	101	49	49	
社会、人文科学领域	85934	78023	50794	26348	24446	27229	5200	4770	429
马克思主义	7975	7473	4320	2587	1733	3153	3153	2723	429
艺术学	247	246	246	95	151				
考古学	13466	12896	12077	3966	8111	819	671	671	
经济学	34668	32026	11577	6944	4633	20449	263	263	
社会学	10398	8577	8575	3455	5120	2	2	2	
图书馆、情报与文献学	18142	15788	13125	8764	4361	2663	968	968	
体育科学	1040	1018	874	537	336	144	144	144	
按机构从业人员规模分组									
≥1000 人	400938	369337	264367	106191	158176	104970	85113	58783	26330
500～999 人	277571	250631	190912	102534	88378	59718	36934	26705	10229
300～499 人	261761	241374	141886	58694	83192	99488	76533	72911	3622
200～299 人	269890	254805	157390	75985	81405	97415	79420	69555	9865
100～199 人	443059	361430	249355	118514	130841	112075	68484	47135	21349
50～99 人	237355	217664	160180	87042	73139	57484	37343	25478	11865
30～49 人	76160	71352	47063	24468	22595	24289	18250	10690	7560
20～29 人	49680	47137	21711	8870	12840	25426	17808	13248	4560
10～19 人	58400	54889	26846	13857	12989	28043	8732	3654	5077
0～9 人	7843	6998	5301	3359	1942	1698	1149	182	967

指标名称	经费内部支出总额			生产经营支出	其他支出
	资产性支出				
	土建费	资本化的计算机软件支出	专利和专有技术支出		
总计	**164287**	**11598**	**4957**	**96387**	**110654**
按机构所属地域分组					
杭州市	63526	7733	2636	44841	66372
宁波市	34278	1173	261	8438	17423
温州市	28320	867	946	11112	6471
嘉兴市	20061	1191	535	22618	4934
湖州市	697	15	56	1443	3182
绍兴市	2205	289	318	3627	315
金华市	6677	40	21	1332	3887
衢州市	149	131	16	1271	810
舟山市	239	81	30	165	4706
台州市	5125		119	1240	1296
丽水市	3011	79	21	300	1260
按机构所属隶属关系分组					
中央部门属	22771	974	72	1485	11352
中国科学院	17921	369	18		15
非中央部门属	141516	10625	4886	94902	99303
省级部门属	76967	6393	981	46985	50064
副省级城市属	13942	1125	192	12415	19771
地市级部门属	27898	1127	715	19648	14033
按机构从事的国民经济行业分组					
科学研究和技术服务业	164287	11598	4957	96387	110654
研究和试验发展	124606	8643	3338	47921	82650
专业技术服务业	27141	2751	1248	39661	16909
科技推广和应用服务业	12540	205	372	8804	11095
按机构服务的国民经济行业分组					
农、林、牧、渔业	21970	521	164	9010	44945

指标名称	经费内部支出总额			生产经营支出	其他支出
	资产性支出				
	土建费	资本化的计算机软件支出	专利和专有技术支出		
农业	12700	153	27	7218	10585
林业	751	5		134	796
渔业	789			1060	3786
农、林、牧、渔专业及辅助性活动	7731	363	137	598	29778
制造业	24731	904	1757	9843	7847
农副食品加工业					56
食品制造业	45		15	45	4
酒、饮料和精制茶制造业				212	199
皮革、毛皮、羽毛及其制品和制鞋业				83	7
文教、工美、体育和娱乐用品制造业					1
化学原料和化学制品制造业	2747	7		166	634
医药制造业	14526	212	6	74	3346
橡胶和塑料制品业					47
通用设备制造业	1594	165	31	261	521
专用设备制造业		153		184	90
汽车制造业				78	5
铁路、船舶、航空航天和其他运输设备制造业		354		572	
计算机、通信和其他电子设备制造业	1386	12	1695	8169	2707
仪器仪表制造业	4375				225
其他制造业	58		10		5
电力、热力、燃气及水生产和供应业					641
电力、热力生产和供应业					641
交通运输、仓储和邮政业		278		325	101
道路运输业		278		325	101
信息传输、软件和信息技术服务业	1797	363	425	202	400
软件和信息技术服务业	1797	363	425	202	400

指标名称	经费内部支出总额			生产经营支出	其他支出
	资产性支出				
	土建费	资本化的计算机软件支出	专利和专有技术支出		
租赁和商务服务业				2622	
商务服务业				2622	
科学研究和技术服务业	104307	9404	2480	56982	51127
研究和试验发展	76584	5880	1034	11989	32882
专业技术服务业	25881	2448	923	26494	15898
科技推广和应用服务业	1842	1076	523	18499	2346
水利、环境和公共设施管理业	4115	129	132	17403	4743
水利管理业	937	53	12	1884	1406
生态保护和环境治理业	3179	77	119	15519	3337
卫生和社会工作	7218				753
卫生	7218				753
文化、体育和娱乐业	149				99
文化艺术业	149				77
体育					22
公共管理、社会保障和社会组织					
国家机构					
按机构所属学科领域分组					
自然科学领域	31533	2311	73	17047	7548
信息科学与系统科学	14761	1395	7	4	2229
力学			3		42
物理学			10	280	1
化学	330	102	36	208	1287
地球科学	1875	810	13	16540	3920
生物学	14566	5	5	15	68
农业科学领域	23810	527	159	12797	51738
农学	18229	522	22	8073	45089

指标名称	经费内部支出总额			生产经营支出	其他支出
	资产性支出				
	土建费	资本化的计算机软件支出	专利和专有技术支出		
林学	4670	5	121	3664	2825
水产学	911		17	1060	3825
医学科学领域	17291	693	6	4876	8639
基础医学	5456	599	6	4705	4212
临床医学	811			121	95
预防医学与公共卫生学					9
药学	3870	94		50	3666
中医学与中药学	7154				658
工程科学与技术领域	71505	6247	4658	57459	39026
工程与技术科学基础学科	9131	1161	54	2857	2801
信息与系统科学相关工程与技术	430	315	811	13590	222
自然科学相关工程与技术	3582	4	162	1071	570
测绘科学技术		548	4		3076
材料科学	18681	525	1235	5065	1516
机械工程	4073	662	462	7615	3160
动力与电气工程		773	440	242	1142
能源科学技术		2			292
电子与通信技术	209	307	134	10156	10570
计算机科学技术	164	364	915	152	145
化学工程	3129	16		60	579
产品应用相关工程与技术	23564	213	29	89	3547
纺织科学技术				207	135
食品科学技术	45	28	15	1271	229
土木建筑工程					
水利工程	937	53	12	1095	2047
交通运输工程		278		406	101

指标名称	经费内部支出总额			生产经营支出	其他支出
	资产性支出				
	土建费	资本化的计算机软件支出	专利和专有技术支出		
航空、航天科学技术	6175	457	73	1103	7742
环境科学技术及资源科学技术	1087	68		11640	1015
安全科学技术	245	476	312		36
管理学	52			840	103
社会、人文科学领域	20149	1820	60	4208	3703
马克思主义					502
艺术学					1
考古学	149				570
经济学	20000	125	60	2622	20
社会学				1585	235
图书馆、情报与文献学		1695			2354
体育科学					22
按机构从业人员规模分组					
≥1000 人	17584	2269	4	586	31015
500～999 人	20100	1888	797	19981	6959
300～499 人	21807	536	613	10166	10221
200～299 人	15680	1085	1231	2219	12866
100～199 人	38747	3701	1144	47790	33839
50～99 人	18232	1108	802	10633	9058
30～49 人	5190	788	61	1225	3583
20～29 人	7443	152	23	1175	1369
10～19 人	19045	72	195	2406	1105
0～9 人	461		88	206	639

2-7 科学研究和技术服务业事业单位科研基建与固定资产（2021）

单位：万元

指标名称	科研基建	按经费来源分				年末固定资产原价	科研房屋建筑物	科研仪器设备	#进口
		政府资金	企业资金	事业单位资金	其他资金				
总计	265710	191319	7305	65254	1832	2318064	738021	1191191	328315
按机构所属地域分组									
杭州市	112919	79311		33591	18	1158040	308610	643927	216313
宁波市	45551	33666	2807	8812	266	500778	191880	244270	64905
温州市	37221	34205	122	1526	1368	198737	65164	84361	12312
嘉兴市	25077	3495	1702	19862	18	155528	64119	55935	4575
湖州市	4087	3899	8	18	162	37675	18050	15942	851
绍兴市	9033	5707	2030	1296		39927	5661	30758	3989
金华市	7813	7637	90	85		45605	20367	21808	7210
衢州市	8634	8634				37114	8638	22789	6136
舟山市	2266	2266				73514	31291	36159	5996
台州市	7060	6996		64		29854	13265	12950	4250
丽水市	6049	5503	546			41292	10978	22293	1779
按机构所属隶属关系分组									
中央部门属	33938	30370		3568		459970	143822	260784	94924
中国科学院	17921	16028		1893		148411	53931	83387	39046
非中央部门属	231771	160949	7305	61686	1832	1858094	594199	930407	233392
省级部门属	121319	66639	1659	52842	180	926627	311040	462146	147385
副省级城市属	17518	13374		4145		331287	107622	138733	25654
地市级部门属	46468	44504	122	1202	640	310613	70842	164758	19897
按机构从事的国民经济行业分组									
科学研究和技术服务业	265710	191319	7305	65254	1832	2318064	738021	1191191	328315
研究和试验发展	202433	159924	1873	39130	1506	1453940	446209	743428	241579
专业技术服务业	41746	14529	4084	23091	42	735378	220520	403539	82760
科技推广和应用服务业	21530	16866	1348	3032	284	128746	71292	44224	3977
按机构服务的国民经济行业分组									
农、林、牧、渔业	29463	23066		6217	180	414018	168679	160556	25951
农业	15112	14849		245	18	168695	57689	58180	2298
林业	1705	1436		269		42680	13168	17897	8090
渔业	2800	2519		119	162	54090	28382	22184	6145

指标名称	科研基建	按经费来源分				年末固定资产原价	科研房屋建筑物	科研仪器设备	#进口
		政府资金	企业资金	事业单位资金	其他资金				
农、林、牧、渔专业及辅助性活动	9846	4262		5584		148553	69440	62296	9417
制造业	42933	36003	766	5525	639	142014	27063	107905	39101
农副食品加工业	570	570				9926	1119	8807	1509
食品制造业	385	385				1731	20	1340	300
酒、饮料和精制茶制造业						6564	5342	1024	628
皮革、毛皮、羽毛及其制品和制鞋业	17	17				1306		1212	525
文教、工美、体育和娱乐用品制造业						464	373	3	
化学原料和化学制品制造业	14161	14161				17459	2539	14826	4625
医药制造业	14526	14526				7014		6384	2094
橡胶和塑料制品业						73		13	
通用设备制造业	4520	3762	758			5171	1624	3329	
专用设备制造业						34617	9439	24227	14525
汽车制造业						1517	259	1127	
铁路、船舶、航空航天和其他运输设备制造业						3332	293	2406	
计算机、通信和其他电子设备制造业	4322	2525	8	1150	639	18967	5945	12203	1943
仪器仪表制造业	4375			4375		33374	110	30574	12954
其他制造业	58	58				498		432	
电力、热力、燃气及水生产和供应业						2189	1450	606	
电力、热力生产和供应业						2189	1450	606	
交通运输、仓储和邮政业						36405	15856	12850	3396
道路运输业						36405	15856	12850	3396
信息传输、软件和信息技术服务业	6434	2925	1879	1630		27675	8872	14208	
软件和信息技术服务业	6434	2925	1879	1630		27675	8872	14208	
租赁和商务服务业						213		5	
商务服务业						213		5	
科学研究和技术服务业	173531	118364	4660	49495	1013	1535212	490857	807246	238304
研究和试验发展	132473	105243	1743	24783	705	757615	243181	390591	143600
专业技术服务业	31954	8768		23144	42	645273	195414	347116	89723
科技推广和应用服务业	9104	4353	2917	1568	266	132324	52262	69540	4981
水利、环境和公共设施管理业	5310	3439		1871		144967	23294	74749	16587
水利管理业	937			937		43350	17129	21155	8097
生态保护和环境治理业	4373	3439		934		101617	6164	53593	8490

指标名称	科研基建	按经费来源分				年末固定资产原价	科研房屋建筑物	科研仪器设备	#进口
		政府资金	企业资金	事业单位资金	其他资金				
卫生和社会工作	7890	7374		516		12479	1718	10731	2807
卫生	7890	7374		516		12479	1718	10731	2807
文化、体育和娱乐业	149	149				2602		2298	2169
文化艺术业	149	149				62		62	
体育						2540		2236	2169
公共管理、社会保障和社会组织						290	233	38	
国家机构						290	233	38	
按机构所属学科分组									
自然科学领域	67172	64226		2887	60	293534	63250	169612	44739
信息科学与系统科学	39307	37677		1630		44978	8096	25831	5216
力学	55	38			18	13947	4525	7904	402
物理学						464		350	
化学	3461	2382		1079		59989	16474	39757	1926
地球科学	9634	9415		178	42	170381	34035	92656	36926
生物学	14715	14715				3775	120	3114	269
农业科学领域	31441	25044		6217	180	508816	191187	190225	36079
农学	22564	18628		3918	18	352829	134212	133168	19789
林学	5944	3829		2115		83114	18061	26840	10145
水产学	2933	2586		184	162	72873	38914	30218	6145
医学科学领域	31856	31309		547		193803	61989	118888	84107
基础医学	16599	16599				85323	18040	66221	54459
临床医学	1952	1888		64		27650	22879	4771	2807
预防医学与公共卫生学	2282	2282				6864		6703	
药学	3870	3838		32		66529	20377	34479	26841
中医学与中药学	7154	6702		452		7437	693	6715	
工程科学与技术领域	114662	70163	7305	35603	1592	1262867	392176	699507	161221
工程与技术科学基础学科	12847	9482		3365		159924	53067	97412	17126
信息与系统科学相关工程与技术	2703	1044	1659			81003	24081	54654	2628
自然科学相关工程与技术	6032	3556		1150	1326	21045	7313	12693	1841
测绘科学技术						87571	23234	44247	2051
材料科学	23872	20169	1810	1893		192814	59962	120489	51652
机械工程	10531	8613	758	1161		100362	32113	44271	5265
动力与电气工程						65711	30590	28658	9393
能源科学技术						283	124	3	

单位：万元

指标名称	科研基建	按经费来源分				年末固定资产原价	科研房屋建筑物	科研仪器设备	#进口
		政府资金	企业资金	事业单位资金	其他资金				
电子与通信技术	6575	4682	1879	14		57891	5807	43332	7613
计算机科学技术	589	581	8			4663		4328	
化学工程	13927	13927				14597	615	13514	5914
产品应用相关工程与技术	25553		1064	24223	266	153809	49810	68926	19646
纺织科学技术	60			60		14871	2	14823	857
食品科学技术	1599	1300		299		41072	8236	29090	14189
土木建筑工程						2851	112	257	
水利工程	937			937		45368	18579	21743	8097
交通运输工程						36906	16149	12850	3396
航空、航天科学技术	6175	6175				46323	31799	12448	129
环境科学技术及资源科学技术	2966	609	127	2230		111816	19719	65319	9450
安全科学技术	245			245		21942	9973	9849	1975
管理学	52	26		27		2046	890	601	
社会、人文科学领域	20578	578		20000		59043	29420	12959	2169
马克思主义	429	429				2485		991	
艺术学						464	373	3	
考古学	149	149				7704	3946	329	
经济学	20000			20000		8644	7213	364	
社会学						6715	100	2077	
图书馆、情报与文献学						30491	17788	6958	
体育科学						2540		2236	2169
按机构从业人员规模分组									
≥1000人	43914	40241		3673		226400	77333	112088	12578
500～999人	30328	25662	1659	3007		482900	135923	255109	90335
300～499人	25429	3971		21457		263848	81954	129162	30316
200～299人	25544	16554	1743	7247		336046	88263	198520	87334
100～199人	60096	32080	127	27087	801	511855	153867	250082	58915
50～99人	30097	27728	24	2327	18	339364	151798	157687	31892
30～49人	12749	10978	1064	441	266	73501	19305	41328	7238
20～29人	12003	10541	758		705	38158	17073	18563	4770
10～19人	24122	22151	1930		42	34026	8666	23046	3308
0～9人	1427	1413		14		11967	3840	5606	1630

2-8 科学研究和技术服务业事业单位科学仪器设备（2021）

指标名称	科学仪器设备数量（台/套）	#单台原值≥100万元	科学仪器设备原值（万元）	#单台原值≥100万元
总计	**190331**	**1691**	**1191191**	**363645**
按机构所属地域分组				
杭州市	88626	911	643927	203111
宁波市	37388	431	244270	91475
温州市	26895	78	84361	14605
嘉兴市	4416	46	55935	10606
湖州市	3728	21	15942	4594
绍兴市	5830	39	30758	8081
金华市	3723	43	21808	7113
衢州市	3654	34	22789	7309
舟山市	8824	30	36159	5819
台州市	2734	19	12950	3830
丽水市	4513	39	22293	7103
按机构所属隶属关系分组				
中央部门属	34414	433	260784	96909
中国科学院	11046	155	83387	34265
非中央部门属	155917	1258	930407	266736
省级部门属	57904	593	462146	122040
副省级城市属	26281	203	138733	43694
地市级部门属	49089	164	164758	35316
按机构从事的国民经济行业分组				
科学研究和技术服务业	190331	1691	1191191	363645
研究和试验发展	130294	1056	743428	241874
专业技术服务业	49366	589	403539	113910
科技推广和应用服务业	10671	46	44224	7861
按机构服务的国民经济行业分组				
农、林、牧、渔业	46396	123	160556	24819
农业	26663	37	58180	8649
林业	3993	13	17897	1397
渔业	3444	22	22184	3852
农、林、牧、渔专业及辅助性活动	12296	51	62296	10922

指标名称	科学仪器设备数量（台/套）	# 单台原值≥100万元	科学仪器设备原值（万元）	# 单台原值≥100万元
制造业	14438	152	107905	33572
农副食品加工业	1100	12	8807	2831
食品制造业	302	2	1340	240
酒、饮料和精制茶制造业	235	3	1024	348
皮革、毛皮、羽毛及其制品和制鞋业	137	4	1212	888
文教、工美、体育和娱乐用品制造业	5		3	
化学原料和化学制品制造业	2255	18	14826	4686
医药制造业	1130	9	6384	3582
橡胶和塑料制品业	30		13	
通用设备制造业	501	5	3329	760
专用设备制造业	2440	37	24227	8301
汽车制造业	325		1127	
铁路、船舶、航空航天和其他运输设备制造业	149	4	2406	575
计算机、通信和其他电子设备制造业	1343	20	12203	3454
仪器仪表制造业	3910	38	30574	7907
其他制造业	576		432	
电力、热力、燃气及水生产和供应业	313		606	
电力、热力生产和供应业	313		606	
交通运输、仓储和邮政业	1608	14	12850	3998
道路运输业	1608	14	12850	3998
信息传输、软件和信息技术服务业	2398	10	14208	2490
软件和信息技术服务业	2398	10	14208	2490
租赁和商务服务业	2		5	
商务服务业	2		5	
科学研究和技术服务业	114732	1282	807246	278217
研究和试验发展	57500	632	390591	149897
专业技术服务业	49886	574	347116	111532
科技推广和应用服务业	7346	76	69540	16788
水利、环境和公共设施管理业	9336	84	74749	15979
水利管理业	4319	37	21155	6696
生态保护和环境治理业	5017	47	53593	9283
卫生和社会工作	936	23	10731	4237
卫生	936	23	10731	4237

指标名称	科学仪器设备数量 （台/套）	#单台原值≥100万元	科学仪器设备原值 （万元）	#单台原值≥100万元
文化、体育和娱乐业	137	3	2298	333
文化艺术业	4		62	
体育	133	3	2236	333
公共管理、社会保障和社会组织	35		38	
国家机构	35		38	
按机构所属学科分组				
自然科学领域	24062	253	169612	58881
信息科学与系统科学	9750	13	25831	4062
力学	845	13	7904	2453
物理学	201		350	
化学	5818	88	39757	16864
地球科学	6096	138	92656	35101
生物学	1352	1	3114	403
农业科学领域	53086	168	190225	33385
农学	41801	123	133168	26387
林学	6213	23	26840	3146
水产学	5072	22	30218	3852
医学科学领域	8287	240	118888	54334
基础医学	4375	154	66221	36054
临床医学	267	13	4771	2501
预防医学与公共卫生学	623		6703	
药学	2322	62	34479	13764
中医学与中药学	700	11	6715	2015
工程科学与技术领域	101911	1025	699507	216314
工程与技术科学基础学科	18436	139	97412	29737
信息与系统科学相关工程与技术	3651	50	54654	12806
自然科学相关工程与技术	1710	18	12693	3167
测绘科学技术	3037	32	44247	9758
材料科学	14690	221	120489	47773
机械工程	7852	82	44271	15249
动力与电气工程	4781	49	28658	11728
能源科学技术	1		3	
电子与通信技术	7677	75	43332	17668

指标名称	科学仪器设备数量（台/套）	#单台原值≥100万元	科学仪器设备原值（万元）	#单台原值≥100万元
计算机科学技术	1613	4	4328	1148
化学工程	1836	21	13514	5433
产品应用相关工程与技术	11449	86	68926	16524
纺织科学技术	2117	14	14823	2218
食品科学技术	3146	85	29090	12311
土木建筑工程	20		257	
水利工程	4626	37	21743	6696
交通运输工程	1608	14	12850	3998
航空、航天科学技术	5578	20	12448	4211
环境科学技术及资源科学技术	5811	69	65319	13845
安全科学技术	1652	9	9849	2046
管理学	620		601	
社会、人文科学领域	2985	5	12959	731
马克思主义	163		991	
艺术学	5		3	
考古学	69		329	
经济学	236		364	
社会学	843		2077	
图书馆、情报与文献学	1536	2	6958	399
体育科学	133	3	2236	333
按机构从业人员规模分组				
≥1000人	20676	84	112088	22344
500～999人	37344	364	255109	85307
300～499人	23249	237	129162	50506
200～299人	30011	278	198520	58126
100～199人	28983	390	250082	81848
50～99人	35284	205	157687	42804
30～49人	7708	79	41328	12544
20～29人	2655	30	18563	5892
10～19人	2988	21	23046	3888
0～9人	1433	3	5606	386

2–9 科学研究和技术服务业事业单位课题概况（2021）

指标名称	课题数（个）	#R&D课题	课题经费内部支出（万元）	#政府资金	#R&D课题经费	课题人员折合全时工作量（人年）	#R&D课题人员折合全时工作量
总计	8257	6103	477472	338311	397813	19376.4	16155.7
按地域分组							
杭州市	3231	2094	223553	181896	177258	8941.2	7136.1
宁波市	2098	1707	143227	92072	128336	3919.8	3376.6
温州市	971	726	32598	20589	29730	1784.6	1609.5
嘉兴市	260	169	26645	11871	19199	1141.3	905.1
湖州市	322	247	10889	8412	8307	706.2	604.5
绍兴市	243	178	8790	2158	7554	743.5	574.1
金华市	154	133	4036	3373	3548	402.0	367.2
衢州市	224	216	5113	3959	4645	601.5	582.3
舟山市	341	267	8215	4756	6499	432.7	368.4
台州市	243	206	10307	5802	9184	402.4	345.2
丽水市	170	160	4099	3421	3551	301.2	286.7
按隶属关系分组							
中央部门属	1851	1568	103898	91246	93155	2838.4	2479.9
中国科学院	1187	1096	73610	65499	69257	1379.7	1266.2
非中央部门属	6406	4535	373574	247064	304657	16538.0	13675.8
省级部门属	2821	1681	175186	129947	126735	6469.0	4805.8
副省级城市属	781	478	42714	26194	36898	2334.8	1944.1
地市级部门属	1606	1359	45809	26629	41056	3759.5	3289.1
按课题来源分组							
国家科技项目	1379	1266	96727	86082	89350	3571.0	3322.8
地方科技项目	3996	2820	134007	115048	104236	7090.0	5669.0
企业委托科技项目	1583	1051	60267	5937	38553	2923.3	2202.0
自选科技项目	887	759	163146	122261	155557	4688.3	4379.6
国际合作科技项目	12	10	283	249	268	39.5	37.3
其他科技项目	400	197	23042	8734	9850	1064.3	545
按课题活动类型分组							
基础研究	770	770	32422	25538	32422	1938.4	1938.4
应用研究	2036	2036	153542	131648	153542	5894.6	5894.6
试验发展	3297	3297	211849	141291	211849	8322.7	8322.7
研究与试验发展成果应用	884		33987	18881		1670.7	
技术推广与科技服务	1270		45673	20953		1550.0	
按课题所属学科分组							
自然科学领域	1072	782	59856	39635	50011	2777.1	2485.1
数学	2	2	1	1	1	0.2	0.2
信息科学与系统科学	128	73	17947	4291	12658	388.5	284.5

指标名称	课题数（个）	#R&D课题	课题经费内部支出（万元）	#政府资金	#R&D课题经费	课题人员折合全时工作量（人年）	#R&D课题人员折合全时工作量
力学	23	20	389	107	375	34.6	32.3
物理学	33	32	10518	10262	10517	174.1	174.0
化学	230	206	4794	3300	4617	520.7	504.7
天文学	1	1	71	71	71	50.0	50.0
地球科学	438	253	17579	14251	13431	870.9	715.5
生物学	216	194	8555	7351	8340	737.6	723.4
心理学	1	1	2	2	2	0.5	0.5
农业科学领域	2407	1564	56406	50986	40961	3465.5	2481.6
农学	1549	1040	32275	30580	23666	2096.9	1629.3
林学	226	164	5819	5647	3446	640.4	366.7
畜牧、兽医科学	142	97	3341	3200	2478	241.3	181.9
水产学	490	263	14971	11558	11371	486.9	303.7
医学科学领域	386	349	12539	8211	11672	1091.7	1051.8
基础医学	55	53	3340	1267	3167	244.1	237.1
临床医学	120	114	2873	2671	2631	312.6	308.7
预防医学与公共卫生学	22	17	363	117	290	47.3	41.7
军事医学与特种医学	1	1	39		39	2.0	2.0
药学	84	81	3410	2477	3404	275.5	271.0
中医学与中药学	104	83	2513	1679	2141	210.2	191.3
工程科学与技术领域	4149	3329	328745	227186	280168	11438.8	9717.9
工程与技术科学基础学科	57	45	3682	3092	3445	217.5	191.2
信息与系统科学相关工程与技术	131	123	20964	18161	20864	602.3	592.5
自然科学相关工程与技术	189	148	16852	16160	16263	692.5	650.3
测绘科学技术	60	46	3411	7	1827	146.6	90.4
材料科学	1469	1343	110810	80335	104503	2555.1	2253.2
矿山工程技术	1		2			7.0	
机械工程	337	310	17317	7846	16076	892.1	821.4
动力与电气工程	67	57	3329	1627	2941	138.9	121.5
能源科学技术	57	41	2820	1617	1831	151.6	116.0
核科学技术	5	2	55	10	10	7.3	2.4
电子与通信技术	186	172	35963	29504	33601	968.8	913.8
计算机科学技术	256	210	39503	31086	37677	1750.7	1621.5
化学工程	214	200	10463	5838	9960	623.0	574.1
产品应用相关工程与技术	158	117	2986	763	2330	297.3	236.4
纺织科学技术	34	25	2359	794	2221	82.3	74.5
食品科学技术	96	77	2333	1717	1969	289.0	246.0
土木建筑工程	10	6	599	300	511	12.5	8.6
水利工程	123	54	21155	1571	3532	411.2	142.3
交通运输工程	62	42	2043	1643	1488	175.7	150.9
航空、航天科学技术	28	25	8539	8323	8522	238.8	231.8

指标名称	课题数（个）	#R&D课题	课题经费内部支出（万元）	#政府资金	#R&D课题经费	课题人员折合全时工作量（人年）	#R&D课题人员折合全时工作量
环境科学技术及资源科学技术	430	194	18521	13594	7340	722.4	412.1
安全科学技术	90	59	2085	1314	1685	212.6	150.1
管理学	89	33	2954	1885	1572	243.6	116.9
社会、人文科学领域	243	79	19927	12293	15001	603.3	419.3
马克思主义	6	6	1598	1270	1598	48.0	48.0
哲学	1	1	285	285	285	9.0	9.0
文学	1	1	30	30	30	10.0	10.0
艺术学	11	7	63	2	58	2.8	1.8
考古学	29	17	10139	3304	8572	200.0	173.0
经济学	117	11	3864	3621	764	153.3	44.2
法学	1		14	14		4.2	
社会学	26	24	1147	1061	1070	42.3	37.5
新闻学与传播学	1	1	80	80	80	3.0	3.0
图书馆、情报与文献学	12	3	1666	1625	1589	53.2	40.0
教育学	19	1	64	42	11	6.3	1.0
体育科学	10	2	17	17	7	22.1	4.5
统计学	9	5	960	941	938	49.1	47.3
按课题技术领域分组							
非技术领域	204	98	11383	10613	7712	402.4	285.8
信息技术	624	499	103590	73300	94320	3434.3	3117.9
生物和现代农业技术	2374	1714	63621	58099	52407	4589.6	3737.9
新材料技术	1679	1555	118561	85240	111970	3180.7	2851.7
能源技术	74	50	2401	1654	1322	178.4	140.0
激光技术	61	61	2116	1445	2116	150.6	150.6
先进制造与自动化技术	568	494	52372	34759	48316	1743.5	1575.2
航天技术	33	30	9959	8948	9942	323.3	316.3
资源与环境技术	1000	536	45873	35342	28173	1648.8	1148.2
其他技术领域	1640	1066	67596	28911	41534	3724.8	2832.1
按课题的社会经济目标分组							
环境保护、生态建设及污染防治	669	342	34423	17656	14774	1199.5	729.8
环境一般问题	42	29	2549	1797	2417	70.2	55.2
环境与资源评估	70	18	1404	877	357	57.5	23.5
环境监测	142	55	3138	1221	1312	167.0	102.1
生态建设	123	69	10135	4961	2568	250.8	112.4
环境污染预防	83	39	3311	2435	1399	180.0	105.6
环境治理	185	120	9699	6147	5854	400.5	293.4
自然灾害的预防、预报	24	12	4187	216	869	73.5	37.6
能源生产、分配和合理利用	129	88	5763	2423	3925	352.9	264.4
能源一般问题研究	39	20	341	132	169	51.2	28.7
能源矿产的勘探技术	5	5	87	3	87	4.1	4.1

指标名称	课题数（个）	#R&D课题	课题经费内部支出（万元）	#政府资金	#R&D课题经费	课题人员折合全时工作量（人年）	#R&D课题人员折合全时工作量
能源转换技术	8	7	243	148	239	23.4	21.2
能源输送、储存与分配技术	6	4	590	462	581	24.7	22.7
可再生能源	18	17	945	444	940	58.7	57.6
能源设施和设备建造	25	17	1972	1038	753	90.0	57.9
能源安全生产管理和技术	13	8	366	128	242	34.2	26.9
节约能源的技术	10	7	408	66	277	44.8	28.3
能源生产、输送、分配、储存、利用过程中污染的防治与处理	5	3	811	2	637	21.8	17.0
卫生事业发展	572	529	25729	17976	24908	2251.3	2200.8
卫生一般问题	12	11	642	564	641	37.2	36.5
诊断与治疗	395	371	11947	10197	11482	1647.8	1622.8
预防医学	7	7	830	777	830	37.8	37.8
公共卫生	11	10	797	398	751	47.8	45.8
营养和食品卫生	28	23	1858	1404	1820	63.4	59.5
药物滥用和成瘾	7	5	738	236	730	16.4	13.1
社会医疗	8	6	233	200	223	14.9	14.0
卫生医疗其他研究	104	96	8684	4200	8431	386.0	371.3
教育事业发展	6	4	942	923	268	47.8	34.6
教育一般问题	1	1	8	8	8	3.2	3.2
非学历教育与培训	3	2	258	241	257	28.4	28.2
其他教育	2	1	676	674	2	16.2	3.2
基础设施以及城市和农村规划	176	104	7475	3654	5403	481.5	397.3
交通运输	107	58	3824	2039	2502	253.9	195.0
通信	10	9	1010	803	810	93.5	91.5
城市规划与市政工程	24	21	2008	312	1739	90.8	78.8
农村发展规划与建设	26	8	392	294	113	17.6	6.5
交通运输、通信、城市与农村发展对环境的影响	9	8	242	205	239	25.7	25.5
基础社会发展和社会服务	413	220	35567	13822	21601	1378.8	939.7
社会发展和社会服务一般问题	83	22	4367	3590	2572	192.6	133.9
社会保障	1	1	60	60	60	2.3	2.3
公共安全	94	73	3331	2129	2962	186.1	168.0
社会管理	19	12	633	264	507	105.1	100.8
就业	2		17	5		2.0	
政府与政治	1	1	33	33	33	1.0	1.0
遗产保护	35	18	10573	3356	8585	215.1	176.2
语言与文化	3	3	38	35	38	6.0	6.0
文艺、娱乐	3	3	183	183	183	20.0	20.0
宗教与道德	1	1	1	1	1	5.0	5.0
传媒	3	1	81	80	80	6.1	3.0
科技发展	96	41	12759	2464	3561	452.0	200.8
国土资源管理	19	13	577		414	42.7	31.3

指标名称	课题数（个）	#R&D课题	课题经费内部支出（万元）	#政府资金	#R&D课题经费	课题人员折合全时工作量（人年）	#R&D课题人员折合全时工作量
其他社会发展和社会服务	53	31	2914	1622	2606	142.8	91.4
地球和大气层的探索与利用	357	251	16762	14512	13011	804.2	684.2
地壳、地幔，海底的探测和研究	11	5	210	30	55	6.5	3.0
水文地理	24	21	1942	1091	576	66.8	48.6
海洋	233	152	14086	13003	11996	562.8	488.1
大气	85	71	453	387	375	165.8	143.7
地球探测和开发其他研究	4	2	72		9	2.3	0.8
民用空间探测及开发	53	45	15356	13945	15250	478.0	463.3
空间探测一般研究	3	3	529	529	529	77.0	77.0
飞行器和运载工具研制	8	8	4024	3862	4024	94.3	94.3
发射与控制系统	10	9	629	582	585	36.4	34.4
卫星服务	17	11	8481	8165	8424	120.3	109.6
空间探测和开发其他研究	15	14	1694	807	1688	150.0	148.0
农林牧渔业发展	2379	1569	55138	50177	39509	3525.1	2562.2
农林牧渔业发展一般问题	239	135	3298	3193	1736	304.3	217.5
农作物种植及培育	965	733	24924	23803	20137	1670.3	1242.6
林业和林产品	139	99	3794	3622	2129	240.0	177.2
畜牧业	103	71	2769	2686	2040	183.6	138.4
渔业	391	199	11485	9828	8523	374.7	242.4
农林牧渔业体系支撑	498	301	7997	6188	4347	683.7	489.5
农林牧渔业生产中污染的防治与处理	44	31	871	858	597	68.5	54.6
工商业发展	2373	1872	171810	107864	153577	5497.6	4724.1
促进工商业发展的一般问题	63	47	1605	723	1298	108.2	66.9
产业共性技术	645	549	66725	40965	58256	1013.4	870.6
食品、饮料和烟草制品业	78	54	1646	972	1218	152.6	123.8
纺织业、服装及皮革制品业	48	45	4641	55	4317	122.9	117.9
化学工业	202	192	5151	2560	5038	558.9	535.7
非金属与金属制品业	47	44	7320	7039	7308	115.1	113.5
机械制造业（不包括电子设备、仪器仪表及办公机械	160	138	13293	4153	10819	441.3	384.2
电子设备、仪器仪表及办公机械	179	153	26492	24096	25834	497.7	453.2
其他制造业	59	52	1595	997	1576	77.3	73.1
热力、水的生产和供应	2	2	22	15	22	4.5	4.5
建筑业	19	15	2233	212	2062	78.2	47.7
信息与通信技术（ICT）服务业	122	104	19884	12326	19259	606.5	582.2
技术服务业	702	449	19942	13101	15847	1591.6	1269.1
金融业	5	2	264	192	185	35.2	16.5
房地产业	1		18			0.8	
商业及其他服务业	23	15	686	239	361	56.3	46.0
工商业活动中的环境保护、污染防治与处理	18	11	293	221	178	37.1	19.2

指标名称	课题数（个）	#R&D课题	课题经费内部支出（万元）	# 政府资金	#R&D课题经费	课题人员折合全时工作量（人年）	#R&D课题人员折合全时工作量
非定向研究	775	775	52953	50489	52953	1426.8	1426.8
自然科学领域的非定向研究	684	684	31617	30543	31617	852.1	852.1
工程与技术科学领域的非定向研究	54	54	16922	15955	16922	403.1	403.1
农业科学领域的非定向研究	2	2	16	3	16	7.0	7.0
医学科学领域的非定向研究	15	15	604	575	604	45.9	45.9
社会科学领域的非定向研究	6	6	876	522	876	32.1	32.1
人文科学领域的非定向研究	7	7	2677	2649	2677	68.0	68.0
其他	7	7	243	243	243	18.6	18.6
其他民用目标	329	281	50553	40975	47994	1654.0	1483.5
国防	26	23	5001	3895	4639	278.9	245.0
按课题合作形式分组							
独立完成	6035	4420	308982	212431	253778	12218.2	10206.2
与境内独立研究机构合作	490	363	27532	23711	22289	1608.3	1233.5
与境内高等学校合作	538	474	61658	53008	59355	2439.3	2245.9
与境内注册其他企业合作	733	538	63054	36059	52722	2086.6	1707.3
与境外机构合作	16	11	1276	1248	478	43.9	33.9
其他	445	297	14972	11853	9191	980.1	728.9
按课题服务的国民经济行业分组							
农、林、牧、渔业	2096	1362	51164	47641	37788	3134.6	2217.2
农业	1029	761	26420	25139	20643	1695.7	1210.7
林业	169	130	3766	3766	2782	350.1	283.8
畜牧业	98	67	2799	2737	2092	173.5	130.5
渔业	379	193	10887	9357	8160	342.5	231.1
农、林、牧、渔专业及辅助性活动	421	211	7292	6642	4110	572.8	361.1
采矿业	11	8	902	551	260	26.5	16.6
煤炭开采和洗选业	1	1	49	49	49	5.0	5.0
石油和天然气开采业	6	5	100	35	95	10.6	9.6
有色金属矿采选业	3	2	717	467	117	10.0	2.0
非金属矿采选业	1		37			0.9	
制造业	1482	1273	115357	66291	107595	4356.6	3920.1
农副食品加工业	63	46	904	599	614	62.1	44.5
食品制造业	26	14	389	184	277	30.4	22.1
酒、饮料和精制茶制造业	58	37	1149	766	723	101.7	70.3
纺织业	22	20	662	103	600	64.6	61.6
纺织服装、服饰业	5	2	366	36	57	10.1	4.6
皮革、毛皮、羽毛及其制品和制鞋业	36	36	4246		4246	96.0	96.0
木材加工和木、竹、藤、棕、草制品业	14	9	432	259	294	23.1	17.1
家具制造业	5	5	85	30	85	31.2	31.2
造纸和纸制品业	5	2	205	61	88	13.0	4.0
印刷和记录媒介复制业	2	2	940		940	18.0	18.0

指标名称	课题数（个）	#R&D课题	课题经费内部支出（万元）	#政府资金	#R&D课题经费	课题人员折合全时工作量（人年）	#R&D课题人员折合全时工作量
文教、工美、体育和娱乐用品制造业	1	1	153	111	153	10.0	10.0
石油、煤炭及其他燃料加工业	3	1	6	5	1	4.4	0.3
化学原料和化学制品制造业	157	143	6111	5425	5602	517	412.2
医药制造业	164	143	6415	2602	6230	447.8	430.3
化学纤维制造业	27	24	525	376	493	54.3	48.3
橡胶和塑料制品业	39	34	2797	178	2586	66.0	60.8
非金属矿物制品业	44	39	5552	4831	5132	140.5	115.3
有色金属冶炼和压延加工业	13	11	1501	1398	1495	31.5	29.0
金属制品业	38	35	4369	825	4340	147.9	144.3
通用设备制造业	188	179	8028	3510	7880	465.1	451.6
专用设备制造业	108	76	11649	10088	11183	396.7	337.8
汽车制造业	24	20	5911	2721	5838	98.8	91.7
铁路、船舶、航空航天和其他运输设备制造业	68	63	11049	9325	10469	354.9	319.6
电气机械和器材制造业	89	87	7754	2843	7489	346.4	325.4
计算机、通信和其他电子设备制造业	83	77	23050	15897	22949	509.1	503.8
仪器仪表制造业	151	125	4125	1059	2179	181.5	148.3
其他制造业	47	41	6967	3060	5645	125.6	114.0
废弃资源综合利用业	2	1	18		9	8.9	8.0
电力、热力、燃气及水生产和供应业	74	40	3341	1516	1414	173.5	116.8
电力、热力生产和供应业	48	22	2618	1270	949	102.1	64.1
燃气生产和供应业	11	6	418	46	258	25.6	14.6
水的生产和供应业	15	12	305	200	207	45.8	38.1
建筑业	42	29	3661	411	2891	143.3	98.7
房屋建筑业	5	2	520	83	373	46.6	13.6
土木工程建筑业	28	20	3033	269	2440	83.2	73.1
建筑装饰、装修和其他建筑业	9	7	109	59	78	13.5	12.0
批发和零售业	2	2	32	14	32	3.0	3.0
批发业	1	1				1.0	1.0
零售业	1	1	32	14	32	2.0	2.0
交通运输、仓储和邮政业	65	46	4773	3352	3626	234.3	205.7
铁路运输业	3	3	106	106	106	7.0	7.0
道路运输业	42	28	2348	1048	1295	148.2	126.6
水上运输业	6	3	168	74	74	9.4	5.4
航空运输业	4	4	1829	1829	1829	35.0	35.0
多式联运和运输代理业	4	3	271	271	271	8.0	6.0
装卸搬运和仓储业	6	5	52	24	52	26.7	25.7
住宿和餐饮业	2		259	259		8.0	
住宿业	1		34	34		3.0	
餐饮业	1		225	225		5.0	
信息传输、软件和信息技术服务业	301	218	69815	59959	64540	1740.3	1560.3

指标名称	课题数（个）	#R&D课题	课题经费内部支出（万元）	#政府资金	#R&D课题经费	课题人员折合全时工作量（人年）	#R&D课题人员折合全时工作量
电信、广播电视和卫星传输服务	6	6	4638	3371	4638	76.3	76.3
互联网和相关服务	42	35	24472	24294	23862	482.1	459.4
软件和信息技术服务业	253	177	40706	32294	36040	1181.9	1024.6
金融业	4	2	488	441	185	39.5	16.5
资本市场服务	2	1	307	307	50	10.5	5.5
其他金融业	2	1	182	135	135	29.0	11.0
租赁和商务服务业	4	1	32	1	14	8.0	3.0
商务服务业	4	1	32	1	14	8.0	3.0
科学研究和技术服务业	3231	2599	163495	128684	148584	7300.0	6541.4
研究和试验发展	1893	1893	127453	106391	127453	4778.8	4778.8
专业技术服务业	1120	651	28606	15676	17492	2105.6	1574.3
科技推广和应用服务业	218	55	7436	6617	3639	415.6	188.3
水利、环境和公共设施管理业	548	270	41818	17041	12765	1155.5	578.6
水利管理业	76	26	18645	1248	2541	321.5	79.8
生态保护和环境治理业	456	235	22681	15665	10050	804.7	478.4
公共设施管理业	16	9	492	128	174	29.3	20.4
居民服务、修理和其他服务业	7	2	49	28	31	20.0	16.7
居民服务业	2	1	37	16	31	6.2	6.0
其他服务业	5	1	12	12		13.8	10.7
教育	27	7	1281	1069	282	67.2	40.6
教育	27	7	1281	1069	282	67.2	40.6
卫生和社会工作	225	188	3833	2845	3261	416.8	384.0
卫生	225	188	3833	2845	3261	416.8	384.0
文化、体育和娱乐业	47	26	10387	3502	8810	266.5	221.5
新闻和出版业	1	1	80	80	80	3.0	3.0
广播、电视、电影和录音制作业	4	4	203	183	203	36.0	36.0
文化艺术业	31	18	10007	3222	8440	199.4	172.0
体育	10	2	17	17	7	22.1	4.5
娱乐业	1	1	80		80	6.0	6.0
公共管理、社会保障和社会组织	87	29	6707	4642	5660	279.6	212.0
中国共产党机关	7	7	1073	991	1073	56.0	56.0
国家机构	72	19	5148	3339	4440	192.3	142.0
社会保障	2		174	174		10.1	
群众团体、社会团体和其他成员组织	5	2	213	138	47	18.2	11.0
基层群众自治组织及其他组织	1	1	100		100	3.0	3.0
国际组织	2	1	76	64	74	3.2	3.0
国际组织	2	1	76	64	74	3.2	3.0

2-10 科学研究和技术服务业事业单位课题经费内部支出按活动类型分（2021）

单位：万元

指标名称	课题经费内部支出	基础研究	应用研究	试验发展	R&D 成果应用	科技服务
总计	477472	32422	153542	211849	33987	45673
按机构所属地域分组						
杭州市	223553	27551	84842	64865	16980	29314
宁波市	143227	2278	47569	78489	8807	6084
温州市	32598	743	7932	21055	1290	1578
嘉兴市	26645	381	1699	17120	2356	5091
湖州市	10889	932	2447	4928	1411	1172
绍兴市	8790	4	2112	5439	517	719
金华市	4036	78	727	2744	298	189
衢州市	5113	239	961	3446	191	277
舟山市	8215	84	1932	4484	964	752
台州市	10307	132	2293	6758	1013	110
丽水市	4099		1030	2521	160	388
按机构所属隶属关系分组						
中央部门属	103898	5218	44287	43651	5531	5212
中国科学院	73610	1927	29479	37851	3610	743
非中央部门属	373574	27204	109255	168199	28455	40462
省级部门属	175186	20840	68633	37263	16900	31550
副省级城市属	42714	2862	15095	18941	1666	4151
地市级部门属	45809	772	9954	30330	2831	1922
按课题来源分组						
国家科技项目	96727	17596	49456	22298	4157	3220
地方科技项目	134007	6157	33607	64472	13962	15809
企业委托科技项目	60268	185	5936	32432	7492	14223
自选科技项目	163146	8278	59783	87496	5921	1668
国际合作科技项目	283		44	224		15
其他科技项目	23042	206	4717	4927	2455	10738
按课题所属学科分组						
自然科学领域	59856	6276	20671	23064	3087	6758
数学	1		1			
信息科学与系统科学	17947		1377	11281	2845	2444
力学	389	8	149	219	9	5
物理学	10518	6	6346	4165	1	
化学	4794	386	2051	2180	99	79

单位：万元

指标名称	课题经费内部支出	基础研究	应用研究	试验发展	R&D 成果应用	科技服务
天文学	71		71			
地球科学	17579	2016	10183	1231	47	4102
生物学	8555	3859	493	3988	87	128
心理学	2	2				
农业科学领域	56406	3268	10266	27427	9634	5810
农学	32275	1454	6360	15852	5560	3049
林学	5819	854	325	2267	1331	1042
畜牧、兽医科学	3341	58	417	2003	686	178
水产学	14971	902	3165	7305	2058	1542
医学科学领域	12539	1148	3061	7464	487	380
基础医学	3341	731	905	1531	173	
临床医学	2873	359	1014	1259	239	2
预防医学与公共卫生学	364	3	176	111	20	54
军事医学与特种医学	39			39		
药学	3410	2	396	3006	6	1
中医学与中药学	2513	53	570	1518	49	324
工程科学与技术领域	328745	10015	116825	153328	19822	28755
工程与技术科学基础学科	3682	32	640	2773	50	187
信息与系统科学相关工程与技术	20964	4	2948	17912	4	96
自然科学相关工程与技术	16852	127	13366	2771	305	284
测绘科学技术	3411		54	1774	296	1288
材料科学	110810	2066	42455	59982	5278	1030
矿山工程技术	2				2	
机械工程	17318	81	4703	11292	1145	97
动力与电气工程	3329		1169	1772	347	41
能源科学技术	2820	36	766	1029	891	98
核科学技术	55	10			30	15
电子与通信技术	35963	5986	19176	8440	162	2199
计算机科学技术	39503	689	21536	15452	1140	686
化学工程	10463	555	2351	7053	486	17
产品应用相关工程与技术	2986		120	2210	575	81
纺织科学技术	2359		857	1364	110	28
食品科学技术	2333	3	365	1601	305	59
土木建筑工程	599		6	505		88
水利工程	21155	110	723	2700	5808	11815
交通运输工程	2043		776	712	230	325
航空、航天科学技术	8539		517	8005	11	6
环境科学技术及资源科学技术	18521	265	2542	4534	2312	8869
安全科学技术	2085	3	473	1209	85	315
管理学	2954	50	1283	239	251	1130

单位：万元

指标名称	课题经费内部支出	基础研究	应用研究	试验发展	R&D 成果应用	科技服务
社会、人文科学领域	19927	11715	2719	567	956	3970
马克思主义	1598	998	600			
哲学	285	285				
文学	30	30				
艺术学	64			58	2	4
考古学	10139	8572			864	702
经济学	3864		269	495	57	3043
法学	14					14
社会学	1147	106	964			76
新闻学与传播学	80		80			
图书馆、情报与文献学	1666	1524	65		30	47
教育学	64		11			53
体育科学	17		2	6		10
统计学	960	200	728	9	2	20
按课题技术领域分组						
非技术领域	11383	2978	3381	1353	44	3627
信息技术	103590	4162	42422	47736	3828	5442
生物和现代农业技术	63621	7758	12739	31910	7265	3950
新材料技术	118561	2382	44282	65307	5643	948
能源技术	2401	19	405	897	813	266
激光技术	2117	11	709	1397		
先进制造与自动化技术	52372	70	24357	23889	2114	1942
航天技术	9959		517	9425	11	6
资源与环境技术	45873	3009	15882	9283	3413	14287
其他技术领域	67596	12034	8847	20653	10856	15207
按课题的社会经济目标分组						
环境保护、生态建设及污染防治	34423	489	4406	9879	5077	14571
环境一般问题	2549	38	384	1995	7	125
环境与资源评估	1404	4	163	189	401	646
环境监测	3138	16	394	903	237	1590
生态建设	10135	15	1133	1420	711	6857
环境污染预防	3311	212	458	729	228	1684
环境治理	9699	196	1875	3783	1762	2083
自然灾害的预防、预报	4187	8		861	1732	1587
能源生产、分配和合理利用	5763	1	1008	2916	1219	619
能源一般问题研究	341	1	34	135	33	140
能源矿产的勘探技术	87		41	46		
能源转换技术	243		35	204		4
能源输送、储存与分配技术	590		5	577		8
可再生能源	945		214	726		4

指标名称	课题经费内部支出	基础研究	应用研究	试验发展	R&D 成果应用	科技服务
能源设施和设备建造	1972		419	333	784	436
能源安全生产管理和技术	366		42	200	124	
节约能源的技术	409		54	223	109	23
能源生产、输送、分配、储存、利用过程中污染的防治与处理	811		165	472	169	6
卫生事业发展	25729	5079	10148	9681	557	264
卫生一般问题	642	224	300	117		1
诊断与治疗	11947	2998	4656	3828	285	180
预防医学	830	259	47	523		
公共卫生	797	389	11	351		46
营养和食品卫生	1859		1056	765	11	27
药物滥用和成瘾	738		317	413	8	
社会医疗	233		219	4		10
卫生医疗其他研究	8685	1209	3543	3680	253	
教育事业发展	942		27	241		674
教育一般问题	8		8			
非学历教育与培训	258		16	241		1
其他教育	676		2			674
基础设施以及城市和农村规划	7475	7	1209	4187	367	1706
交通运输	3824		697	1805	215	1107
通信	1010		337	473		200
城市规划与市政工程	2008		48	1691	148	121
农村发展规划与建设	392	7	106		4	275
交通运输、通信、城市与农村发展对环境的影响	242		21	218		3
基础社会发展和社会服务	35567	8799	3265	9538	4592	9374
社会发展和社会服务一般问题	4367	160	420	1992	204	1591
社会保障	60			60		
公共安全	3331		687	2275	158	211
社会管理	633	50	352	105		126
就业	17					17
政府与政治	33		33			
遗产保护	10573	8572		13	884	1104
语言与文化	38		33	5		
文艺、娱乐	183		152	31		
宗教与道德	1			1		
传媒	82		80			2
科技发展	12759	17	599	2946	3220	5977
国土资源管理	577			414	126	37
其他社会发展和社会服务	2914		909	1697		309

指标名称	课题经费内部支出	基础研究	应用研究	试验发展	R&D 成果应用	科技服务
地球和大气层的探索与利用	16763	2069	10173	770	360	3391
地壳、地幔，海底的探测和研究	210	50	5			156
水文地理	1942	101	77	399	304	1061
海洋	14086	1844	9817	336	43	2046
大气	453	70	275	30	12	66
地球探测和开发其他研究	72	4		5		63
民用空间探测及开发	15356	31	3915	11304	16	90
空间探测一般研究	529		71	457		
飞行器和运载工具研制	4024			4024		
发射与控制系统	629		10	575		44
卫星服务	8481	31	3429	4964	11	46
空间探测和开发其他研究	1694		404	1283	6	
农林牧渔业发展	55138	3449	8604	27457	9161	6468
农林牧渔业发展一般问题	3298	179	228	1330	727	835
农作物种植及培育	24924	1585	5236	13316	3673	1114
林业和林产品	3794	516	158	1456	696	969
畜牧业	2769	54	226	1760	561	168
渔业	11485	896	1485	6142	1682	1280
农林牧渔业体系支撑	7997	209	1189	2949	1716	1933
农林牧渔业生产中污染的防治与处理	872	11	82	504	105	169
工商业发展	171810	3900	48076	101602	11261	6972
促进工商业发展的一般问题	1605	72	390	836	84	224
产业共性技术	66725		2177	56080	7075	1394
食品、饮料和烟草制品业	1646		208	1010	218	210
纺织业、服装及皮革制品业	4642		766	3551	325	
化学工业	5151	143	2549	2346	108	5
非金属与金属制品业	7320	10	1347	5951		12
机械制造业（不包括电子设备、仪器仪表及办公机械	13293	12	5017	5789	677	1797
电子设备、仪器仪表及办公机械	26492	3590	18923	3320	242	416
其他制造业	1595		49	1528	8	10
热力、水的生产和供应	22			22		
建筑业	2233		316	1746	140	31
信息与通信技术（ICT）服务业	19884	63	9266	9929	606	20
技术服务业	19942	10	6800	9037	1715	2381
金融业	264		185		47	32
房地产业	18					18
商业及其他服务业	686			361	2	323
工商业活动中的环境保护、污染防治与处理	293		83	95	16	99
非定向研究	52953	5584	47369			

指标名称	课题经费内部支出	基础研究	应用研究	试验发展	R&D成果应用	科技服务
自然科学领域的非定向研究	31617	2333	29283			
工程与技术科学领域的非定向研究	16922	449	16473			
农业科学领域的非定向研究	16	16				
医学科学领域的非定向研究	604	47	557			
社会科学领域的非定向研究	876	60	816			
人文科学领域的非定向研究	2677	2677				
其他	243	2	240			
其他民用目标	50553	989	14655	32350	1027	1532
国防	5002	2025	687	1927	351	12
按课题合作形式分组						
独立完成	308982	24536	96605	132637	20044	35160
与境内独立研究机构合作	27532	2990	4035	15265	2645	2598
与境内高等学校合作	61658	4016	34611	20729	1668	635
与境内注册其他企业合作	63054	411	15971	36340	7174	3157
与境外机构合作	1276		228	249	783	15
其他	14972	469	2092	6630	1672	4109
按课题服务的国民经济行业分组						
农、林、牧、渔业	51164	3024	8694	26070	9019	4358
农业	26420	1249	5564	13831	4380	1397
林业	3766	722	311	1749	569	416
畜牧业	2799	53	208	1831	544	163
渔业	10887	641	1465	6054	1622	1105
农、林、牧、渔专业及辅助性活动	7292	359	1146	2605	1905	1277
采矿业	903		16	244	600	42
煤炭开采和洗选业	49			49		
石油和天然气开采业	100		15	80		5
有色金属矿采选业	717		2	115	600	
非金属矿采选业	37					37
制造业	115357	984	33702	72909	3760	4002
农副食品加工业	904	20	594	210	80	
食品制造业	389	8	9	260	15	98
酒、饮料和精制茶制造业	1149	8	197	519	202	224
纺织业	662		47	553	62	
纺织服装、服饰业	366		15	42	309	
皮革、毛皮、羽毛及其制品和制鞋业	4246		714	3532		
木材加工和木、竹、藤、棕、草制品业	432	7	56	231	117	21
家具制造业	85		1	84		
造纸和纸制品业	205			88	116	2
印刷和记录媒介复制业	940			940		

指标名称	课题经费内部支出	基础研究	应用研究	试验发展	R&D 成果应用	科技服务
文教、工美、体育和娱乐用品制造业	153			153		
石油、煤炭及其他燃料加工业	6		1			5
化学原料和化学制品制造业	6111	393	772	4436	445	65
医药制造业	6415	21	4221	1988	136	49
化学纤维制造业	525		32	460	7	25
橡胶和塑料制品业	2797		1955	631	206	6
非金属矿物制品业	5552	54	1302	3776	419	
有色金属冶炼和压延加工业	1501		12	1483		7
金属制品业	4369		735	3605		29
通用设备制造业	8028	51	2133	5696	133	15
专用设备制造业	11649		423	10760	355	112
汽车制造业	5912		2654	3184	73	1
铁路、船舶、航空航天和其他运输设备制造业	11049	340	1382	8747	572	8
电气机械和器材制造业	7754	38	3274	4177	14	252
计算机、通信和其他电子设备制造业	23050	52	12395	10502	83	18
仪器仪表制造业	4125	2	459	1718	260	1686
其他制造业	6968	10	883	4751	31	1292
废弃资源综合利用业	18		9			10
电力、热力、燃气及水生产和供应业	3341		438	976	1224	704
电力、热力生产和供应业	2618		399	550	1083	586
燃气生产和供应业	418		36	222	121	40
水的生产和供应业	305		3	204	20	78
建筑业	3661		170	2722	186	584
房屋建筑业	520			373	140	7
土木工程建筑业	3033		116	2324	46	547
建筑装饰、装修和其他建筑业	109		54	24		31
批发和零售业	32			32		
零售业	32			32		
交通运输、仓储和邮政业	4773		705	2922	856	291
铁路运输业	106		76	30		
道路运输业	2348		505	790	856	197
水上运输业	168		74			94
航空运输业	1829			1829		
多式联运和运输代理业	271		1	270		
装卸搬运和仓储业	52		48	4		
住宿和餐饮业	259					259
住宿业	34					34
餐饮业	225					225
信息传输、软件和信息技术服务业	69815	3639	40312	20588	2604	2672

指标名称	课题经费内部支出	基础研究	应用研究	试验发展	R&D 成果应用	科技服务
电信、广播电视和卫星传输服务	4638		3204	1433		
互联网和相关服务	24472	47	16751	7065	262	348
软件和信息技术服务业	40706	3593	20357	12090	2343	2323
金融业	488		185		47	257
资本市场服务	307		50			257
其他金融业	182		135		47	
租赁和商务服务业	32			14		17
商务服务业	32			14		17
科学研究和技术服务业	163495	11675	63109	73800	6250	8661
研究和试验发展	127453	11545	58216	57692		
专业技术服务业	28606	118	3889	13485	5548	5567
科技推广和应用服务业	7436	12	1004	2623	702	3095
水利、环境和公共设施管理业	41818	1117	3989	7660	7987	21066
水利管理业	18645	141	426	1974	4887	11217
生态保护和环境治理业	22681	922	3563	5565	3094	9537
公共设施管理业	492	53		121	6	312
居民服务、修理和其他服务业	49			31		18
居民服务业	37			31		6
其他服务业	12					12
教育	1282		41	242	207	793
教育	1282		41	242	207	793
卫生和社会工作	3833	559	765	1938	222	350
卫生	3833	559	765	1938	222	350
文化、体育和娱乐业	10387	8431	239	140	864	713
新闻和出版业	80		80			
广播、电视、电影和录音制作业	203		152	51		
文化艺术业	10007	8431	5	3	864	703
体育	17		2	6		10
娱乐业	80			80		
公共管理、社会保障和社会组织	6707	2993	1179	1488	161	887
中国共产党机关	1073	1008	65			
国家机构	5148	1939	1114	1387	87	622
社会保障	174					174
群众团体、社会团体和其他成员组织	213	46		1	74	92
基层群众自治组织及其他组织	100			100		
国际组织	76			74		2
国际组织	76			74		2

2-11 科学研究和技术服务业事业单位课题人员折合全时工作量按活动类型分（2021）

单位：人年

指标名称	课题人员折合全时工作量	基础研究	应用研究	试验发展	R&D 成果应用	科技服务
总计	**19376.4**	**1938.4**	**5894.6**	**8322.7**	**1670.7**	**1550**
按机构所属地域分组						
杭州市	8941.2	1571.7	2972.4	2592	944.3	860.8
宁波市	3919.8	101.7	1489.7	1785.2	272.1	271.1
温州市	1784.6	93.7	480.4	1035.4	77.9	97.2
嘉兴市	1141.3	45.6	152.8	706.7	128.4	107.8
湖州市	706.2	24.6	190.9	389	55.9	45.8
绍兴市	743.5	8.6	116.5	449	73.1	96.3
金华市	402	27	98.8	241.4	14.9	19.9
衢州市	601.5	11	138.4	432.9	12.2	7
舟山市	432.7	10.5	79.8	278.1	36.9	27.4
台州市	402.4	44	76.6	224.6	50.6	6.6
丽水市	301.2		98.3	188.4	4.4	10.1
按机构所属隶属关系分组						
中央部门属	2838.4	298.8	1312.7	868.4	156.6	201.9
中国科学院	1379.7	46.2	676.6	543.4	89.2	24.3
非中央部门属	16538	1639.6	4581.9	7454.3	1514.1	1348.1
省级部门属	6469	981.3	2142.6	1681.9	864.8	798.4
副省级城市属	2334.8	296.7	617.3	1030.1	161.8	228.9
地市级部门属	3759.5	64	922.7	2302.4	260.7	209.7
按课题来源分组						
国家科技项目	3571	829.1	1613.7	880	150.4	97.8
地方科技项目	7090	503	1922.6	3243.4	739.5	681.5
企业委托科技项目	2923.3	9.7	595.3	1597	269.5	451.8
自选科技项目	4688.3	564.6	1473.9	2341.1	218.4	90.3
国际合作科技项目	39.5		10.6	26.7		2.2
其他科技项目	1064.3	32	278.5	234.5	292.9	226.4
按课题所属学科分组						
自然科学领域	2777.1	631.5	1054.1	799.5	82.5	209.5
数学	0.2	0.1	0.1			
信息科学与系统科学	388.5		119.2	165.3	38	66
力学	34.6	0.2	18.7	13.4	1.3	1
物理学	174.1	3.8	85.7	84.5	0.1	
化学	520.7	144.4	180.8	179.5	12.1	3.9

指标名称	课题人员折合全时工作量	基础研究	应用研究	试验发展	R&D 成果应用	科技服务
天文学	50		50			
地球科学	870.9	112.3	479.8	123.4	23.5	131.9
生物学	737.6	370.2	119.8	233.4	7.5	6.7
心理学	0.5	0.5				
农业科学领域	3465.5	348.7	585.2	1547.7	667	316.9
农学	2096.9	228.9	403.2	997.2	307.8	159.8
林学	640.4	74.3	55.2	237.2	223.4	50.3
畜牧、兽医科学	241.3	4.7	57.3	119.9	47.6	11.8
水产学	486.9	40.8	69.5	193.4	88.2	95
医学科学领域	1091.7	265.1	351.9	434.8	24.4	15.5
基础医学	244.1	133.4	47	56.7	7	
临床医学	312.6	78.9	122.4	107.4	3.8	0.1
预防医学与公共卫生学	47.3	10	13.6	18.1	1.2	4.4
军事医学与特种医学	2			2		
药学	275.5	4.8	97.7	168.5	3.8	0.7
中医学与中药学	210.2	38	71.2	82.1	8.6	10.3
工程科学与技术领域	11438.8	407.1	3796.4	5514.4	857.4	863.5
工程与技术科学基础学科	217.5	4.4	43	143.8	5.8	20.5
信息与系统科学相关工程与技术	602.3	24	186	382.5	0.4	9.4
自然科学相关工程与技术	692.5	25.1	381	244.2	28.7	13.5
测绘科学技术	146.6		4.7	85.7	11.9	44.3
材料科学	2555.1	71.4	1013.6	1168.2	252.1	49.8
矿山工程技术	7				7	
机械工程	892.1	9	290.8	521.6	56.5	14.2
动力与电气工程	138.9	1	46.4	74.1	10.6	6.8
能源科学技术	151.6	3	57.4	55.6	22	13.6
核科学技术	7.3	2.2		0.2	2.1	2.8
电子与通信技术	968.8	114	319.8	480	21.6	33.4
计算机科学技术	1750.7	80	804.4	737.1	90.5	38.7
化学工程	623	21	137.3	415.8	42.3	6.6
产品应用相关工程与技术	297.3		26.2	210.2	45.6	15.3
纺织科学技术	82.3		21.1	53.4	6.4	1.4
食品科学技术	289	6	52.9	187.1	38	5
土木建筑工程	12.5		0.2	8.4		3.9
水利工程	411.2	30	32	80.3	59.5	209.4
交通运输工程	175.7		65.7	85.2	4	20.8
航空、航天科学技术	238.8		62.4	169.4	6	1
环境科学技术及资源科学技术	722.4	11.2	121.6	279.3	101.2	209.1
安全科学技术	212.6	0.8	23.3	126	9	53.5

指标名称	课题人员折合全时工作量	基础研究	应用研究	试验发展	R&D 成果应用	科技服务
管理学	243.6	4	106.6	6.3	36.2	90.5
社会、人文科学领域	603.3	286	107	26.3	39.4	144.6
马克思主义	48	34	14			
哲学	9	9				
文学	10	10				
艺术学	2.8			1.8	0.1	0.9
考古学	200	173			14	13
经济学	153.3		24.2	20	19	90.1
法学	4.2					4.2
社会学	42.3	9	28.5			4.8
新闻学与传播学	3		3			
图书馆、情报与文献学	53.2	30	10		6	7.2
教育学	6.3		1			5.3
体育科学	22.1		2	2.5		17.6
统计学	49.1	21	24.3	2	0.3	1.5
按课题技术领域分组						
非技术领域	402.4	119	84.8	82	19.7	96.9
信息技术	3434.3	133.1	1407.1	1577.7	138.9	177.5
生物和现代农业技术	4589.6	826	989.6	1922.3	590.5	261.2
新材料技术	3180.7	205.4	1160.8	1485.5	281.3	47.7
能源技术	178.4	1.8	58.9	79.3	17	21.4
激光技术	150.6	4.7	26.2	119.7		
先进制造与自动化技术	1743.5	8.2	545.3	1021.7	123.2	45.1
航天技术	323.3		61.9	254.4	6	1
资源与环境技术	1648.8	142.2	578.8	427.2	133	367.6
其他技术领域	3724.8	498	981.2	1352.9	361.1	531.6
按课题的社会经济目标分组						
环境保护、生态建设及污染防治	1199.5	38.4	198.7	492.7	150.2	319.5
环境一般问题	70.2	3.3	13.9	38	3.4	11.6
环境与资源评估	57.5	0.8	9.3	13.4	4.5	29.5
环境监测	167	0.9	49.6	51.6	15.7	49.2
生态建设	250.8	4.9	23.2	84.3	45.6	92.8
环境污染预防	180	9.5	24	72.1	18	56.4
环境治理	400.5	18.1	78.7	196.6	38	69.1
自然灾害的预防、预报	73.5	0.9		36.7	25	10.9
能源生产、分配和合理利用	352.9	0.2	80.1	184.1	34.9	53.6
能源一般问题研究	51.2	0.2	7.1	21.4	1.1	21.4
能源矿产的勘探技术	4.1		3	1.1		
能源转换技术	23.4		7.2	14		2.2

指标名称	课题人员折合全时工作量	基础研究	应用研究	试验发展	R&D 成果应用	科技服务
能源输送、储存与分配技术	24.7		1	21.7		2
可再生能源	58.7		8.5	49.1		1.1
能源设施和设备建造	90		31.5	26.4	7	25.1
能源安全生产管理和技术	34.2		7.8	19.1	7.3	
节约能源的技术	44.8		2	26.3	15.5	1
能源生产、输送、分配、储存、利用过程中污染的防治与处理	21.8		12	5	4	0.8
卫生事业发展	2251.3	738.1	852.9	609.8	35.5	15
卫生一般问题	37.2	14	10	12.5		0.7
诊断与治疗	1647.8	584	637	401.8	16.6	8.4
预防医学	37.8	14	4.7	19.1		
公共卫生	47.8	37.1	3	5.7		2
营养和食品卫生	63.4		40.5	19	0.9	3
药物滥用和成瘾	16.4		5.2	7.9	3.3	
社会医疗	14.9		13	1		0.9
卫生医疗其他研究	386	89	139.5	142.8	14.7	
教育事业发展	47.8		16.6	18		13.2
教育一般问题	3.2		3.2			
非学历教育与培训	28.4		10.2	18		0.2
其他教育	16.2		3.2			13
基础设施以及城市和农村规划	481.5	1.1	124.6	271.6	14.8	69.4
交通运输	253.9		78.7	116.3	8.4	50.5
通信	93.5		33	58.5		2
城市规划与市政工程	90.8		3.8	75	5	7
农村发展规划与建设	17.6	1.1	4.8	0.6	1.4	9.7
交通运输、通信、城市与农村发展对环境的影响	25.7		4.3	21.2		0.2
基础社会发展和社会服务	1378.8	200	288.9	450.8	93.6	345.5
社会发展和社会服务一般问题	192.6	15	24.6	94.3	8.8	49.9
社会保障	2.3			2.3		
公共安全	186.1		57.6	110.4	6.9	11.2
社会管理	105.1	4	89.8	7		4.3
就业	2					2
政府与政治	1		1			
遗产保护	215.1	173		3.2	15.1	23.8
语言与文化	6		1	5		
文艺、娱乐	20		13	7		
宗教与道德	5			5		
传媒	6.1		3			3.1
科技发展	452	8	69.2	123.6	52.3	198.9

指标名称	课题人员折合全时工作量	基础研究	应用研究	试验发展	R&D 成果应用	科技服务
国土资源管理	42.7			31.3	10.5	0.9
其他社会发展和社会服务	142.8		29.7	61.7		51.4
地球和大气层的探索与利用	804.2	133.8	475.7	74.7	30.2	89.8
地壳、地幔，海底的探测和研究	6.5	2	1			3.5
水文地理	66.8	24	7.6	17	6	12.2
海洋	562.8	92.8	382.1	13.2	4	70.7
大气	165.8	14.6	85	44.1	20.2	1.9
地球探测和开发其他研究	2.3	0.4		0.4		1.5
民用空间探测及开发	478	1.6	134.9	326.8	8	6.7
空间探测一般研究	77		50	27		
飞行器和运载工具研制	94.3			94.3		
发射与控制系统	36.4		5.9	28.5		2
卫星服务	120.3	1.6	33	75	6	4.7
空间探测和开发其他研究	150		46	102	2	
农林牧渔业发展	3525.1	379.7	552.9	1629.6	660.9	302
农林牧渔业发展一般问题	304.3	24.5	36.1	156.9	48.3	38.5
农作物种植及培育	1670.3	230.9	231.8	779.9	371.8	55.9
林业和林产品	240	35.3	14.9	127	28.2	34.6
畜牧业	183.6	4	23.4	111	35.6	9.6
渔业	374.7	39.6	45.7	157.1	58.5	73.8
农林牧渔业体系支撑	683.7	42	183.8	263.7	110.9	83.3
农林牧渔业生产中污染的防治与处理	68.5	3.4	17.2	34	7.6	6.3
工商业发展	5497.6	77.2	1390.3	3256.6	495.1	278.4
促进工商业发展的一般问题	108.2	6.8	11.9	48.2	24	17.3
产业共性技术	1013.4	1.6	81.1	787.9	134.7	8.1
食品、饮料和烟草制品业	152.6		35.1	88.7	9.5	19.3
纺织业、服装及皮革制品业	122.9		20	97.9	5	
化学工业	558.9	14.4	157.3	364	22.4	0.8
非金属与金属制品业	115.1	2	18.4	93.1	0.1	1.5
机械制造业（不包括电子设备、仪器仪表及办公机械	441.3	3	156.4	224.8	30.1	27
电子设备、仪器仪表及办公机械	497.7	42	197.6	213.6	14.1	30.4
其他制造业	77.3		5.2	67.9	2.3	1.9
热力、水的生产和供应	4.5			4.5		
建筑业	78.2		7.1	40.6	29	1.5
信息与通信技术（ICT）服务业	606.5	4	262.3	315.9	21.5	2.8
技术服务业	1591.6	3.4	417.2	848.5	166.9	155.6
金融业	35.2		16.5		18	0.7
房地产业	0.8					0.8
商业及其他服务业	56.3			46	3	7.3

指标名称	课题人员折合全时工作量	基础研究	应用研究	试验发展	R&D 成果应用	科技服务
工商业活动中的环境保护、污染防治与处理	37.1		4.2	15	14.5	3.4
非定向研究	1426.8	240.5	1186.3			
自然科学领域的非定向研究	852.1	104.4	747.7			
工程与技术科学领域的非定向研究	403.1	27.5	375.6			
农业科学领域的非定向研究	7	7				
医学科学领域的非定向研究	45.9	25	20.9			
社会科学领域的非定向研究	32.1	3	29.1			
人文科学领域的非定向研究	68	68				
其他	18.6	5.6	13			
其他民用目标	1654	69.8	532.9	880.8	117.5	53
国防	278.9	58	59.8	127.2	30	3.9
按课题合作形式分组						
独立完成	12218.2	1352.1	3735.4	5118.7	893.8	1118.2
与境内独立研究机构合作	1608.3	123.8	332.7	777	308.1	66.7
与境内高等学校合作	2439.3	341.5	1100.3	804.1	156.8	36.6
与境内注册其他企业合作	2086.6	12.3	473.7	1221.3	227.1	152.2
与境外机构合作	43.9		13.5	20.4	7.8	2.2
其他	980.1	108.7	239	381.2	77.1	174.1
按课题服务的国民经济行业分组						
农、林、牧、渔业	3134.6	272.8	422.6	1521.8	664.8	252.6
农业	1695.7	158.9	248.4	803.4	418	67
林业	350.1	53	41.3	189.5	35.7	30.6
畜牧业	173.5	4.4	19.7	106.4	33.6	9.4
渔业	342.5	29.6	47	154.5	58.2	53.2
农、林、牧、渔专业及辅助性活动	572.8	26.9	66.2	268	119.3	92.4
采矿业	26.5		4	12.6	8	1.9
煤炭开采和洗选业	5			5		
石油和天然气开采业	10.6		3	6.6		1
有色金属矿采选业	10		1	1	8	
非金属矿采选业	0.9					0.9
制造业	4356.6	98.1	1123	2699	287.3	149.2
农副食品加工业	62.1		5.9	38.6	9	8.6
食品制造业	30.4	2	8.6	11.5	2.6	5.7
酒、饮料和精制茶制造业	101.7	8.4	17.3	44.6	9.2	22.2
纺织业	64.6		15.2	46.4	3	
纺织服装、服饰业	10.1		0.6	4	5.5	
皮革、毛皮、羽毛及其制品和制鞋业	96		11.8	84.2		
木材加工和木、竹、藤、棕、草制品业	23.1	2.8	3.4	10.9	5	1
家具制造业	31.2		7	24.2		

指标名称	课题人员折合全时工作量	基础研究	应用研究	试验发展	R&D成果应用	科技服务
造纸和纸制品业	13			4	7	2
印刷和记录媒介复制业	18			18		
文教、工美、体育和娱乐用品制造业	10			10		
石油、煤炭及其他燃料加工业	4.4		0.3			4.1
化学原料和化学制品制造业	517	9.9	109.9	292.4	102.5	2.3
医药制造业	447.8	18.2	212.9	199.2	13	4.5
化学纤维制造业	54.3		4.6	43.7	2	4
橡胶和塑料制品业	66		19.7	41.1	4.6	0.6
非金属矿物制品业	140.5	8.4	29.2	77.7	25.2	
有色金属冶炼和压延加工业	31.5		2	27		2.5
金属制品业	147.9		36.6	107.7		3.6
通用设备制造业	465.1	5	104	342.6	9.3	4.2
专用设备制造业	396.7		40.8	297	27.5	31.4
汽车制造业	98.8		39.3	52.4	4.3	2.8
铁路、船舶、航空航天和其他运输设备制造业	354.9	28	87.2	204.4	34	1.3
电气机械和器材制造业	346.4	9	131.4	185	1	20
计算机、通信和其他电子设备制造业	509.1	4	139	360.8	3.7	1.6
仪器仪表制造业	181.5	0.2	27.5	120.6	15.4	17.8
其他制造业	125.6	2.2	60.8	51	3.5	8.1
废弃资源综合利用业	8.9		8			0.9
电力、热力、燃气及水生产和供应业	173.5		40.8	76	31.2	25.5
电力、热力生产和供应业	102.1		32	32.1	18.4	19.6
燃气生产和供应业	25.6		3.8	10.8	6.5	4.5
水的生产和供应业	45.8		5	33.1	6.3	1.4
建筑业	143.3	0.7	16.1	81.9	30.1	14.5
房屋建筑业	46.6			13.6	29	4
土木工程建筑业	83.2		11.1	62	1.1	9
建筑装饰、装修和其他建筑业	13.5	0.7	5	6.3		1.5
批发和零售业	3			3		
批发业	1			1		
零售业	2			2		
交通运输、仓储和邮政业	234.3		76.4	129.3	5	23.6
铁路运输业	7		5	2		
道路运输业	148.2		49	77.6	5	16.6
水上运输业	9.4		5.4			4
航空运输业	35			35		
多式联运和运输代理业	8		1	5		2
装卸搬运和仓储业	26.7		16	9.7		1
住宿和餐饮业	8					8

指标名称	课题人员折合全时工作量	基础研究	应用研究	试验发展	R&D 成果应用	科技服务
住宿业	3					3
餐饮业	5					5
信息传输、软件和信息技术服务业	1740.3	50.1	854.7	655.5	90.1	89.9
电信、广播电视和卫星传输服务	76.3		20.3	56		
互联网和相关服务	482.1	12	343.5	103.9	16.5	6.2
软件和信息技术服务业	1181.9	38.1	490.9	495.6	73.6	83.7
金融业	39.5		16.5		18	5
资本市场服务	10.5		5.5			5
其他金融业	29		11		18	
租赁和商务服务业	8			3		5
商务服务业	8			3		5
科学研究和技术服务业	7300	1064.3	2952	2525.1	316.6	442
研究和试验发展	4778.8	1045.1	2343.7	1390		
专业技术服务业	2105.6	16.9	480.8	1076.6	273.1	258.2
科技推广和应用服务业	415.6	2.3	127.5	58.5	43.5	183.8
水利、环境和公共设施管理业	1155.5	46.4	144.9	387.3	158.1	418.8
水利管理业	321.5	5	20.8	54	48.3	193.4
生态保护和环境治理业	804.7	39.9	124.1	314.4	107.8	218.5
公共设施管理业	29.3	1.5		18.9	2	6.9
居民服务、修理和其他服务业	20		10.7	6		3.3
居民服务业	6.2			6		0.2
其他服务业	13.8		10.7			3.1
教育	67.2		18.6	22	6.3	20.3
教育	67.2		18.6	22	6.3	20.3
卫生和社会工作	416.8	142	131	111	13.2	19.6
卫生	416.8	142	131	111	13.2	19.6
文化、体育和娱乐业	266.5	168	19	34.5	14	31
新闻和出版业	3		3			
广播、电视、电影和录音制作业	36		13	23		
文化艺术业	199.4	168	1	3	14	13.4
体育	22.1		2	2.5		17.6
娱乐业	6			6		
公共管理、社会保障和社会组织	279.6	96	64.3	51.7	28	39.6
中国共产党机关	56	46	10			
国家机构	192.3	44	54.3	43.7	25	25.3
社会保障	10.1					10.1
群众团体、社会团体和其他成员组织	18.2	6		5	3	4.2
基层群众自治组织及其他组织	3			3		
国际组织	3.2			3		0.2
国际组织	3.2			3		0.2

2-12 科学研究和技术服务业事业单位 R&D 人员（2021）

单位：人

指标名称	R&D 人员	# 女性	按工作量分		按学历分			
			R&D 全时人员	R&D 非全时人员	博士毕业	硕士毕业	本科毕业	其他
总计	**22709**	**7240**	**13748**	**8961**	**6933**	**7956**	**6455**	**1365**
按机构所属地域分组								
杭州市	9796	3471	5955	3841	3125	4085	2049	537
宁波市	4688	1471	3086	1602	1715	1454	1422	97
温州市	2387	782	1263	1124	690	868	663	166
嘉兴市	1319	256	837	482	443	400	337	139
湖州市	896	218	503	393	372	233	222	69
绍兴市	854	264	405	449	128	209	456	61
金华市	530	182	360	170	110	161	207	52
衢州市	834	189	487	347	135	165	416	118
舟山市	453	103	311	142	60	131	224	38
台州市	525	150	296	229	145	140	184	56
丽水市	427	154	245	182	10	110	275	32
按机构所属隶属关系分组								
科学研究和技术服务业	22709	7240	13748	8961	6933	7956	6455	1365
研究和试验发展	17347	5760	10972	6375	5970	6458	3936	983
专业技术服务业	3151	897	1276	1875	265	949	1722	215
科技推广和应用服务业	2211	583	1500	711	698	549	797	167
按机构服务的国民经济行业分组								
农、林、牧、渔业	3287	1350	1915	1372	893	1198	805	391
农业	1417	580	692	725	256	700	356	105
林业	347	114	248	99	107	92	91	57
渔业	302	91	173	129	65	123	94	20
农、林、牧、渔专业及辅助性活动	1221	565	802	419	465	283	264	209
制造业	2508	740	1598	910	674	826	896	112
农副食品加工业	44	11	41	3	1	17	26	
食品制造业	15	6	11	4	1	6	7	1
酒、饮料和精制茶制造业	61	28	35	26	9	32	16	4

指标名称	R&D 人员	# 女性	按工作量分		按学历分			
			R&D 全时人员	R&D 非全时人员	博士毕业	硕士毕业	本科毕业	其他
皮革、毛皮、羽毛及其制品和制鞋业	86	31	86		48	9	21	8
化学原料和化学制品制造业	581	164	335	246	144	114	303	20
医药制造业	227	111	174	53	84	94	47	2
橡胶和塑料制品业	7		1	6	7			
通用设备制造业	296	66	106	190	75	59	150	12
专用设备制造业	91	40	73	18	10	41	34	6
汽车制造业	78	15	5	73	50	14	5	9
铁路、船舶、航空航天和其他运输设备制造业	90	7	46	44	18	56	16	
计算机、通信和其他电子设备制造业	704	196	530	174	187	238	230	49
仪器仪表制造业	123	43	69	54	19	70	34	
其他制造业	105	22	86	19	21	76	7	1
电力、热力、燃气及水生产和供应业	25	5	23	2	2	13	9	1
电力、热力生产和供应业	25	5	23	2	2	13	9	1
交通运输、仓储和邮政业	95	12	52	43	8	75	7	5
道路运输业	95	12	52	43	8	75	7	5
信息传输、软件和信息技术服务业	639	105	451	188	154	140	233	112
软件和信息技术服务业	639	105	451	188	154	140	233	112
租赁和商务服务业	1		1			1		
商务服务业	1		1			1		
科学研究和技术服务业	15114	4696	9060	6054	4942	5248	4215	709
研究和试验发展	10620	3405	7138	3482	4258	3914	2038	410
专业技术服务业	2762	882	915	1847	161	914	1535	152
科技推广和应用服务业	1732	409	1007	725	523	420	642	147
水利、环境和公共设施管理业	860	235	476	384	226	375	233	26
水利管理业	194	35	45	149	28	138	28	
生态保护和环境治理业	666	200	431	235	198	237	205	26
卫生和社会工作	170	93	170		34	75	52	9
卫生	170	93	170		34	75	52	9
文化、体育和娱乐业	10	4	2	8		5	5	

指标名称	R&D人员	#女性	按工作量分		按学历分			
			R&D全时人员	R&D非全时人员	博士毕业	硕士毕业	本科毕业	其他
文化艺术业	4	3	2	2		1	3	
体育	6	1		6		4	2	
按机构所属学科分组								
自然科学领域	4252	1420	2921	1331	1152	2062	862	176
信息科学与系统科学	2444	749	1691	753	558	1504	267	115
力学	182	54	110	72	26	51	97	8
化学	398	135	155	243	86	103	189	20
地球科学	806	271	679	127	318	258	207	23
生物学	422	211	286	136	164	146	102	10
农业科学领域	3955	1585	2436	1519	1032	1433	1054	436
农学	3047	1245	1814	1233	808	1119	785	335
林学	494	217	357	137	135	147	143	69
水产学	414	123	265	149	89	167	126	32
医学科学领域	1653	723	1052	601	509	670	409	65
基础医学	921	362	615	306	333	381	202	5
临床医学	179	64	160	19	52	34	61	32
药学	449	245	173	276	100	202	127	20
中医学与中药学	104	52	104		24	53	19	8
工程科学与技术领域	12339	3305	6881	5458	4175	3613	4006	545
工程与技术科学基础学科	1741	465	855	886	463	439	714	125
信息与系统科学相关工程与技术	751	113	406	345	282	167	245	57
自然科学相关工程与技术	312	128	190	122	72	110	93	37
测绘科学技术	163	6	50	113	8	79	76	
材料科学	2349	820	1732	617	1080	727	488	54
机械工程	1203	201	616	587	503	276	381	43
动力与电气工程	327	28	67	260	75	76	166	10
能源科学技术	8	1	8		6	1	1	
电子与通信技术	1665	406	760	905	783	394	443	45
计算机科学技术	462	121	305	157	141	170	141	10

指标名称	R&D人员	# 女性	按工作量分		按学历分			
			R&D全时人员	R&D非全时人员	博士毕业	硕士毕业	本科毕业	其他
化学工程	723	183	437	286	294	157	252	20
产品应用相关工程与技术	766	289	344	422	138	276	298	54
纺织科学技术	59	26	3	56	4	22	30	3
食品科学技术	228	103	90	138	21	77	118	12
土木建筑工程	10	1	10			1	8	1
水利工程	219	40	68	151	30	151	37	1
交通运输工程	100	12	55	45	8	76	11	5
航空、航天科学技术	566	138	380	186	141	174	221	30
环境科学技术及资源科学技术	516	190	358	158	121	155	214	26
安全科学技术	166	31	142	24	5	82	67	12
管理学	5	3	5			3	2	
社会、人文科学领域	510	207	458	52	65	178	124	143
马克思主义	140	58	140		51	53	4	32
考古学	204	76	202	2	3	44	50	107
经济学	1		1			1		
社会学	113	57	113		11	50	48	4
图书馆、情报与文献学	46	15	2	44		26	20	
体育科学	6	1		6		4	2	
按机构从业人员规模分组								
≥ 1000 人	3277	1162	2116	1161	935	1729	409	204
500～999 人	3260	1095	2114	1146	1240	1316	609	95
300～499 人	2532	942	1161	1371	1017	741	684	90
200～299 人	2690	919	1560	1130	890	885	647	268
100～199 人	4680	1373	3214	1466	1092	1531	1712	345
50～99 人	3544	1071	2130	1414	842	984	1499	219
30～49 人	1317	323	622	695	453	390	418	56
20～29 人	701	177	448	253	297	217	163	24
10～19 人	556	131	285	271	133	121	248	54
0～9 人	152	47	98	54	34	42	66	10

2–13 科学研究和技术服务业事业单位 R&D 人员折合全时工作量 （2021）

单位：人年

指标名称	R&D 折合全时工作量	# 研究人员	按活动类型分组		
			基础研究	应用研究	试验发展
总计	**17520**	**12496**	**2131**	**6344**	**9045**
按机构所属地域分组					
杭州市	7665	5132	1728	3176	2761
宁波市	3676	2901	113	1620	1943
温州市	1735	1326	95	512	1128
嘉兴市	998	790	49	167	782
湖州市	645	434	29	198	418
绍兴市	608	398	9	130	469
金华市	418	348	31	109	278
衢州市	643	411	11	146	486
舟山市	409	266	13	90	306
台州市	404	261	53	89	262
丽水市	319	229		107	212
按机构所属隶属关系分组					
中央部门属	2709	2192	344	1419	946
中国科学院	1341	1230	49	717	575
非中央部门属	14811	10304	1787	4925	8099
省级部门属	5240	3560	1098	2288	1854
副省级城市属	2060	1433	304	669	1087
地市级部门属	3609	2478	68	987	2554
按机构从事的国民经济行业分组					
科学研究和技术服务业	17520	12496	2131	6344	9045
研究和试验发展	13648	9722	1946	5261	6441
专业技术服务业	2086	1483	24	595	1467
科技推广和应用服务业	1786	1291	161	488	1137
按机构服务的国民经济行业分组					
农、林、牧、渔业	2525	1753	463	595	1467
农业	1034	772	133	214	687

指标名称	R&D 折合全时工作量		按活动类型分组		
		# 研究人员	基础研究	应用研究	试验发展
林业	294	212	56	54	184
渔业	218	170	16	63	139
农、林、牧、渔专业及辅助性活动	979	599	258	264	457
制造业	2007	1440	131	446	1430
农副食品加工业	42	41			42
食品制造业	11	9		2	9
酒、饮料和精制茶制造业	43	36		14	29
皮革、毛皮、羽毛及其制品和制鞋业	86	78		10	76
化学原料和化学制品制造业	498	267	17	78	403
医药制造业	183	156	30	74	79
橡胶和塑料制品业	4	2		2	2
通用设备制造业	190	101	5	93	92
专用设备制造业	79	67		44	35
汽车制造业	26	14		14	12
铁路、船舶、航空航天和其他运输设备制造业	62	40		9	53
计算机、通信和其他电子设备制造业	584	491	78	79	427
仪器仪表制造业	105	69	1	19	85
其他制造业	94	69		8	86
电力、热力、燃气及水生产和供应业	23	23		19	4
电力、热力生产和供应业	23	23		19	4
交通运输、仓储和邮政业	84	52		43	41
道路运输业	84	52		43	41
信息传输、软件和信息技术服务业	538	381		157	381
软件和信息技术服务业	538	381		157	381
租赁和商务服务业	1	1		1	
商务服务业	1	1		1	
科学研究和技术服务业	11433	8240	1385	4841	5207
研究和试验发展	8469	6186	1293	3928	3248
专业技术服务业	1701	1173	26	529	1146
科技推广和应用服务业	1263	881	66	384	813
水利、环境和公共设施管理业	732	477	48	187	497
水利管理业	170	69	30	39	101

指标名称	R&D折合全时工作量	#研究人员	按活动类型分组		
			基础研究	应用研究	试验发展
生态保护和环境治理业	562	408	18	148	396
卫生和社会工作	170	122	104	51	15
卫生	170	122	104	51	15
文化、体育和娱乐业	7	7		4	3
文化艺术业	2	2		2	
体育	5	5		2	3
按机构所属学科分组					
自然科学领域	3548	2758	606	2187	755
信息科学与系统科学	2065	1654	146	1456	463
力学	136	114	78	40	18
化学	270	213	29	149	92
地球科学	734	487	120	501	113
生物学	343	290	233	41	69
农业科学领域	3115	2208	492	709	1914
农学	2389	1653	386	561	1442
林学	409	299	80	59	270
水产学	317	256	26	89	202
医学科学领域	1330	793	490	463	377
基础医学	741	416	354	263	124
临床医学	176	111	74	67	35
药学	309	181		101	208
中医学与中药学	104	85	62	32	10
工程科学与技术领域	9049	6467	247	2820	5982
工程与技术科学基础学科	1237	812	51	397	789
信息与系统科学相关工程与技术	584	345		38	546
自然科学相关工程与技术	229	200		100	129
测绘科学技术	62	62			62
材料科学	1867	1623	52	945	870
机械工程	839	647	8	229	602
动力与电气工程	152	129		43	109
能源科学技术	8	8		2	6
电子与通信技术	1058	687	64	275	719

指标名称	R&D 折合全时工作量	# 研究人员	按活动类型分组		
			基础研究	应用研究	试验发展
计算机科学技术	362	245		81	281
化学工程	621	357	15	141	465
产品应用相关工程与技术	543	407	1	87	455
纺织科学技术	25	17			25
食品科学技术	123	99		40	83
土木建筑工程	10	10			10
水利工程	193	92	30	58	105
交通运输工程	88	56		43	45
航空、航天科学技术	459	280	10	214	235
环境科学技术及资源科学技术	428	246	14	102	312
安全科学技术	156	140	2	20	134
管理学	5	5		5	
社会、人文科学领域	478	270	296	165	17
马克思主义	140	98	96	44	
考古学	202	73	200	2	
经济学	1	1		1	
社会学	113	81		113	
图书馆、情报与文献学	17	12		3	14
体育科学	5	5		2	3
按机构从业人员规模分组					
≥ 1000 人	2632	1908	368	1603	661
500～999 人	2582	2087	196	1207	1179
300～499 人	1787	1209	464	361	962
200～299 人	2007	1282	327	525	1155
100～199 人	3846	2690	515	1173	2158
50～99 人	2759	1941	193	756	1810
30～49 人	852	630	44	317	491
20～29 人	552	406	11	262	279
10～19 人	393	263	8	99	286
0～9 人	110	80	5	41	64

2-14 科学研究和技术服务业事业单位R&D经费内部支出按活动类型和经费来源分（2021）

单位：万元

指标名称	R&D经费内部支出	按活动类型分			按经费来源分			
		基础研究	应用研究	试验发展	政府资金	企业资金	国外资金	其他资金
总计	**1152757**	**131763**	**448945**	**572050**	**884134**	**121362**	**34**	**147227**
按机构所属地域分组								
杭州市	615326	107008	294392	213926	493384	33569	9	88364
宁波市	215892	4859	77981	133052	154507	35707		25678
温州市	120843	10470	29536	80837	95466	15527		9851
嘉兴市	53214	2015	8061	43138	25512	19652		8050
湖州市	16899	1021	5147	10732	14134	2271		495
绍兴市	22965	50	6215	16700	9636	6230		7099
金华市	21627	1657	4542	15428	20315	748		564
衢州市	29471	309	8476	20686	27219	762		1489
舟山市	18320	647	3398	14275	16216	2090	6	8
台州市	20459	3726	3748	12985	13935	4290	19	2215
丽水市	17742		7449	10293	13811	517		3415
按机构所属隶属关系分组								
中央部门属	182268	19005	91314	71950	149880	22683		9705
中国科学院	81826	2277	34829	44721	71737	10089		
非中央部门属	970489	112758	357631	500101	734255	98679	34	137522
省级部门属	430123	73859	225665	130599	335563	35096	9	59455
副省级城市属	139855	10880	42992	85983	97188	5649		37018
地市级部门属	189182	10420	45619	133143	150654	12646	25	25857
按机构从事的国民经济行业分组								
科学研究和技术服务业	1152757	131763	448945	572050	884134	121362	34	147227
研究和试验发展	963378	118681	401894	442803	779633	81487	34	102224
专业技术服务业	101229	1166	28543	71521	45749	16844		38637
科技推广和应用服务业	88150	11916	18508	57727	58753	23031		6366
按机构服务的国民经济行业分组								
农、林、牧、渔业	148258	17018	32085	99155	127070	8161	15	13013
农业	68922	5866	11665	51392	67232	938		752

指标名称	R&D经费内部支出	按活动类型分			按经费来源分			
		基础研究	应用研究	试验发展	政府资金	企业资金	国外资金	其他资金
林业	13519	3598	1290	8631	12885		6	628
渔业	13572	653	4618	8300	10529	2327		716
农、林、牧、渔专业及辅助性活动	52246	6902	14512	30832	36424	4895	9	10917
制造业	129802	18650	23564	87588	92138	16821		20843
农副食品加工业	1664			1664	1627	37		
食品制造业	877		124	753	608	269		
酒、饮料和精制茶制造业	1341		327	1014	780	511		50
皮革、毛皮、羽毛及其制品和制鞋业	4167		713	3454	17	4068		82
化学原料和化学制品制造业	23259	601	3827	18831	17602	4062		1595
医药制造业	26003	8584	6657	10762	19640	778		5584
橡胶和塑料制品业	98		40	58	56	2		40
通用设备制造业	8093	109	3786	4199	6545	1012		536
专用设备制造业	4755		3874	881	4411	345		
汽车制造业	312		118	193	26	286		
铁路、船舶、航空航天和其他运输设备制造业	6411		139	6272	6411			
计算机、通信和其他电子设备制造业	40278	9255	2298	28726	25982	3270		11027
仪器仪表制造业	8543	103	1375	7065	4713	2080		1750
其他制造业	4003		287	3716	3721	103		178
电力、热力、燃气及水生产和供应业	1163		961	202	255	908		
电力、热力生产和供应业	1163		961	202	255	908		
交通运输、仓储和邮政业	1150		536	614	1150			
道路运输业	1150		536	614	1150			
信息传输、软件和信息技术服务业	34575		7717	26858	17314	16831		430
软件和信息技术服务业	34575		7717	26858	17314	16831		430
租赁和商务服务业	20		20		6			15
商务服务业	20		20		6			15
科学研究和技术服务业	791634	85111	373456	333068	617431	72845		101359
研究和试验发展	660957	81578	336447	242932	550540	56219		54198
专业技术服务业	79641	1074	21366	57201	36020	4254		39367
科技推广和应用服务业	51037	2460	15642	32935	30871	12372		7794
水利、环境和公共设施管理业	33282	1022	8923	23338	18077	5797	19	9389
水利管理业	12225	543	2556	9126	5095	2129		5001

单位：万元

指标名称	R&D经费内部支出	按活动类型分			按经费来源分			
		基础研究	应用研究	试验发展	政府资金	企业资金	国外资金	其他资金
生态保护和环境治理业	21057	479	6367	14212	12982	3668	19	4389
卫生和社会工作	12757	9961	1608	1188	10578			2179
卫生	12757	9961	1608	1188	10578			2179
文化、体育和娱乐业	116		76	40	116			
文化艺术业	49		49		49			
体育	68		28	40	68			
按机构所属学科分组								
自然科学领域	350654	57099	235312	58243	307187	27327		16140
信息科学与系统科学	243130	25098	178236	39796	216149	16357		10624
力学	12682	9255	2844	584	11512			1170
化学	14185	856	7137	6192	8790	1296		4098
地球科学	52801	8507	41146	3148	43206	9347		248
生物学	27857	13384	5949	8524	27530	326		
农业科学领域	180723	17707	40342	122675	153823	8846	15	18040
农学	142145	11009	34034	97102	120373	6474	9	15290
林学	20778	5798	1642	13338	18859		6	1913
水产学	17801	900	4667	12234	14592	2372		837
医学科学领域	90671	30554	30386	29731	65145	3372		22154
基础医学	51061	19729	22713	8618	37445	380		13236
临床医学	9660	4496	2144	3021	5049	2272		2339
药学	21228		4285	16944	13928	721		6579
中医学与中药学	8722	6330	1245	1148	8722			
工程科学与技术领域	507343	10678	136081	360583	343338	81817	19	82169
工程与技术科学基础学科	62200	2618	19091	40490	45413	2538		14248
信息与系统科学相关工程与技术	27516		428	27088	19668	7848		
自然科学相关工程与技术	16666		4091	12575	9371	2669		4626
测绘科学技术	4104			4104		1144		2960
材料科学	115622	2490	50394	62739	95851	18540		1231
机械工程	38275	121	14276	23878	23851	8347	19	6058
动力与电气工程	7870	71	1556	6243	2999			4872
能源科学技术	3470		560	2910	3470			
电子与通信技术	68619	3280	12297	53043	40150	5211		23258

指标名称	R&D经费内部支出	按活动类型分			按经费来源分			
		基础研究	应用研究	试验发展	政府资金	企业资金	国外资金	其他资金
计算机科学技术	15034		2000	13034	11058	3551		426
化学工程	21419	56	3822	17541	16732	4603		85
产品应用相关工程与技术	44855	103	5298	39454	19110	18018		7727
纺织科学技术	1195			1195	30			1165
食品科学技术	4209		559	3650	3973	37		200
土木建筑工程	162			162				162
水利工程	13388	543	3517	9328	5351	3036		5001
交通运输工程	1330		536	794	1330			
航空、航天科学技术	37383	286	9075	28021	34714	2669		
环境科学技术及资源科学技术	15899	780	6893	8226	8622	874		6403
安全科学技术	7897	331	1459	6108	1416	2734		3748
管理学	231		231		231			
社会、人文科学领域	23366	15724	6823	818	14642			8724
马克思主义	6785	4839	1947		6785			
考古学	10934	10886	49		5624			5310
经济学	20		20		6			15
社会学	4743		4743		2045			2698
图书馆、情报与文献学	816		38	778	115			701
体育科学	68		28	40	68			
按机构从业人员规模分组								
≥1000人	267480	29737	188597	49146	234628	9831	9	23012
500～999人	166999	11518	77148	78334	132722	25787		8490
300～499人	132097	21894	24765	85439	88271	16376		27451
200～299人	120338	18835	32076	69428	89229	9706		21403
100～199人	191856	31145	47925	112786	126202	21435	19	44200
50～99人	146766	9512	33554	103700	106276	25627		14863
30～49人	45904	1111	15216	29578	35642	5954		4309
20～29人	37723	115	20099	17509	35339	1550	6	828
10～19人	38641	7590	8193	22858	31855	4383		2403
0～9人	4953	308	1372	3273	3970	715		268

2-15　科学研究和技术服务业事业单位 R&D 经费内部支出按经费类别分（2021）

单位：万元

指标名称	R&D经费内部支出	日常性支出	人员劳务费	其他日常性支出	资产性支出	土建费	仪器与设备支出	资本化的计算机软件支出	专利和专有技术支出
总计	1152757	754166	357220	396945	398592	109157	278430	7478	3526
按机构所属地域分组									
杭州市	615326	410498	185172	225326	204828	31944	166823	4170	1892
宁波市	215892	135333	63732	71601	80559	26069	53156	1146	187
温州市	120843	80157	32007	48150	40686	25970	13192	604	921
嘉兴市	53214	26326	16194	10132	26889	11209	14293	1083	304
湖州市	16899	13933	8137	5795	2967	397	2545	12	14
绍兴市	22965	14081	8419	5662	8883	1516	7119	245	4
金华市	21627	13437	9100	4337	8189	6677	1479	14	20
衢州市	29471	18211	9062	9149	11260	19	11095	130	16
舟山市	18320	15558	9374	6183	2763	167	2566		30
台州市	20459	14975	7963	7013	5484	2323	3041		119
丽水市	17742	11658	8061	3597	6084	2866	3122	76	21
按机构所属隶属关系分组									
中央部门属	182268	144691	74177	70513	37577	14053	22522	939	63
中国科学院	81826	59979	28753	31226	21848	10739	10724	367	18
非中央部门属	970489	609475	283043	326432	361015	95104	255909	6539	3463
省级部门属	430123	281134	124325	156809	148989	40022	105517	3279	172
副省级城市属	139855	71517	30665	40853	68338	11781	55608	766	183
地市级部门属	189182	131190	64072	67118	57992	23221	33506	909	356
按机构从事的国民经济行业分组									
科学研究和技术服务业	1152757	754166	357220	396945	398592	109157	278430	7478	3526
研究和试验发展	963378	623873	287468	336405	339505	92466	238481	5543	3014
专业技术服务业	101229	70322	45411	24911	30908	5453	23449	1757	249
科技推广和应用服务业	88150	59971	24341	35630	28179	11238	16501	178	263
按机构服务的国民经济行业分组									
农、林、牧、渔业	148258	125184	70494	54690	23074	14142	8599	293	42

指标名称	R&D经费内部支出	日常性支出	人员劳务费	其他日常性支出	资产性支出	土建费	仪器与设备支出	资本化的计算机软件支出	专利和专有技术支出
农业	68922	58538	31073	27465	10385	8062	2192	106	25
林业	13519	11143	7669	3474	2376	655	1716	5	
渔业	13572	11138	6257	4881	2433	612	1821		
农、林、牧、渔专业及辅助性活动	52246	44365	25495	18870	7881	4813	2870	181	17
制造业	129802	73499	30547	42952	56303	20269	33848	429	1757
农副食品加工业	1664	1414	987	426	250		250		
食品制造业	877	459	318	142	418	45	358		15
酒、饮料和精制茶制造业	1341	1291	927	364	50		50		
皮革、毛皮、羽毛及其制品和制鞋业	4167	4150	2235	1915	17		17		
化学原料和化学制品制造业	23259	12527	5569	6958	10731	1866	8859	6	
医药制造业	26003	7747	2094	5652	18257	13800	4239	212	6
橡胶和塑料制品业	98	98	90	8					
通用设备制造业	8093	3413	1770	1643	4681	1437	3060	153	31
专用设备制造业	4755	3170	1488	1682	1585		1538	47	
汽车制造业	312	226	62	164	86		86		
铁路、船舶、航空航天和其他运输设备制造业	6411	1630	1116	515	4780		4780		
计算机、通信和其他电子设备制造业	40278	28636	9232	19405	11642	1317	8619	12	1695
仪器仪表制造业	8543	4807	2184	2623	3735	1750	1985		
其他制造业	4003	3931	2476	1456	71	54	7		10
电力、热力、燃气及水生产和供应业	1163	1163	765	398					
电力、热力生产和供应业	1163	1163	765	398					
交通运输、仓储和邮政业	1150	1150	1099	51					
道路运输业	1150	1150	1099	51					
信息传输、软件和信息技术服务业	34575	26547	10008	16540	8028	1768	5667	304	289
软件和信息技术服务业	34575	26547	10008	16540	8028	1768	5667	304	289
租赁和商务服务业	20	20	19	1					
商务服务业	20	20	19	1					
科学研究和技术服务业	791634	494859	228710	266149	296775	64612	224476	6371	1315
研究和试验发展	660957	404892	176622	228270	256065	58565	192634	3938	929
专业技术服务业	79641	56236	36114	20122	23405	4367	17443	1503	93
科技推广和应用服务业	51037	33732	15974	17758	17305	1681	14400	931	293
水利、环境和公共设施管理业	33282	26447	12394	14054	6835	2235	4396	81	123

指标名称	R&D经费内部支出	日常性支出	人员劳务费	其他日常性支出	资产性支出	土建费	仪器与设备支出	资本化的计算机软件支出	专利和专有技术支出
水利管理业	12225	11025	5126	5899	1199	291	891	14	4
生态保护和环境治理业	21057	15422	7268	8154	5636	1944	3504	68	119
卫生和社会工作	12757	5200	3109	2091	7557	6113	1444		
卫生	12757	5200	3109	2091	7557	6113	1444		
文化、体育和娱乐业	116	96	76	20	20	19	1		
文化艺术业	49	29	11	18	20	19	1		
体育	68	68	65	3					
按机构所属学科分组									
自然科学领域	350654	221332	87608	133725	129322	29576	97678	2011	58
信息科学与系统科学	243130	148376	54442	93934	94754	14761	78592	1395	7
力学	12682	12167	3392	8775	515		512		3
化学	14185	10605	5005	5600	3580	309	3177	58	36
地球科学	52801	43024	23432	19593	9777	667	8549	553	8
生物学	27857	7160	1338	5822	20697	13840	6847	5	5
农业科学领域	180723	154632	89625	65006	26092	14638	11117	301	37
农学	142145	122777	70682	52095	19369	12603	6450	296	20
林学	20778	17349	10554	6796	3428	1335	2089	5	
水产学	17801	14506	8390	6116	3295	700	2578		17
医学科学领域	90671	47849	27608	20241	42823	14948	27411	458	6
基础医学	51061	26111	17434	8676	24950	5456	19095	393	6
临床医学	9660	7416	3675	3741	2245	597	1648		
药学	21228	11974	5011	6963	9255	2846	6343	66	
中医学与中药学	8722	2349	1488	861	6373	6049	325		
工程科学与技术领域	507343	309864	144248	165616	197479	49977	139369	4709	3425
工程与技术科学基础学科	62200	36703	14483	22219	25497	7478	16955	1015	50
信息与系统科学相关工程与技术	27516	15926	10869	5057	11590	430	10351	214	595
自然科学相关工程与技术	16666	9324	2980	6343	7342	3430	3746	4	162
测绘科学技术	4104	3212	1923	1289	892		340	548	4
材料科学	115622	77431	35571	41860	38191	11499	25029	462	1200
机械工程	38275	23434	11935	11499	14841	3866	9961	591	422
动力与电气工程	7870	4065	2783	1282	3805		3332	473	
能源科学技术	3470	2994	268	2726	476		476		

指标名称	R&D 经费内部支出	日常性支出	人员劳务费	其他日常性支出	资产性支出	土建费	仪器与设备支出	资本化的计算机软件支出	专利和专有技术支出
电子与通信技术	68619	45110	16658	28452	23510	209	23003	205	92
计算机科学技术	15034	12801	6570	6231	2233	134	1016	303	779
化学工程	21419	10062	5163	4899	11357	2381	8962	14	
产品应用相关工程与技术	44855	22289	11247	11043	22566	12938	9385	213	29
纺织科学技术	1195	757	229	528	438		438		
食品科学技术	4209	3256	1959	1296	954	45	880	14	15
土木建筑工程	162	162	140	21					
水利工程	13388	12188	5891	6297	1199	291	891	14	4
交通运输工程	1330	1330	1168	163					
航空、航天科学技术	37383	9821	4115	5706	27561	6175	21210	103	73
环境科学技术及资源科学技术	15899	12065	6397	5669	3834	881	2893	60	
安全科学技术	7897	6724	3792	2933	1173	218	479	475	
管理学	231	211	106	105	20		20		
社会、人文科学领域	23366	20490	8132	12358	2876	19	2857		
马克思主义	6785	4062	2587	1475	2723		2723		
考古学	10934	10914	3585	7329	20	19	1		
经济学	20	20	19	1					
社会学	4743	4743	1479	3264					
图书馆、情报与文献学	816	683	397	286	133		133		
体育科学	68	68	65	3					
按机构从业人员规模分组									
≥ 1000 人	267480	170776	71793	98983	96704	16993	77618	2090	4
500～999 人	166999	129912	68802	61110	37087	11370	24097	1447	174
300～499 人	132097	77897	34925	42972	54200	13268	39816	536	580
200～299 人	120338	79750	37935	41815	40588	8894	30075	561	1058
100～199 人	191856	129748	61022	68725	62108	15267	44957	1192	692
50～99 人	146766	100876	55002	45874	45890	14750	29368	999	773
30～49 人	45904	29103	14372	14730	16802	3863	12411	471	57
20～29 人	37723	16874	4919	11955	20849	7130	13560	136	23
10～19 人	38641	15596	6145	9451	23046	17291	5558	47	150
0～9 人	4953	3635	2304	1331	1318	331	972		15

2-16 科学研究和技术服务业事业单位 R&D 经费外部支出（2021）

单位：万元

指标名称	R&D 经费 外部支出	对境内研究 机构支出	对境内高等 学校支出	对境内企业 支出	对境内其他 单位支出
总计	**72702**	**12683**	**46188**	**13566**	**265**
按机构所属地域分组					
杭州市	62293	10589	42062	9394	249
宁波市	1833	201	141	1492	
温州市	726	227	197	286	16
嘉兴市	6210	1530	3495	1185	
湖州市	416	18	10	388	
绍兴市	216		7	209	
金华市	113		113		
衢州市	66		50	16	
舟山市	249	119	81	49	
台州市	549			549	
丽水市	33		33		
按机构所属隶属关系分组					
中央部门属	10108	4004	5384	639	81
非中央部门属	62594	8679	40803	12928	184
省级部门属	46151	8115	32642	5227	168
副省级城市属	397	201	141	55	
地市级部门属	1347	346	361	641	
按机构从事的国民经济行业分组					
科学研究和技术服务业	72702	12683	46188	13566	265
研究和试验发展	60928	8219	41794	10818	97
专业技术服务业	186	2	129	56	
科技推广和应用服务业	11588	4463	4264	2693	168
按机构服务的国民经济行业分组					
农、林、牧、渔业	3570	721	407	2361	81
农业	1695	685	334	595	81
林业	98		28	70	
渔业	81	36	45		
农、林、牧、渔专业及辅助性活动	1696			1696	
制造业	9703	4637	3968	930	168
专用设备制造业	292			292	
计算机、通信和其他电子设备制造业	9356	4637	3930	622	168
其他制造业	54		38	16	
信息传输、软件和信息技术服务业	1311		113	1198	
软件和信息技术服务业	1311		113	1198	

指标名称	R&D经费外部支出	对境内研究机构支出	对境内高等学校支出	对境内企业支出	对境内其他单位支出
科学研究和技术服务业	57359	7160	41655	8528	16
研究和试验发展	56769	7141	41306	8306	16
专业技术服务业	209	2	152	56	
科技推广和应用服务业	381	18	197	167	
水利、环境和公共设施管理业	760	165	46	549	
生态保护和环境治理业	760	165	46	549	
按机构所属学科分组					
自然科学领域	51629	9939	37249	4257	184
信息科学与系统科学	33778	2140	28225	3413	
力学	9164	4445	3930	622	168
化学	270		33	222	16
地球科学	8416	3354	5062	1	
农业科学领域	3570	721	407	2361	81
农学	1695	685	334	595	81
林学	98		28	70	
水产学	1777	36	45	1696	
医学科学领域	71			71	
基础医学	71			71	
工程科学与技术领域	17433	2023	8531	6878	
工程与技术科学基础学科	3210	2	3185	24	
自然科学相关工程与技术	5		5		
机械工程	838	18	90	730	
动力与电气工程	12		12		
电子与通信技术	305	192	113		
计算机科学技术	9452		4538	4914	
产品应用相关工程与技术	3398	1647	542	1210	
环境科学技术及资源科学技术	213	165	48		
按机构从业人员规模分组					
≥1000人	33738	2140	28225	3372	
500～999人	8456	3389	5040	26	
300～499人	4916	2180	870	1785	81
200～299人	71			71	
100～199人	19419	4628	8637	5987	168
50～99人	3477	38	3273	150	16
30～49人	1701	117	99	1485	
20～29人	401	192		209	
10～19人	257		35	222	
0～9人	268		8	260	

2-17 科学研究和技术服务业事业单位 R&D 日常性支出（2021）

单位：万元

指标名称	R&D日常性支出	按活动类型分组			按来源分组				
		基础研究	应用研究	试验发展	政府资金	企业资金	事业单位资金	国外资金	其他资金
总计	**754166**	**85836**	**285919**	**382411**	**558365**	**97885**	**97485**	**34**	**397**
按机构所属地域分组									
杭州市	410498	73060	194800	142637	321626	31800	56844	9	220
宁波市	135333	3260	43802	88270	91290	28469	15573		
温州市	80157	3515	18667	57975	59053	14105	7000		
嘉兴市	26326	910	3352	22064	9414	10238	6673		
湖州市	13933	863	4120	8950	11399	2153	380		
绍兴市	14081	12	2981	11088	5534	3886	4661		
金华市	13437	761	2960	9716	12264	659	515		
衢州市	18211	291	5249	12671	16644	752	637		178
舟山市	15558	510	2896	12152	13965	1579	8	6	
台州市	14975	2655	2931	9389	8909	4017	2031	19	
丽水市	11658		4160	7499	8268	227	3164		
按机构所属隶属关系分组									
中央部门属	144691	15633	72709	56349	117376	18477	8762		77
中国科学院	59979	1669	25530	32780	52944	7034			
非中央部门属	609475	70203	213209	326063	440990	79408	88723	34	320
省级部门属	281134	52154	141609	87371	213729	24742	42512	9	143
副省级城市属	71517	5334	17896	48287	48156	5649	17712		
地市级部门属	131190	3081	29815	98294	99081	11592	20315	25	178
按机构从事的国民经济行业分组									
科学研究和技术服务业	754166	85836	285919	382411	558365	97885	97485	34	397
研究和试验发展	623873	74123	255875	293875	493040	65985	64560	34	254
专业技术服务业	70322	961	18767	50594	28833	13053	28436		
科技推广和应用服务业	59971	10752	11277	37942	36492	18847	4490		143
按机构服务的国民经济行业分组									
农、林、牧、渔业	125184	14270	27715	83199	109600	7553	8016	15	
农业	58538	5054	10350	43134	56866	920	752		

指标名称	R&D 日常性支出	按活动类型分组			按来源分组				
		基础研究	应用研究	试验发展	政府资金	企业资金	事业单位资金	国外资金	其他资金
林业	11143	2971	1102	7070	10745		392	6	
渔业	11138	533	3772	6833	8913	1738	488		
农、林、牧、渔专业及辅助性活动	44365	5710	12492	26162	33076	4895	6384	9	
制造业	73499	11632	12561	49306	43459	15398	14322		320
农副食品加工业	1414			1414	1377	37			
食品制造业	459		121	338	198	261			
酒、饮料和精制茶制造业	1291		312	979	780	511			
皮革、毛皮、羽毛及其制品和制鞋业	4150		710	3440		4068	82		
化学原料和化学制品制造业	12527	507	2032	9988	7199	3736	1591		
医药制造业	7747	1817	2390	3540	2771	778	4197		
橡胶和塑料制品业	98		40	58	56	2	40		
通用设备制造业	3413	50	1901	1462	2278	602	533		
专用设备制造业	3170		2403	767	2831	339			
汽车制造业	226		86	140	13	213			
铁路、船舶、航空航天和其他运输设备制造业	1630		32	1598	1630				
计算机、通信和其他电子设备制造业	28636	9200	1489	17947	17947	2669	7878		143
仪器仪表制造业	4807	58	774	3976	2727	2080			
其他制造业	3931		271	3660	3651	103			178
电力、热力、燃气及水生产和供应业	1163		961	202	255	908			
电力、热力生产和供应业	1163		961	202	255	908			
交通运输、仓储和邮政业	1150		536	614	1150				
道路运输业	1150		536	614	1150				
信息传输、软件和信息技术服务业	26547		4019	22529	12892	13228	428		
软件和信息技术服务业	26547		4019	22529	12892	13228	428		
租赁和商务服务业	20		20		6		15		
商务服务业	20		20		6		15		
科学研究和技术服务业	494859	54736	232118	208006	374437	55250	65173		
研究和试验发展	404892	52678	206475	145739	332173	42477	30242		
专业技术服务业	56236	788	14981	40467	23086	3997	29153		
科技推广和应用服务业	33732	1270	10662	21800	19178	8775	5779		
水利、环境和公共设施管理业	26447	928	7341	18178	13267	5549	7536	19	77
水利管理业	11025	477	2308	8240	4718	2030	4201		77

指标名称	R&D日常性支出	按活动类型分组			按来源分组				
		基础研究	应用研究	试验发展	政府资金	企业资金	事业单位资金	国外资金	其他资金
生态保护和环境治理业	15422	451	5033	9938	8549	3519	3335	19	
卫生和社会工作	5200	4271	592	338	3204		1996		
卫生	5200	4271	592	338	3204		1996		
文化、体育和娱乐业	96		56	40	96				
文化艺术业	29		29		29				
体育	68		28	40	68				
按机构所属学科分组									
自然科学领域	221332	35153	148494	37685	185882	24200	11108		143
信息科学与系统科学	148376	14879	105709	27788	127173	14629	6574		
力学	12167	9200	2415	552	11472		552		143
化学	10605	758	5395	4452	5830	1040	3736		
地球科学	43024	6821	33417	2786	34566	8212	246		
生物学	7160	3495	1558	2107	6842	318			
农业科学领域	154632	14907	35398	104327	133781	8238	12598	15	
农学	122777	9524	30213	83039	105684	6456	10628	9	
林学	17349	4621	1377	11352	15952		1392	6	
水产学	14506	762	3808	9936	12146	1782	578		
医学科学领域	47849	15045	16193	16611	28531	3372	15946		
基础医学	26111	9967	12228	3916	18233	380	7498		
临床医学	7416	3374	1868	2174	3148	2272	1996		
药学	11974		1761	10212	4800	721	6452		
中医学与中药学	2349	1705	335	309	2349				
工程科学与技术领域	309864	6947	79819	223097	198324	62075	49192	19	254
工程与技术科学基础学科	36703	1378	9137	26188	27588	2194	6921		
信息与系统科学相关工程与技术	15926		126	15800	8953	6973			
自然科学相关工程与技术	9324		2363	6960	4121	2581	2623		
测绘科学技术	3212			3212		1144	2068		
材料科学	77431	1819	32366	43247	61774	14587	1070		
机械工程	23434	60	7371	16003	11683	7332	4399	19	
动力与电气工程	4065	29	890	3146	2052		2013		
能源科学技术	2994		483	2511	2994				
电子与通信技术	45110	2077	7303	35730	29608	3241	12261		

指标名称	R&D日常性支出	按活动类型分组			按来源分组				
		基础研究	应用研究	试验发展	政府资金	企业资金	事业单位资金	国外资金	其他资金
计算机科学技术	12801		1432	11369	9336	3040	248		178
化学工程	10062	14	1773	8275	5375	4602	85		
产品应用相关工程与技术	22289	58	2915	19317	9447	7712	5131		
纺织科学技术	757			757	30		727		
食品科学技术	3256		505	2750	3019	37	200		
土木建筑工程	162			162			162		
水利工程	12188	477	3268	8442	4973	2938	4201		77
交通运输工程	1330		536	794	1330				
航空、航天科学技术	9821	44	1877	7901	7153	2669			
环境科学技术及资源科学技术	12065	734	6118	5214	7555	717	3794		
安全科学技术	6724	259	1144	5321	1123	2310	3292		
管理学	211		211		211				
社会、人文科学领域	20490	13782	6015	692	11849		8641		
马克思主义	4062	2897	1166		4062				
考古学	10914	10886	29		5604		5310		
经济学	20		20		6		15		
社会学	4743		4743		2045		2698		
图书馆、情报与文献学	683		31	652	65		618		
体育科学	68		28	40	68				
按机构从业人员规模分组									
≥1000人	170776	18891	115568	36317	147145	9768	13854	9	
500～999人	129912	9233	59851	60828	104139	20648	5125		
300～499人	77897	11725	15418	50754	58039	8025	11834		
200～299人	79750	16553	21573	41624	53289	9074	17387		
100～199人	129748	20463	29955	79329	77557	19998	31955	19	220
50～99人	100876	6507	22869	71500	67054	22413	11232		178
30～49人	29103	891	10336	17875	21721	3911	3471		
20～29人	16874	51	6379	10444	14943	1096	828	6	
10～19人	15596	1231	2741	11623	11804	2262	1529		
0～9人	3635	290	1227	2118	2675	692	268		

2-18 科学研究和技术服务业事业单位专利（2021）

指标名称	专利申请受理数（件）	#发明专利	专利授权数（件）	#发明专利	#国外授权	拥有有效发明专利总数（件）	专利所有权转让及许可数（件）	专利所有权转让及许可收入（万元）
总计	**5290**	**4085**	**2655**	**1727**	**68**	**8236**	**281**	**7368**
按机构所属地域分组								
杭州市	2094	1658	1068	689	40	2593	93	1630
宁波市	1182	993	688	531	17	2651	63	4805
温州市	476	378	256	140	1	742	51	170
嘉兴市	211	149	141	72	4	575	25	137
湖州市	455	326	53	20	1	121	34	102
绍兴市	128	89	50	13		75	3	200
金华市	139	78	41	13		82		
衢州市	171	146	38	20	1	197		
舟山市	131	114	191	170	1	845	10	317
台州市	259	133	101	49	3	239	2	6
丽水市	44	21	28	10		116		
按机构所属隶属关系分组								
中央部门属	806	728	683	554	26	2902	102	6076
中国科学院	601	540	454	389	14	2122	58	4776
非中央部门属	4484	3357	1972	1173	42	5334	179	1292
省级部门属	1639	1205	1007	628	31	2695	46	400
副省级城市属	285	209	117	52	3	287	3	38
地市级部门属	1164	888	401	199	3	1130	29	350
按机构从事的国民经济行业分组								
科学研究和技术服务业	5290	4085	2655	1727	68	8236	281	7368
研究和试验发展	4339	3509	2076	1404	65	6366	230	7179
专业技术服务业	412	225	401	201	2	1399	13	63
科技推广和应用服务业	539	351	178	122	1	471	38	125
按机构服务的国民经济行业分组								
农、林、牧、渔业	629	455	780	497	28	2361	52	646
农业	230	163	259	121	14	568	31	476

指标名称	专利申请受理数（件）	#发明专利	专利授权数（件）	#发明专利	#国外授权	拥有有效发明专利总数（件）	专利所有权转让及许可数（件）	专利所有权转让及许可收入（万元）
林业	41	41	40	35		147		
渔业	155	133	174	155	1	724	8	28
农、林、牧、渔专业及辅助性活动	203	118	307	186	13	922	13	143
制造业	426	358	102	66	4	353	21	244
农副食品加工业	2	2	9	7		21		
食品制造业	3	3				14		
酒、饮料和精制茶制造业	11	10	5	5		47		
皮革、毛皮、羽毛及其制品和制鞋业	14	14	1	1		1		
化学原料和化学制品制造业	63	59	17	17		56	1	200
医药制造业	16	15	1	1		12	2	7
橡胶和塑料制品业	1	1						
通用设备制造业	51	36	11	5		26	1	3
专用设备制造业	30	14	16	1		10	1	3
汽车制造业	23	12	2					
铁路、船舶、航空航天和其他运输设备制造业	2	2				1	1	
计算机、通信和其他电子设备制造业	132	126	28	21	1	83	2	
仪器仪表制造业	32	22	8	6	2	73	13	31
其他制造业	46	42	4	2	1	9		
电力、热力、燃气及水生产和供应业	1		1			8		
电力、热力生产和供应业	1		1			8		
交通运输、仓储和邮政业	54	21	21	1		10		
道路运输业	54	21	21	1		10		
信息传输、软件和信息技术服务业	160	144	36	23	1	122	19	
软件和信息技术服务业	160	144	36	23	1	122	19	
租赁和商务服务业	1	1	1	1		2		
商务服务业	1	1	1	1		2		
科学研究和技术服务业	3607	2918	1563	1081	34	4975	187	6471
研究和试验发展	2930	2574	1157	910	31	3910	145	6294
专业技术服务业	280	115	248	61	2	421	6	63
科技推广和应用服务业	397	229	158	110	1	644	36	113

指标名称	专利申请受理数（件）	#发明专利	专利授权数（件）	#发明专利	#国外授权	拥有有效发明专利总数（件）	专利所有权转让及许可数（件）	专利所有权转让及许可收入（万元）
水利、环境和公共设施管理业	269	178	110	51		362		
水利管理业	63	41	43	8		108		
生态保护和环境治理业	206	137	67	43		254		
卫生和社会工作	143	10	38	6	1	42	2	6
卫生	143	10	38	6	1	42	2	6
文化、体育和娱乐业			3	1		1		
体育			3	1		1		
按机构所属学科分组								
自然科学领域	1043	966	348	280	5	763	12	412
信息科学与系统科学	873	818	244	225	5	353		
力学	48	45	1			11		
物理学	14	11	11	9		11		
化学	65	53	49	7		217	1	
地球科学	37	34	42	38		145	9	405
生物学	6	5	1	1		26	2	7
农业科学领域	799	574	894	575	35	2839	68	1204
农学	487	348	543	327	34	1609	53	1173
林学	126	68	142	64		316	4	1
水产学	186	158	209	184	1	914	11	30
医学科学领域	249	87	80	29	1	121	5	24
基础医学	54	31	20	4		4	1	3
临床医学	83	23	40	9		56	2	6
药学	27	23	13	10		23	2	15
中医学与中药学	85	10	7	6	1	38		
工程科学与技术领域	3196	2455	1329	841	27	4500	196	5728
工程与技术科学基础学科	249	176	111	58	2	158	1	8
信息与系统科学相关工程与技术	204	158	65	41		419	15	10
自然科学相关工程与技术	33	26	5	1		42		
测绘科学技术	13	10	7	7		12		
材料科学	807	715	546	457	15	2302	62	4796

指标名称	专利申请受理数（件）	#发明专利	专利授权数（件）	#发明专利	#国外授权	拥有有效发明专利总数（件）	专利所有权转让及许可数（件）	专利所有权转让及许可收入（万元）
机械工程	461	276	156	109	1	423	70	126
动力与电气工程	72	26	86	6	1	51		
能源科学技术	9	9						
电子与通信技术	624	561	75	45	2	310	27	150
计算机科学技术	128	113	18	15		19		
化学工程	78	70	20	18		46	1	200
产品应用相关工程与技术	155	81	97	41	6	294	18	438
纺织科学技术	11	8	4	1		9		
食品科学技术	20	14	14	10		83		
土木建筑工程	7	2	4					
水利工程	64	41	44	8		116		
交通运输工程	56	23	21	1		11	1	
航空、航天科学技术	128	101	20	8		10		
环境科学技术及资源科学技术	63	41	28	13		182		
安全科学技术	14	4	8	2		13	1	
社会、人文科学领域	3	3	4	2		13		
经济学	1	1	1	1		2		
社会学	2	2				10		
体育科学			3	1		1		
按机构从业人员规模分组								
≥1000人	895	811	427	361	18	864	6	140
500～999人	829	661	692	458	14	2759	71	5228
300～499人	302	233	183	106	10	334	36	455
200～299人	866	715	309	167	8	970	43	723
100～199人	1193	781	495	329	7	1570	41	129
50～99人	703	521	387	205	8	1235	50	137
30～49人	203	138	64	38	1	224	6	501
20～29人	102	83	30	19	2	106	20	3
10～19人	176	125	62	41		104	4	26
0～9人	21	17	6	3		70	4	27

2-19 科学研究和技术服务业事业单位论文、著作及其他科技产出（2021）

指标名称	科技论文（篇）	# 国外发表	科技著作（种）	形成国家或行业标准数（项）	集成电路布图设计登记数（件）	植物新品种权授予数（项）	软件著作权数（件）
总计	**8614**	**4015**	**195**	**222**	**38**	**68**	**1202**
按机构所属地域分组							
杭州市	4694	1599	156	134		40	869
宁波市	2183	1730	12	27			89
温州市	377	165	8	9		3	79
嘉兴市	295	137	2	1	31	2	23
湖州市	151	76	4	1	5		30
绍兴市	107	21	1	3			6
金华市	151	58	3	12		18	4
衢州市	221	158	1	11			28
舟山市	188	35	1	4			14
台州市	129	30		20	2		56
丽水市	118	6	7			5	4
按机构所属隶属关系分组							
中央部门属	1977	1518	33	29		9	122
中国科学院	1157	1052	6				11
非中央部门属	6637	2497	162	193	38	59	1080
省级部门属	3515	696	118	107	1	27	790
副省级城市属	835	421	14	17		4	61
地市级部门属	989	320	16	42	7	28	121
按机构从事的国民经济行业分组							
科学研究和技术服务业	8614	4015	195	222	38	68	1202
研究和试验发展	6788	3668	168	113	7	68	913
专业技术服务业	1456	132	12	95	1		216
科技推广和应用服务业	370	215	15	14	30		73
按机构服务的国民经济行业分组							
农、林、牧、渔业	1646	600	43	38		46	443
农业	560	164	13	18		18	136

指标名称	科技论文（篇）	#国外发表	科技著作（种）	形成国家或行业标准数（项）	集成电路布图设计登记数（件）	植物新品种权授予数（项）	软件著作权数（件）
林业	173	106	4	2		1	55
渔业	169	39	2	1			11
农、林、牧、渔专业及辅助性活动	744	291	24	17		27	241
制造业	398	233	7	14	30		40
农副食品加工业	19	5					
酒、饮料和精制茶制造业	39	12	2	1			
皮革、毛皮、羽毛及其制品和制鞋业	5	3		2			4
化学原料和化学制品制造业	119	99		2			2
医药制造业	92	85					1
通用设备制造业	11	1	2				2
专用设备制造业	20	9	2	6			3
铁路、船舶、航空航天和其他运输设备制造业	1						
计算机、通信和其他电子设备制造业	64	12	1		30		10
仪器仪表制造业	19	5		3			4
其他制造业	9	2					14
电力、热力、燃气及水生产和供应业	30	2					
电力、热力生产和供应业	30	2					
交通运输、仓储和邮政业	61	11	1				28
道路运输业	61	11	1				28
信息传输、软件和信息技术服务业	79	69	1	1			59
软件和信息技术服务业	79	69	1	1			59
租赁和商务服务业	20		2	4			
商务服务业	20		2	4			
科学研究和技术服务业	5742	2927	107	136	6	18	568
研究和试验发展	4043	2633	84	32	5	18	285
专业技术服务业	1360	71	14	96			232
科技推广和应用服务业	339	223	9	8	1		51
水利、环境和公共设施管理业	247	33	16	26	2	4	63
水利管理业	99	11	3	5			48
生态保护和环境治理业	148	22	13	21	2	4	15
卫生和社会工作	352	137	17	3			1

指标名称	科技论文（篇）	# 国外发表	科技著作（种）	形成国家或行业标准数（项）	集成电路布图设计登记数（件）	植物新品种权授予数（项）	软件著作权数（件）
卫生	352	137	17	3			1
文化、体育和娱乐业	4	2	1				
文化艺术业	2	1					
体育	2	1	1				
公共管理、社会保障和社会组织	35	1					
国家机构	35	1					
按机构所属学科分组							
自然科学领域	714	510	9	17			205
信息科学与系统科学	248	205	1	9			190
力学	9			2			
化学	154	66		6			2
地球科学	191	130	8				13
生物学	112	109					
农业科学领域	2049	727	63	50		68	486
农学	1528	535	41	44		56	405
林学	301	129	15	4		12	62
水产学	220	63	7	2			19
医学科学领域	758	449	21	39			17
基础医学	244	218	2	7			7
临床医学	70	45	1	2			
药学	135	72	1	29			9
中医学与中药学	309	114	17	1			1
工程科学与技术领域	4211	2322	32	106	38		468
工程与技术科学基础学科	378	154	4	25			50
信息与系统科学相关工程与技术	46	20	2	1	1		
自然科学相关工程与技术	44	15					1
测绘科学技术	94	4		7			112
材料科学	1407	1249	10	2			15
机械工程	217	126	2	19	2		46
动力与电气工程	710	67	1	3			15
能源科学技术	32						

指标名称	科技论文（篇）	#国外发表	科技著作（种）	形成国家或行业标准数（项）	集成电路布图设计登记数（件）	植物新品种权授予数（项）	软件著作权数（件）
电子与通信技术	372	290	1	5	35		39
计算机科学技术	10	2		2			42
化学工程	119	109		6			5
产品应用相关工程与技术	163	57		12			30
纺织科学技术	13	5		10			2
食品科学技术	54	11		5			
土木建筑工程							6
水利工程	129	13	3	5			48
交通运输工程	62	11	1				28
航空、航天科学技术	135	110	1				
环境科学技术及资源科学技术	177	79	4	3			13
安全科学技术	47		1	1			8
管理学	2		2				8
社会、人文科学领域	882	7	70	10			26
马克思主义	701		55				
考古学	22	3	2				
经济学	55	1	2	4			
社会学	55	1	5	6			26
图书馆、情报与文献学	47	1	5				
体育科学	2	1	1				
按机构从业人员规模分组							
≥1000 人	891	388	18	29		20	495
500～999 人	2033	1176	11	3	1	3	85
300～499 人	762	490	9	28		8	36
200～299 人	893	474	24	61		8	169
100～199 人	2285	680	100	57	7	22	169
50～99 人	1058	470	14	26		7	190
30～49 人	306	150	7	11	30		16
20～29 人	113	89	1	6			14
10～19 人	216	73	7				17
0～9 人	57	25	4	1			11

2-20 科学研究和技术服务业事业单位对外科技服务（2021）

单位：人年

指标名称	合计	科技成果的示范性推广工作	为用户提供可行性报告、技术方案、建议及进行技术论证等技术咨询工作	地形、地质和水文考察、天文、气象和地震的日常观察	为社会和公众提供的检验、检疫、测试、标准化、计量、计算、质量控制和专利服务	科技信息文献服务	提供孵化、平台搭建等科技服务活动	科学普及	其他科技服务活动
总计	**8832**	**1195**	**1763**	**223**	**2843**	**303**	**449**	**521**	**1535**
按机构所属地域分组									
杭州市	4507	573	946	149	1340	150	148	222	979
宁波市	1381	180	234	34	601	70	85	96	81
温州市	770	132	123	2	336	18	48	33	78
嘉兴市	585	84	160	2	120	8	80	27	104
湖州市	275	44	80	2	11	18	43	29	48
绍兴市	329	27	73		130	10	8	9	72
金华市	153	17	43	5	37	5	4	15	27
衢州市	261	28	28	8	109	6	8	13	61
舟山市	200	38	37	15	63	12	8	14	13
台州市	132	35	11		26	5	14	6	35
丽水市	239	37	28	6	70	1	3	57	37
按机构所属隶属关系分组									
中央部门属	678	115	183	32	188	25	17	46	72
中国科学院	59	15	20		10	1	1	10	2
非中央部门属	8154	1080	1580	191	2655	278	432	475	1463
省级部门属	3849	486	811	119	1122	122	116	137	936
副省级城市属	1442	158	249	29	736	31	66	92	81
地市级部门属	1636	198	270	21	590	65	117	121	254
按机构从事的国民经济行业分组									
科学研究和技术服务业	8832	1195	1763	223	2843	303	449	521	1535
研究和试验发展	5019	833	1327	165	1318	219	298	324	535
专业技术服务业	3011	164	304	46	1419	33	69	146	830
科技推广和应用服务业	802	198	132	12	106	51	82	51	170
按机构服务的国民经济行业分组									
农、林、牧、渔业	1498	518	232	26	336	32	37	118	199
农业	511	203	79	1	72	19	20	31	86
林业	116	36	22	18	8		2	23	7

指标名称	合计	科技成果的示范性推广工作	为用户提供可行性报告、技术方案、建议及进行技术论证等技术咨询工作	地形、地质和水文考察、天文、气象和地震的日常观察	为社会和公众提供的检验、检疫、测试、标准化、计量、计算、质量控制和专利服务	科技信息文献服务	提供孵化、平台搭建等科技服务活动	科学普及	其他科技服务活动
渔业	125	43	30		28			5	19
农、林、牧、渔专业及辅助性活动	746	236	101	7	228	13	15	59	87
制造业	590	59	116		260	21	65	41	28
农副食品加工业	6		1					5	
食品制造业	3				1		1	1	
酒、饮料和精制茶制造业	25	3	3		12	2	2	2	1
皮革、毛皮、羽毛及其制品和制鞋业	6		6						
化学原料和化学制品制造业	94		35		21		26	4	8
医药制造业	20	4	3		10		2		1
橡胶和塑料制品业	6	2	1				2	1	
通用设备制造业	82	13	34		4	9	8	7	7
专用设备制造业	1		1						
汽车制造业	17	6	2		1		3		5
铁路、船舶、航空航天和其他运输设备制造业	40	10	22				5	2	1
计算机、通信和其他电子设备制造业	92	20	6		17	10	16	18	5
仪器仪表制造业	194				194				
其他制造业	4	1	2					1	
电力、热力、燃气及水生产和供应业	57	3	28		12	2	1		11
电力、热力生产和供应业	57	3	28		12	2	1		11
交通运输、仓储和邮政业	120	9	44		12	55			
道路运输业	120	9	44		12	55			
信息传输、软件和信息技术服务业	93	9	18	4	6	6	35	4	11
软件和信息技术服务业	93	9	18	4	6	6	35	4	11
租赁和商务服务业	15		7		2		3		3
商务服务业	15		7		2		3		3
科学研究和技术服务业	5702	543	1007	96	2051	174	285	341	1205
研究和试验发展	1835	292	584	33	284	91	174	153	224
专业技术服务业	3266	146	344	53	1640	38	30	162	853
科技推广和应用服务业	601	105	79	10	127	45	81	26	128
水利、环境和公共设施管理业	701	52	303	92	155	8	23	16	52
水利管理业	409	23	171	88	82	6	14	5	20

指标名称	合计	科技成果的示范性推广工作	为用户提供可行性报告、技术方案、建议及进行技术论证等技术咨询工作	地形、地质和水文考察、天文、气象和地震的日常观察	为社会和公众提供的检验、检疫、测试、标准化、计量、计算、质量控制和专利服务	科技信息文献服务	提供孵化、平台搭建等科技服务活动	科学普及	其他科技服务活动
生态保护和环境治理业	292	29	132	4	73	2	9	11	32
卫生和社会工作	36	2	8		9	5		1	11
卫生	36	2	8		9	5		1	11
文化、体育和娱乐业	5			5					
文化艺术业	5			5					
公共管理、社会保障和社会组织	15								15
国家机构	15								15
按机构所属学科分组									
自然科学领域	705	40	159	55	269	26	51	32	73
信息科学与系统科学	111	17	12	3	2	16	26	10	25
力学	36				30			2	4
物理学	1							1	
化学	197	15	18		129	6	12	5	12
地球科学	296	2	121	52	68	4	7	11	31
生物学	64	6	8		40		6	3	1
农业科学领域	1718	621	254	26	374	39	41	145	218
农学	1286	474	170	8	290	39	36	87	182
林学	278	84	54	18	56		2	47	17
水产学	154	63	30		28		3	11	19
医学科学领域	286	31	32		157	6	21	20	19
基础医学	107	26	20		24		16	13	8
临床医学	17				7				10
预防医学与公共卫生学	1					1			
药学	142	3	4		124		5	6	
中医学与中药学	19	2	8		2	5		1	1
工程科学与技术领域	5799	490	1155	137	2025	202	326	310	1154
工程与技术科学基础学科	831	46	159		444	5	60	61	56
信息与系统科学相关工程与技术	135	15	8		35		48	24	5
自然科学相关工程与技术	98	10	29	4	9	8	8	11	19
测绘科学技术	856	14	25	20	74	7	7	8	701
材料科学	338	39	40		112	25	20	32	70
机械工程	732	69	56		495	7	23	39	43

指标名称	合计	科技成果的示范性推广工作	为用户提供可行性报告、技术方案、建议及进行技术论证等技术咨询工作	地形、地质和水文考察、天文、气象和地震的日常观察	为社会和公众提供的检验、检疫、测试、标准化、计量、质量控制和专利服务	科技信息文献服务	提供孵化、平台搭建等科技服务活动	科学普及	其他科技服务活动
动力与电气工程	161	26	34		43	10	14	14	20
能源科学技术	3	2	1						
电子与通信技术	400	35	108	3	65	24	65	32	68
计算机科学技术	31	4	11		1	1	7		7
化学工程	73	3	46		16		4	1	3
产品应用相关工程与技术	718	46	165	2	364	14	25	38	64
纺织科学技术	119	70			30	6		7	6
食品科学技术	85	1	7		59		1	16	1
水利工程	451	26	194	88	94	8	15	5	21
交通运输工程	122	9	46		12	55			
航空、航天科学技术	157	38	58		10	20	16	3	12
环境科学技术及资源科学技术	340	25	137	10	105	4	8	17	34
安全科学技术	95	11	30	10	27			2	15
管理学	54	1	1		30	8	5		9
社会、人文科学领域	324	13	163	5	18	30	10	14	71
马克思主义	9	2						7	
考古学	5			5					
经济学	102		79		2		3		18
社会学	12	2	2		3	3	1	1	
图书馆、情报与文献学	196	9	82		13	27	6	6	53
按机构从业人员规模分组									
≥1000人	1379	182	80	7	234	20	34	42	780
500～999人	799	107	327	109	109	18	72	29	28
300～499人	1113	126	188	2	568	15	37	86	91
200～299人	1534	190	267	12	757	91	30	88	99
100～199人	1791	235	447	73	590	77	103	104	162
50～99人	1224	180	256	10	404	11	80	104	179
30～49人	383	45	82		115	27	32	22	60
20～29人	226	21	74	4	32	21	40	13	21
10～19人	307	94	32	1	31	21	17	23	88
0～9人	76	15	10	5	3	2	4	10	27

2–21 转制为企业的研究机构机构、人员和经费概况（2021）

指标名称	单位数（个）	从业人员（人）	#专业技术人员	#本科及以上学历	技术性收入（万元）	#技术开发收入	科技活动经费支出（万元）
总计	**35**	**8120**	**4884**	**5539**	**326232**	**9861**	**83882**
按机构所属地域分组							
杭州市	27	6941	3870	4545	269915	7580	78809
宁波市	2	650	587	571	35696	2281	2788
温州市	1	34	15	12	101		221
嘉兴市	1	1			6		21
绍兴市	1	39	10	27	1072		87
金华市	1	16	11	4	192		109
台州市	1	405	367	355	18802		1847
丽水市	1	34	24	25	447		
按机构所属隶属关系分组							
中央属	4	562	343	431	1619	640	4853
地方属	17	2537	1396	1605	185100	4057	20591
其他	14	5021	3145	3503	139513	5164	58438
按机构从事的国民经济行业分组							
制造业	16	3917	1969	2272	41431	5334	50070
纺织业	1	116	30	32	144		1224
化学原料和化学制品制造业	4	1795	710	1019	3653	2883	21938
医药制造业	1	51	35	34	1604		1179
有色金属冶炼和压延加工业	1	137	71	96	1688		4636
通用设备制造业	3	151	67	70	1018	170	297
专用设备制造业	1	143	95	109	236		1549
计算机、通信和其他电子设备制造业	2	105	42	27			633
仪器仪表制造业	3	1419	919	885	33089	2281	18615
电力、热力、燃气及水生产和供应业	2	1015	891	948	74268		9628
电力、热力生产和供应业	2	1015	891	948	74268		9628
建筑业	1	1269	686	776	59419		5103
房屋建筑业	1	1269	686	776	59419		5103
信息传输、软件和信息技术服务业	4	184	123	121	4831	2494	2068
软件和信息技术服务业	4	184	123	121	4831	2494	2068
房地产业	1	8					

指标名称	单位数（个）	从业人员（人）	#专业技术人员	#本科及以上学历	技术性收入（万元）	#技术开发收入	科技活动经费支出（万元）
房地产业	1	8					
科学研究和技术服务业	10	1560	1062	1276	140844	2033	15683
研究和试验发展	2	460	404	399	21602	1389	4585
专业技术服务业	6	977	567	775	116592	640	10045
科技推广和应用服务业	2	123	91	102	2651	4	1053
水利、环境和公共设施管理业	1	167	153	146	5438		1330
生态保护和环境治理业	1	167	153	146	5438		1330
按机构所属学科分组							
自然科学领域	2	385	147	193	2272		5641
化学	1	334	112	159	668		4462
生物学	1	51	35	34	1604		1179
医学科学领域	1	55	37	44	2799	1389	2738
中医学与中药学	1	55	37	44	2799	1389	2738
工程科学与技术领域	32	7680	4700	5302	321160	8472	75504
工程与技术科学基础学科	1	39	10	27	1072		87
材料科学	2	251	127	193	2706	640	3138
冶金工程技术	1	137	71	96	1688		4636
机械工程	6	946	571	691	113661	170	8879
动力与电气工程	2	73	38	42	529		364
能源科学技术	1	1000	880	936	73740		9346
电子与通信技术	5	1498	945	916	33115	2281	19047
计算机科学技术	3	153	109	105	4765	2494	1974
化学工程	4	1568	679	951	5631	2883	18389
纺织科学技术	2	124	30	32	144		1224
食品科学技术	1	16	10	11	4	4	140
土木建筑工程	2	1303	710	801	59866		5103
环境科学技术及资源科学技术	2	572	520	501	24240		3177
按机构登记注册类型分组							
国有	8	3404	1895	2165	84596	2883	23132
有限责任公司	21	3507	2404	2739	238338	6978	38462
股份有限公司	3	1055	472	526			21246
私营	3	154	113	109	3298		1043

2–22 转制为企业的研究机构技术性收入情况（2021）

单位：万元

指标名称	技术性收入	技术转让收入	技术承包收入	技术咨询与服务收入	技术开发收入	政府委托	企业委托	其他
总计	326232	31471	7706	277194	9861	2535	7275	51
按机构所属地域分组								
杭州市	269915	1200	7561	253574	7580	2535	4994	51
宁波市	35696	30124	145	3146	2281		2281	
温州市	101			101				
嘉兴市	6			6				
绍兴市	1072			1072				
金华市	192	147		45				
台州市	18802			18802				
丽水市	447			447				
按机构所属隶属关系分组								
中央属	1619			979	640	34	606	
地方属	185100	1347		179696	4057	2501	1505	51
其他	139513	30124	7706	96519	5164		5164	
按机构从事的国民经济行业分组								
制造业	41431	30124	145	5828	5334		5334	
纺织业	144			144				
化学原料和化学制品制造业	3653			770	2883		2883	
医药制造业	1604			1604				
有色金属冶炼和压延加工业	1688			1688				
通用设备制造业	1018			848	170		170	
专用设备制造业	236			236				
仪器仪表制造业	33089	30124	145	539	2281		2281	
电力、热力、燃气及水生产和供应业	74268		7561	66707				
电力、热力生产和供应业	74268		7561	66707				
建筑业	59419			59419				
房屋建筑业	59419			59419				
信息传输、软件和信息技术服务业	4831	147		2191	2494	2494		

指标名称	技术性收入	技术转让收入	技术承包收入	技术咨询与服务收入	技术开发收入	政府委托	企业委托	其他
软件和信息技术服务业	4831	147		2191	2494	2494		
科学研究和技术服务业	140844	1200		137611	2033	42	1941	51
研究和试验发展	21602	1200		19012	1389	8	1335	47
专业技术服务业	116592			115952	640	34	606	
科技推广和应用服务业	2651			2647	4			4
水利、环境和公共设施管理业	5438			5438				
生态保护和环境治理业	5438			5438				
按机构所属学科分组								
自然科学领域	2272			2272				
化学	668			668				
生物学	1604			1604				
医学科学领域	2799	1200		210	1389	8	1335	47
中医学与中药学	2799	1200		210	1389	8	1335	47
工程科学与技术领域	321160	30271	7706	274712	8472	2528	5940	4
工程与技术科学基础学科	1072			1072				
材料科学	2706			2066	640	34	606	
冶金工程技术	1688			1688				
机械工程	113661			113491	170		170	
动力与电气工程	529			529				
能源科学技术	73740		7561	66179				
电子与通信技术	33115	30124	145	565	2281		2281	
计算机科学技术	4765	147		2124	2494	2494		
化学工程	5631			2748	2883		2883	
纺织科学技术	144			144				
食品科学技术	4				4			4
土木建筑工程	59866			59866				
环境科学技术及资源科学技术	24240			24240				
按机构登记注册类型分组								
国有	84596			81713	2883		2883	
有限责任公司	238338	31471	7706	192183	6978	2535	4392	51
私营	3298			3298				

2-23 转制为企业的研究机构科技活动经费支出与固定资产情况（2021）

单位：万元

指标名称	科技活动经费支出	人员人工费用（包含各种补贴）	直接投入费用	折旧费用与长期摊销费用	无形资产摊销费用	设计费用	装备调试费用与试验费用	委托外单位开展科技活动的经费支出	其他费用	年末固定资产原价	#科学仪器设备
总计	83882	44748	25927	4370	383	24	401	1888	6141	447816	53442
按机构所属地域分组											
杭州市	78809	40709	25241	4234	363	24	401	1861	5975	424050	52214
宁波市	2788	2262	442	32	20				33	7791	448
温州市	221	114	91						17	5710	279
嘉兴市	21	10		6	1				4	82	
绍兴市	87	70	11	5					2	1144	
金华市	109	106		2					1	1394	14
台州市	1847	1478	142	91				26	111	7635	476
丽水市										10	10
按机构所属隶属关系分组											
中央属	4853	2185	1610	325			47	511	174	21414	4676
地方属	20591	11191	7082	465	45		87	769	953	72713	12146
其他	58438	31373	17235	3581	338	24	268	607	5014	353689	36619
按机构从事的国民经济行业分组											
制造业	50070	26543	16562	3842	361	24	27	268	2444	327034	40788
纺织业	1224	394	560	227					43	6451	1342
化学原料和化学制品制造业	21938	10726	7545	2757	148		1	268	494	211935	20855
医药制造业	1179	854	146						179	2632	858
有色金属冶炼和压延加工业	4636	1615	2274	66					680	18543	5078

指标名称	科技活动经费支出	人员人工费用（包含各种补贴）	直接投入费用	折旧费用与长期摊销费用	无形资产摊销费用	设计费用	装备调试费用与试验费用	委托外单位开展科技活动的经费支出	其他费用	年末固定资产原价	#科学仪器设备
通用设备制造业	297	203	92						2	5755	801
专用设备制造业	1549	1272	140	105					32	1357	516
计算机、通信和其他电子设备制造业	633	439	62	66	26				41	4538	1648
仪器仪表制造业	18615	11042	5742	622	187	24	26		973	75822	9691
电力、热力、燃气及水生产和供应业	9628	5716	558	75	2		267	278	2733	38028	37
电力、热力生产和供应业	9628	5716	558	75	2		267	278	2733	38028	37
建筑业	5103	3546	1382	38			41	32	65	34431	2658
房屋建筑业	5103	3546	1382	38			41	32	65	34431	2658
信息传输、软件和信息技术服务业	2068	1910	14	13	1				131	6356	305
软件和信息技术服务业	2068	1910	14	13	1				131	6356	305
房地产业										1800	
房地产业										1800	
科学研究和技术服务业	15683	6757	6457	401	20		67	1275	705	39159	9634
研究和试验发展	4585	3178	295	91				764	257	11010	3555
专业技术服务业	10045	3074	5697	278	1		67	511	418	27777	5913
科技推广和应用服务业	1053	505	466	32	20				30	372	166
水利、环境和公共设施管理业	1330	275	955	2				35	63	1009	20
生态保护和环境治理业	1330	275	955	2				35	63	1009	20
按机构所属学科分组											
自然科学领域	5641	2996	1621	230	148		1	84	560	29504	4288
化学	4462	2142	1475	230	148		1	84	381	26872	3430
生物学	1179	854	146						179	2632	858

指标名称	科技活动经费支出	人员人工费用（包含各种补贴）	直接投入费用	折旧费用与长期摊销费用	无形资产摊销费用	设计费用	装备调试费用与试验费用	委托外单位开展科技活动的经费支出	其他费用	年末固定资产原价	#科学仪器设备
医学科学领域	2738	1701	153					737	147	3375	3079
中医学与中药学	2738	1701	153					737	147	3375	3079
工程科学与技术领域	75504	40051	24154	4139	235	24	400	1066	5434	414938	46075
工程与技术科学基础学科	87	70	11	5					2	1144	
材料科学	3138	1285	1012	124	1		21	511	185	3994	3403
冶金工程技术	4636	1615	2274	66					680	18543	5078
机械工程	8879	3375	4902	255			72		277	31178	4110
动力与电气工程	364	169	59	47					89	2419	196
能源科学技术	9346	5570	558	28	2		267	278	2644	37992	
电子与通信技术	19047	11349	5752	692	212	24			1017	80641	10935
计算机科学技术	1974	1837	12	8	1				117	2257	256
化学工程	18389	9006	6477	2559	20			184	143	185175	17425
纺织科学技术	1224	394	560	227					43	8251	1342
食品科学技术	140	82	58							260	166
土木建筑工程	5103	3546	1382	38			41	32	65	34442	2668
环境科学技术及资源科学技术	3177	1753	1097	92				61	173	8645	496
按机构登记注册类型分组											
国有	23132	14939	4967	2601	1		67	234	323	227980	20808
有限责任公司	38462	19007	11725	810	176		335	1646	4764	138469	19993
股份有限公司	21246	10278	8810	920	187	24		8	1020	80097	12331
私营	1043	525	425	38	21				34	1271	310

2–24 转制为企业的研究机构科技项目概况（2021）

指标名称	项目数（个）	项目经费内部支出（万元）	#政府资金	项目人员折合全时工作量（人年）	#研究人员
总计	**353**	**58912**	**9478**	**1679.4**	**1190.1**
按机构所属地域分组					
杭州市	307	54281	9418	1404.7	1091.8
宁波市	21	2737		107	82
温州市	1	53	53	3	3
绍兴市	5	78		8	8
金华市	1	107		8	1
台州市	18	1657	7	148.7	4.3
按机构所属隶属关系分组					
中央属	31	3644	150	115.6	94.4
地方属	103	13197	4245	368.4	208.9
其他	219	42071	5083	1195.4	886.8
按项目来源分组					
国家科技项目	20	3164	617	89.1	60.1
地方科技项目	88	13050	8039	340.1	235.6
企业委托科技项目	23	2088		69.2	37.7
自选科技项目	206	39595	432	1120.4	826.2
其他科技项目	16	1015	390	60.6	30.5
按项目的活动类型分组					
基础研究	19	1564	42	63.7	55.7
应用研究	66	7267	2582	250.8	157.7
试验发展	209	44499	6522	1141.2	874
试制与工程化	37	3494	276	139.6	62.5
技术咨询与技术服务	22	2088	56	84.1	40.2
按项目所属学科分组					
自然科学领域	22	1149	338	68.6	29.4
信息科学与系统科学	1	107		8	1

指标名称	项目数（个）	项目经费内部支出（万元）	#政府资金	项目人员折合全时工作量（人年）	#研究人员
物理学	11	295		13.6	7.4
化学	3	411	2	10	8
生物学	7	336	336	37	13
农业科学领域	1	2	1	2	2
农学	1	2	1	2	2
医学科学领域	16	2021	634	55.3	14.8
中医学与中药学	16	2021	634	55.3	14.8
工程科学与技术领域	314	55740	8506	1553.5	1143.9
工程与技术科学基础学科	5	78		8	8
信息与系统科学相关工程与技术	6	391		34	0.6
材料科学	70	6897	682	114.7	80.5
机械工程	34	4727	689	105.3	77.2
动力与电气工程	6	942		32.2	31.2
能源科学技术	11	3021	173	80.7	80.7
电子与通信技术	18	15565	3655	408.2	386
计算机科学技术	19	4492	1987	66.6	35.7
化学工程	64	11297	778	325.8	270
产品应用相关工程与技术	10	900		33	10
纺织科学技术	5	668	44	21	13
食品科学技术	4	136	116	18	18
土木建筑工程	16	1887	197	107	72.5
水利工程	1	135		4	3
交通运输工程	2	186		6	4
环境科学技术及资源科学技术	43	4418	186	189	53.5
按项目的社会经济目标分组					
环境保护、生态建设及污染防治	53	5731	304	262.6	89.8
环境一般问题	6	1329	44	37.9	14.6
环境与资源评估	1	42	42	9	6
环境监测	13	1037	15	102.6	5.5

指标名称	项目数（个）	项目经费内部支出（万元）	#政府资金	项目人员折合全时工作量（人年）	#研究人员
生态建设	1	384		10.8	10.8
环境污染预防	12	1168	71	42.8	12
环境治理	20	1771	132	59.5	40.9
能源生产、分配和合理利用	26	4863	215	115.8	106.1
能源矿物的开采和加工技术	1	70		1	1
能源转换技术	1	661		20.4	20.4
能源输送、储存与分配技术	7	331	38	5.2	3.5
可再生能源	4	831	5	14.7	8.7
能源设施和设备建造	6	1347	173	30.3	30.3
能源安全生产管理和技术	2	495		6	6
节约能源的技术	4	877		31.2	29.2
能源生产、输送、分配、储存、利用过程中污染的防治与处理	1	252		7	7
卫生事业发展	13	1184	474	55	16.8
诊断与治疗	8	893	183	27	6.8
卫生医疗其他研究	5	291	291	28	10
基础设施以及城市和农村规划	17	3524	415	64.6	42.4
交通运输	11	3164	367	45.6	28.4
广播与电视	5	336	25	16	12
城市规划与市政工程	1	24	24	3	2
基础社会发展和社会服务	12	1688	1482	39.2	19.5
公共安全	2	161	26	4.4	3.2
社会管理	3	546	546	11.5	5
科技发展	6	899	899	18.4	9.3
其他社会发展和社会服务	1	82	11	4.9	2
民用空间探测及开发	4	143	130	3.9	1.8
飞行器和运载工具研制	4	143	130	3.9	1.8
农林牧渔业发展	9	1397	332	35.7	19.5
农作物种植及培育	5	755	330	21.1	6.5
农林牧渔业体系支撑	4	642	2	14.6	13

指标名称	项目数（个）	项目经费内部支出（万元）	#政府资金	项目人员折合全时工作量（人年）	#研究人员
工商业发展	192	35241	5981	998.6	813.2
促进工商业发展的一般问题	4	66	41	5.5	1.1
食品、饮料和烟草制品业	4	376	121	9.2	3.5
纺织业、服装及皮革制品业	4	606		18	11
化学工业	82	9295	841	328.2	258.7
非金属与金属制品业	8	1374	70	52.7	48.9
机械制造业（不包括电子设备、仪器仪表及办公机械	29	3844	599	54.6	28.6
电子设备、仪器仪表及办公机械	28	16716	3788	398.7	373.7
其他制造业	5	486		19	16
热力、水的生产和供应	1	18		0.7	0.3
建筑业	12	1604	21	77	52
技术服务业	13	815	460	30.6	16.4
工商业活动中的环境保护、污染防治与处理	2	40	40	4.4	3
非定向研究	7	122		10	10
工程与技术科学领域的非定向研究	5	78		8	8
其他	2	45		2	2
其他民用目标	20	5020	146	94	71
按项目服务的国民经济行业分组					
农、林、牧、渔业	8	1007	332	32.5	10.7
农业	7	1005	330	30.5	8.7
农、林、牧、渔专业及辅助性活动	1	2	2	2	2
采矿业	6	353		11.8	9
煤炭开采和洗选业	6	353		11.8	9
制造业	215	40172	6254	1057.9	833.2
农副食品加工业	2	445		5	3
食品制造业	4	376	121	9.2	3.5
酒、饮料和精制茶制造业	1			0.7	
纺织业	4	569		16	10
纺织服装、服饰业	1	15		1	1

指标名称	项目数（个）	项目经费内部支出（万元）	#政府资金	项目人员折合全时工作量（人年）	#研究人员
木材加工和木、竹、藤、棕、草制品业	2	595	5	11	5
造纸和纸制品业	11	1024		42	35
石油、煤炭及其他燃料加工业	3	175		3	3
化学原料和化学制品制造业	68	11062	828	328	252.9
医药制造业	26	2285	542	57	20.3
非金属矿物制品业	5	53	53	9	7
金属制品业	9	1649	127	25.5	14.8
通用设备制造业	17	1855	486	30.6	15.7
专用设备制造业	12	1627	70	67.4	49
汽车制造业	3	382	6	6.9	5.1
铁路、船舶、航空航天和其他运输设备制造业	4	143	130	3.9	1.8
电气机械和器材制造业	10	848	75	27.7	21.6
计算机、通信和其他电子设备制造业	26	16731	3812	406.7	380.2
仪器仪表制造业	7	338		7.3	4.3
电力、热力、燃气及水生产和供应业	29	5328	219	138.4	129.1
电力、热力生产和供应业	18	4312	173	109.9	109.9
水的生产和供应业	11	1016	46	28.5	19.2
建筑业	19	4336	284	107	71
房屋建筑业	2	161	21	16	9
土木工程建筑业	17	4175	263	91	62
交通运输、仓储和邮政业	3	293		12	8
道路运输业	3	293		12	8
信息传输、软件和信息技术服务业	13	1823	1639	48.1	16.5
软件和信息技术服务业	13	1823	1639	48.1	16.5
科学研究和技术服务业	40	2930	524	168.6	71.9
研究和试验发展	1	42		1	1
专业技术服务业	34	2695	408	146.6	50.9
科技推广和应用服务业	5	193	116	21	20
水利、环境和公共设施管理业	20	2671	226	103.1	40.7
水利管理业	1	44	44	2	1
生态保护和环境治理业	19	2627	182	101.1	39.7

2–25 转制为企业的研究机构科技项目经费内部支出按活动类型分类（2021）

单位：万元

指标名称	项目经费内部支出	基础研究	应用研究	试验发展	试制与工程化	技术咨询与技术服务
总计	58912	1564	7267	44499	3494	2088
按机构所属地域分组						
杭州市	54281	1535	6233	43132	1952	1429
宁波市	2737		648	869	768	452
温州市	53			53		
绍兴市	78	30	26	22		
金华市	107		107			
台州市	1657		253	423	775	206
按机构所属隶属关系分组						
中央属	3644			3520	117	7
地方属	13197	2	2847	8949	901	498
其他	42071	1562	4420	32031	2476	1583
按课题来源分组						
国家科技项目	3164		1050	2114		
地方科技项目	13050	72	2103	9552	1322	1
企业委托科技项目	2088		30	943		1115
自选科技项目	39595	1492	3753	31339	2124	887
其他科技项目	1015		331	551	48	86
按课题所属学科分组						
自然科学领域	1149	2	456	567	117	7
信息科学与系统科学	107		107			
物理学	295			171	117	7
化学	411	2	54	356		
生物学	336		296	40		
农业科学领域	2	2				

指标名称	项目经费内部支出	基础研究	应用研究	试验发展	试制与工程化	技术咨询与技术服务
农学	2	2				
医学科学领域	2021		583	1219		219
中医学与中药学	2021		583	1219		219
工程科学与技术领域	55740	1561	6227	42714	3376	1862
工程与技术科学基础学科	78	30	26	22		
信息与系统科学相关工程与技术	391				391	
材料科学	6897	439	166	4786	1424	82
机械工程	4727		30	4697		
动力与电气工程	942		360	347		235
能源科学技术	3021		1954	885		182
电子与通信技术	15565		194	15371		
计算机科学技术	4492		1620	2871		
化学工程	11297	1090	911	8466	830	
产品应用相关工程与技术	900		49	850		
纺织科学技术	668			388	240	40
食品科学技术	136	2	16	114		4
土木建筑工程	1887		565	763	107	452
水利工程	135			135		
交通运输工程	186		83	103		
环境科学技术及资源科学技术	4418		253	2915	384	867
按课题的社会经济目标分组						
环境保护、生态建设及污染防治	5731		253	3821	790	867
环境一般问题	1329			1122		206
环境与资源评估	42			42		
环境监测	1037		90	173	775	
生态建设	384			384		
环境污染预防	1168		98	553	15	503
环境治理	1771		66	1548		157

指标名称	项目经费内部支出	基础研究	应用研究	试验发展	试制与工程化	技术咨询与技术服务
能源生产、分配和合理利用	4863	439	2493	1514		418
能源矿物的开采和加工技术	70		70			
能源转换技术	661		661			
能源输送、储存与分配技术	331		74	257		
可再生能源	831		34	797		
能源设施和设备建造	1347		1347			
能源安全生产管理和技术	495	439	56			
节约能源的技术	877			460		418
能源生产、输送、分配、储存、利用过程中污染的防治与处理	252		252			
卫生事业发展	1184		403	562		219
诊断与治疗	893		112	562		219
卫生医疗其他研究	291		291			
基础设施以及城市和农村规划	3524		83	3333	107	
交通运输	3164		83	2974	107	
广播与电视	336			336		
城市规划与市政工程	24			24		
基础社会发展和社会服务	1688		1444	135	26	82
公共安全	161			135	26	
社会管理	546		546			
科技发展	899		899			
其他社会发展和社会服务	82					82
民用空间探测及开发	143			24	120	
飞行器和运载工具研制	143			24	120	
农林牧渔业发展	1397	4	471	541	377	4
农作物种植及培育	755	2	471	281		
农林牧渔业体系支撑	642	2		260	377	4
工商业发展	35241	747	1925	30657	1414	498
促进工商业发展的一般问题	66			66		

指标名称	项目经费内部支出	基础研究	应用研究	试验发展	试制与工程化	技术咨询与技术服务
食品、饮料和烟草制品业	376			376		
纺织业、服装及皮革制品业	606			366	240	
化学工业	9295	747	955	6582	1012	
非金属与金属制品业	1374			1374		
机械制造业（不包括电子设备、仪器仪表及办公机械	3844			3817	27	
电子设备、仪器仪表及办公机械	16716		30	16570	116	
其他制造业	486			486		
热力、水的生产和供应	18				18	
建筑业	1604		565	587		452
技术服务业	815		375	393	1	46
工商业活动中的环境保护、污染防治与处理	40			40		
非定向研究	122	30	70	22		
工程与技术科学领域的非定向研究	78	30	26	22		
其他	45		45			
其他民用目标	5020	346	123	3890	661	1
按课题服务的国民经济行业分组						
农、林、牧、渔业	1007	4	471	313		219
农业	1005	2	471	313		219
农、林、牧、渔专业及辅助性活动	2	2				
采矿业	353			353		
煤炭开采和洗选业	353			353		
制造业	40172	1090	1540	35640	1901	1
农副食品加工业	445			68	377	
食品制造业	376			376		
纺织业	569		20	309	240	
纺织服装、服饰业	15				15	
木材加工和木、竹、藤、棕、草制品业	595			595		
造纸和纸制品业	1024		66	623	335	
石油、煤炭及其他燃料加工业	175			175		

指标名称	项目经费内部支出	基础研究	应用研究	试验发展	试制与工程化	技术咨询与技术服务
化学原料和化学制品制造业	11062	884	828	8674	676	
医药制造业	2285		403	1882		
非金属矿物制品业	53			53		1
金属制品业	1649			1649		
通用设备制造业	1855			1855		
专用设备制造业	1627		30	1575	22	
汽车制造业	382		19	363		
铁路、船舶、航空航天和其他运输设备制造业	143			24	120	
电气机械和器材制造业	848	206		642		
计算机、通信和其他电子设备制造业	16731			16731		
仪器仪表制造业	338			222	116	
电力、热力、燃气及水生产和供应业	5328	439	2369	2084	18	418
电力、热力生产和供应业	4312	439	2369	1087		418
水的生产和供应业	1016			997	18	
建筑业	4336		565	3320		452
房屋建筑业	161			21		140
土木工程建筑业	4175		565	3299		312
交通运输、仓储和邮政业	293		83	103	107	
道路运输业	293		83	103	107	
信息传输、软件和信息技术服务业	1823		1746	77		
软件和信息技术服务业	1823		1746	77		
科学研究和技术服务业	2930	32	428	949	1390	132
研究和试验发展	42		42			
专业技术服务业	2695	30	369	778	1390	128
科技推广和应用服务业	193	2	16	171		4
水利、环境和公共设施管理业	2671		66	1739		867
水利管理业	44			44		
生态保护和环境治理业	2627		66	1695		867

2-26 转制为企业的研究机构科技项目投入人员全时工作量按活动类型分（2021）

单位：人年

指标名称	项目人员折合全时工作量	基础研究	应用研究	试验发展	试制与工程化	技术咨询与技术服务
总计	**1679.4**	**63.7**	**250.8**	**1141.2**	**139.6**	**84.1**
按机构所属地域分组						
杭州市	1404.7	60.7	182.8	1053.7	64.3	43.2
宁波市	107		26	46	13	22
温州市	3			3		
绍兴市	8	3	3	2		
金华市	8		8			
台州市	148.7		31	36.5	62.3	18.9
按机构所属隶属关系分组						
中央属	115.6			109	5.1	1.5
地方属	368.4	4	93.6	232.8	14.6	23.4
其他	1195.4	59.7	157.2	799.4	119.9	59.2
按课题来源分组						
国家科技项目	89.1		24	64.4	0.7	
地方科技项目	340.1	11.6	57.1	253.4	16	2
企业委托科技项目	69.2		1.5	38.2	2.9	26.6
自选科技项目	1120.4	52.1	141.2	760.2	117.3	49.6
其他科技项目	60.6		27	25	2.7	5.9
按课题所属学科分组						
自然科学领域	68.6	2	40	20	5.1	1.5
信息科学与系统科学	8		8			
物理学	13.6			7	5.1	1.5
化学	10	2	1	7		
生物学	37		31	6		
农业科学领域	2	2				

指标名称	项目人员折合全时工作量	基础研究	应用研究	试验发展	试制与工程化	技术咨询与技术服务
农学	2	2				
医学科学领域	55.3		12.6	34.3		8.4
中医学与中药学	55.3		12.6	34.3		8.4
工程科学与技术领域	1553.5	59.7	198.2	1086.9	134.5	74.2
工程与技术科学基础学科	8	3	3	2		
信息与系统科学相关工程与技术	34				34	
材料科学	114.7	5.7	4.3	59.4	38.4	6.9
机械工程	105.3		1.5	103.8		
动力与电气工程	32.2		8.8	12.4		11
能源科学技术	80.7		49.7	26.8		4.2
电子与通信技术	408.2		1.2	407		
计算机科学技术	66.6		31.3	33.6	1.7	
化学工程	325.8	47	31.4	227.2	20.2	
产品应用相关工程与技术	33		2	31		
纺织科学技术	21			14	4	3
食品科学技术	18	4	8	5		1
土木建筑工程	107		23	56	6	22
水利工程	4			4		
交通运输工程	6		3	3		
环境科学技术及资源科学技术	189		31	101.7	30.2	26.1
按课题的社会经济目标分组						
环境保护、生态建设及污染防治	262.6		31	142.2	63.3	26.1
环境一般问题	37.9			19		18.9
环境与资源评估	9			9		
环境监测	102.6		16.5	23.8	62.3	
生态建设	10.8			10.8		
环境污染预防	42.8		5.9	30.5	1	5.4
环境治理	59.5		8.6	49.1		1.8
能源生产、分配和合理利用	115.8	5.7	60.8	34.1		15.2

指标名称	项目人员折合全时工作量	基础研究	应用研究	试验发展	试制与工程化	技术咨询与技术服务
能源矿物的开采和加工技术	1		1			
能源转换技术	20.4		20.4			
能源输送、储存与分配技术	5.2		1.5	3.7		
可再生能源	14.7		0.3	14.4		
能源设施和设备建造	30.3		30.3			
能源安全生产管理和技术	6	5.7	0.3			
节约能源的技术	31.2			16		15.2
能源生产、输送、分配、储存、利用过程中污染的防治与处理	7		7			
卫生事业发展	55		29.1	17.5		8.4
诊断与治疗	27		1.1	17.5		8.4
卫生医疗其他研究	28		28			
基础设施以及城市和农村规划	64.6		3	55.6	6	
交通运输	45.6		3	36.6	6	
广播与电视	16			16		
城市规划与市政工程	3			3		
基础社会发展和社会服务	39.2		29.9	4	0.4	4.9
公共安全	4.4			4	0.4	
社会管理	11.5		11.5			
科技发展	18.4		18.4			
其他社会发展和社会服务	4.9					4.9
民用空间探测及开发	3.9			3.3	0.6	
飞行器和运载工具研制	3.9			3.3	0.6	
农林牧渔业发展	35.7	4	11.5	17.2	2	1
农作物种植及培育	21.1	2	11.5	7.6		
农林牧渔业体系支撑	14.6	2		9.6	2	1
工商业发展	998.6	42	64.5	805.3	60.3	26.5
促进工商业发展的一般问题	5.5			1.9	3.6	
食品、饮料和烟草制品业	9.2			9.2		
纺织业、服装及皮革制品业	18			14	4	

指标名称	项目人员折合全时工作量	基础研究	应用研究	试验发展	试制与工程化	技术咨询与技术服务
化学工业	328.2	42	34.4	205.6	46.2	
非金属与金属制品业	52.7			52.7		
机械制造业（不包括电子设备、仪器仪表及办公机械	54.6			53.9	0.7	
电子设备、仪器仪表及办公机械	398.7		1.5	392.6	4.6	
其他制造业	19			19		
热力、水的生产和供应	0.7				0.7	
建筑业	77		23	32		22
技术服务业	30.6		5.6	20	0.5	4.5
工商业活动中的环境保护、污染防治与处理	4.4			4.4		
非定向研究	10	3	5	2		
工程与技术科学领域的非定向研究	8	3	3	2		
其他	2		2			
其他民用目标	94	9	16	60	7	2
按课题服务的国民经济行业分组						
农、林、牧、渔业	32.5	4	11.5	8.6		8.4
农业	30.5	2	11.5	8.6		8.4
农、林、牧、渔专业及辅助性活动	2	2				
采矿业	11.8			11.8		
煤炭开采和洗选业	11.8			11.8		
制造业	1057.9	47	72	870.3	66.6	2
农副食品加工业	5			3	2	
食品制造业	9.2			9.2		
酒、饮料和精制茶制造业	0.7				0.7	
纺织业	16		1	11	4	
纺织服装、服饰业	1				1	
木材加工和木、竹、藤、棕、草制品业	11			11		
造纸和纸制品业	42		2	25	15	
石油、煤炭及其他燃料加工业	3		3			

指标名称	项目人员折合全时工作量	基础研究	应用研究	试验发展	试制与工程化	技术咨询与技术服务
化学原料和化学制品制造业	328	36.2	33	227.6	31.2	
医药制造业	57		29.1	27.9		
非金属矿物制品业	9			7		2
金属制品业	25.5			25.5		
通用设备制造业	30.6			30.6		
专用设备制造业	67.4		1.5	58.4	7.5	
汽车制造业	6.9		2.4	4.5		
铁路、船舶、航空航天和其他运输设备制造业	3.9			3.3	0.6	
电气机械和器材制造业	27.7	10.8		16.9		
计算机、通信和其他电子设备制造业	406.7			406.7		
仪器仪表制造业	7.3			2.7	4.6	
电力、热力、燃气及水生产和供应业	138.4	5.7	58.8	58	0.7	15.2
电力、热力生产和供应业	109.9	5.7	58.8	30.2		15.2
水的生产和供应业	28.5			27.8	0.7	
建筑业	107		23	62		22
房屋建筑业	16			9		7
土木工程建筑业	91		23	53		15
交通运输、仓储和邮政业	12		3	3	6	
道路运输业	12		3	3	6	
信息传输、软件和信息技术服务业	48.1		39.1		9	
软件和信息技术服务业	48.1		39.1		9	
科学研究和技术服务业	168.6	7	34.8	59.1	57.3	10.4
研究和试验发展	1		1			
专业技术服务业	146.6	3	25.8	51.1	57.3	9.4
科技推广和应用服务业	21	4	8	8		1
水利、环境和公共设施管理业	103.1		8.6	68.4		26.1
水利管理业	2			2		
生态保护和环境治理业	101.1		8.6	66.4		26.1

2–27 转制为企业的研究机构 R&D 人员（2021）

指标名称	R&D 人员（人）	#女性	#高中级职称	按工作量分		按学历分				R&D 人员折合全时工作量（人年）
				R&D 全时人员	R&D 非全时人员	博士毕业	硕士毕业	本科毕业	其他	
总计	2574	588	1535	1233	1341	112	1069	1173	220	1543
按机构所属地域分组										
杭州市	2381	541	1424	1090	1291	110	1026	1035	210	1372
宁波市	80	15	69	80		2	18	59	1	80
温州市	10	2	10		10		2	8		3
绍兴市	8	2	1	8				6	2	8
金华市	10	1	1	7	3		1	3	6	8
台州市	85	27	30	48	37		22	62	1	72
按机构所属隶属关系分组										
中央属	227	57	154	91	136	3	50	154	20	111
地方属	646	169	398	305	341	14	170	365	97	387
其他	1701	362	983	837	864	95	849	654	103	1045
按机构从事的国民经济行业分组										
制造业	1087	275	478	834	253	43	343	563	138	967
纺织业	33	12	19	26	7		7	19	7	30
化学原料和化学制品制造业	386	122	231	239	147	28	161	129	68	341
医药制造业	43	27	17	38	5	2	14	15	12	40
有色金属冶炼和压延加工业	45	6	24	18	27	5	22	13	5	31

指标名称	R&D 人员（人）	# 女性	#高中级职称	按工作量分 R&D 全时人员	按工作量分 R&D 非全时人员	按学历分 博士毕业	按学历分 硕士毕业	按学历分 本科毕业	其他	R&D 人员折合全时工作量（人年）
通用设备制造业	22	1	16	5	17	1	5	13	3	15
专用设备制造业	88	15	44	48	40		16	61	11	50
计算机、通信和其他电子设备制造业	24	5	13	16	8			11	13	16
仪器仪表制造业	446	87	114	444	2	7	118	302	19	444
电力、热力、燃气及水生产和供应业	682	114	568	50	632	54	505	115	8	115
电力、热力生产和供应业	682	114	568	50	632	54	505	115	8	115
建筑业	150	38	133	20	130	7	53	80	10	38
房屋建筑业	150	38	133	20	130	7	53	80	10	38
信息传输、软件和信息技术服务业	92	17	11	70	22		7	53	32	75
软件和信息技术服务业	92	17	11	70	22		7	53	32	75
科学研究和技术服务业	517	137	329	226	291	7	141	337	32	314
研究和试验发展	140	54	64	79	61	3	40	94	3	119
专业技术服务业	332	73	243	102	230	4	90	212	26	150
科技推广和应用服务业	45	10	22	45			11	31	3	45
水利、环境和公共设施管理业	46	7	16	33	13	1	20	25		34
生态保护和环境治理业	46	7	16	33	13	1	20	25		34
按机构所属学科分组										
自然科学领域	123	47	57	96	27	7	30	52	34	105
化学	80	20	40	58	22	5	16	37	22	65
生物学	43	27	17	38	5	2	14	15	12	40

指标名称	R&D人员（人）	#女性	#高中级职称	按工作量分		按学历分				R&D人员折合全时工作量（人年）
				R&D全时人员	R&D非全时人员	博士毕业	硕士毕业	本科毕业	其他	
医学科学领域	55	27	34	31	24	3	18	32	2	47
中医学与中药学	55	27	34	31	24	3	18	32	2	47
工程科学与技术领域	2396	514	1444	1106	1290	102	1021	1089	184	1391
工程与技术科学基础学科	8	2	1	8				6	2	8
材料科学	95	31	63	32	63	2	26	60	7	40
冶金工程技术	45	6	24	18	27	5	22	13	5	31
机械工程	350	61	248	124	226	3	86	228	33	176
能源科学技术	682	114	568	50	632	54	505	115	8	115
电子与通信技术	459	87	118	451	8	7	117	305	30	451
计算机科学技术	92	17	11	70	22		7	53	32	75
化学工程	334	108	213	209	125	23	151	113	47	304
纺织科学技术	33	12	19	26	7		7	19	7	30
食品科学技术	17	4		17			5	10	2	17
土木建筑工程	150	38	133	20	130	7	53	80	10	38
环境科学技术及资源科学技术	131	34	46	81	50	1	42	87	1	106
按机构登记注册类型分组										
国有	643	185	425	295	348	30	234	326	53	432
有限责任公司	1437	309	983	486	951	75	710	537	115	637
股份有限公司	455	88	97	424	31	6	117	281	51	439
私营	39	6	30	28	11	1	8	29	1	35

2-28 转制为企业的研究机构 R&D 经费支出（2021）

单位：万元

指标名称	R&D 经费内部支出	政府资金	企业资金	其他资金	R&D 经费外部支出	#对境内研究机构支出	对境内高等学校支出	对境内企业支出	对境内其他单位支出
总计	**68163**	**10287**	**57560**	**316**	**1676**	**361**	**559**	**466**	**291**
按机构所属地域分组									
杭州市	64079	10228	53536	316	1654	361	559	443	291
宁波市	2178		2178						
温州市	53	53							
绍兴市	82		82						
金华市	109		109						
台州市	1662	6	1656		22			22	
按机构所属隶属关系分组									
中央属	3726	322	3404		511	11	346	154	
地方属	14758	3292	11150	316	737	221	5	220	291
其他	49679	6673	43007		427	128	208	91	
按机构从事的国民经济行业分组									
制造业	41687	5567	35829	291	92	66	26		
纺织业	995	112	884						
化学原料和化学制品制造业	15579	1115	14464		92	66	26		
医药制造业	1336	336	1000						
有色金属冶炼和压延加工业	3979	473	3506						

指标名称	R&D经费内部支出	政府资金	企业资金	其他资金	R&D经费外部支出	#对境内研究机构支出	对境内高等学校支出	对境内企业支出	对境内其他单位支出
通用设备制造业	216		216						
专用设备制造业	1468	70	1398						
计算机、通信和其他电子设备制造业	369	25	53	291					
仪器仪表制造业	17746	3436	14309						
电力、热力、燃气及水生产和供应业	9346	1592	7753		278	27	182	69	
电力、热力生产和供应业	9346	1592	7753		278	27	182	69	
建筑业	785	472	313						
房屋建筑业	785	472	313						
信息传输、软件和信息技术服务业	1953	430	1498	25					
软件和信息技术服务业	1953	430	1498	25					
科学研究和技术服务业	13100	2226	10874		1271	232	351	397	291
研究和试验发展	3683	936	2747		760	221	5	242	291
专业技术服务业	8402	1140	7262		511	11	346	154	
科技推广和应用服务业	1015	150	865						
水利、环境和公共设施管理业	1293		1293		35	35			
生态保护和环境治理业	1293		1293		35	35			
按机构所属学科分组									
自然科学领域	3930	336	3593		84	66	18		
化学	2594		2594		84	66	18		
生物学	1336	336	1000						

单位：万元

指标名称	R&D经费内部支出	政府资金	企业资金	其他资金	R&D经费外部支出	#对境内研究机构支出	对境内高等学校支出	对境内企业支出	对境内其他单位支出
医学科学领域	2021	930	1091		737	221	5	220	291
中医学与中药学	2021	930	1091		737	221	5	220	291
工程科学与技术领域	62212	9020	52876	316	855	73	536	246	
工程与技术科学基础学科	82		82						
材料科学	1650	302	1348		511	11	346	154	
冶金工程技术	3979	473	3506						
机械工程	8525	908	7617						
能源科学技术	9346	1592	7753		278	27	182	69	
电子与通信技术	17944	3461	14192	291					
计算机科学技术	1953	430	1498	25					
化学工程	13846	1115	12731		8		8		
纺织科学技术	995	112	884						
食品科学技术	154	150	4						
土木建筑工程	785	472	313						
环境科学技术及资源科学技术	2955	6	2949		57	35		22	
按机构登记注册类型分组									
国有	13585	1660	11925		22			22	
有限责任公司	32783	5166	27592	25	1646	361	551	443	291
股份有限公司	20825	3461	17073	291	8		8		
私营	970		970						

2–29　转制为企业的研究机构 R&D 经费内部支出按经费类型分（2021）

单位：万元

指标名称	R&D经费内部支出	R&D日常性支出				R&D资产性支出	土建与建筑物支出	仪器与设备支出	非基建的科学仪器与设备支出
			人员人工费	直接投入费用	其他费用				
总计	**68163**	**63918**	**33298**	**24097**	**6522**	**4245**	**842**	**3186**	**217**
按机构所属地域分组									
杭州市	64079	59897	30006	23503	6389	4182	842	3123	217
宁波市	2178	2178	1707	439	31				
温州市	53	53	23	24	6				
绍兴市	82	82	70	11	2				
金华市	109	107	106		1	2		2	
台州市	1662	1601	1387	121	94	61		61	
按机构所属隶属关系分组									
中央属	3726	3680	1938	1706	36	46		46	
地方属	14758	13845	7191	5529	1126	913		913	
其他	49679	46393	24170	16863	5360	3286	842	2227	217
按机构从事的国民经济行业分组									
制造业	41687	38790	19898	16112	2780	2898	842	1843	212
纺织业	995	955	370	554	32	40		40	
化学原料和化学制品制造业	15579	13688	7329	5074	1285	1891	842	837	212
医药制造业	1336	1179	854	146	179	157		157	
有色金属冶炼和压延加工业	3979	3869	1345	2274	251	110		110	

指标名称	R&D 经费内部支出	R&D 日常性支出	人员人工费	直接投入费用	其他费用	R&D 资产性支出	土建与建筑物支出	仪器与设备支出	非基建的科学仪器与设备支出
通用设备制造业	216	216	180	34	2				
专用设备制造业	1468	1444	1272	140	32	25		25	
计算机、通信和其他电子设备制造业	369	316	288	17	11	53		53	
仪器仪表制造业	17746	17124	8262	7875	987	622		622	
电力、热力、燃气及水生产和供应业	9346	8753	5570	558	2625	593		593	
电力、热力生产和供应业	9346	8753	5570	558	2625	593		593	
建筑业	785	512	211	103	198	273		273	
房屋建筑业	785	512	211	103	198	273		273	
信息传输、软件和信息技术服务业	1953	1951	1826	12	112	2		2	
软件和信息技术服务业	1953	1951	1826	12	112	2		2	
科学研究和技术服务业	13100	12620	5518	6357	744	480		475	5
研究和试验发展	3683	3326	2845	257	224	357		357	
专业技术服务业	8402	8313	2176	5648	490	89		84	5
科技推广和应用服务业	1015	981	498	453	30	34		34	
水利、环境和公共设施管理业	1293	1293	275	955	63				
生态保护和环境治理业	1293	1293	275	955	63				
按机构所属学科分组									
自然科学领域	3930	3679	1930	1373	377	251		251	
化学	2594	2500	1076	1227	197	94		94	
生物学	1336	1179	854	146	179	157		157	

单位：万元

指标名称	R&D经费内部支出	R&D日常性支出	人员人工费	直接投入费用	其他费用	R&D资产性支出	土建与建筑物支出	仪器与设备支出	非基建的科学仪器与设备支出
医学科学领域	2021	1725	1458	136	131	296		296	
中医学与中药学	2021	1725	1458	136	131	296		296	
工程科学与技术领域	62212	58514	29911	22588	6015	3698	842	2639	217
工程与技术科学基础学科	82	82	70	11	2				
材料科学	1650	1618	407	1155	56	32		27	5
冶金工程技术	3979	3869	1345	2274	251	110		110	
机械工程	8525	8443	3314	4661	469	82		82	
能源科学技术	9346	8753	5570	558	2625	593		593	
电子与通信技术	17944	17269	8387	7886	996	675		675	
计算机科学技术	1953	1951	1826	12	112	2		2	
化学工程	13846	12049	6676	4254	1119	1797	842	743	212
纺织科学技术	995	955	370	554	32	40		40	
食品科学技术	154	120	75	46	0	34		34	
土木建筑工程	785	512	211	103	198	273		273	
环境科学技术及资源科学技术	2955	2894	1662	1076	156	61		61	
按机构登记注册类型分组									
国有	13585	11487	8559	1462	1466	2099	842	1088	169
有限责任公司	32783	31379	16131	11216	4031	1404		1404	
股份有限公司	20825	20083	8094	10994	995	742		694	49
私营	970	970	514	425	30				

2-30 转制为企业的研究机构R&D经费内部支出按活动类型分（2021）

单位：万元

指标名称	R&D 经费内部支出	基础研究	应用研究	试验发展
总计	**68163**	**2631**	**12167**	**53364**
按机构所属地域分组				
杭州市	64079	2600	10761	50719
宁波市	2178		648	1530
温州市	53			53
绍兴市	82	32	27	24
金华市	109		109	
台州市	1662		623	1039
按机构所属隶属关系分组				
中央属	3726			3726
地方属	14758	2	3833	10923
其他	49679	2629	8334	38716
按机构从事的国民经济行业分组				
制造业	41687	1545	3206	36936
纺织业	995			995
化学原料和化学制品制造业	15579	1545	1352	12682
医药制造业	1336		1177	159
有色金属冶炼和压延加工业	3979			3979

指标名称	R&D 经费内部支出	基础研究	应用研究	试验发展
通用设备制造业	216		30	186
专用设备制造业	1468			1468
计算机、通信和其他电子设备制造业	369			369
仪器仪表制造业	17746		648	17098
电力、热力、燃气及水生产和供应业	9346	1053	5685	2608
电力、热力生产和供应业	9346	1053	5685	2608
建筑业	785			785
房屋建筑业	785			785
信息传输、软件和信息技术服务业	1953		1953	
软件和信息技术服务业	1953		1953	
科学研究和技术服务业	13100	34	1323	11743
研究和试验发展	3683		1277	2406
专业技术服务业	8402	32	27	8343
科技推广和应用服务业	1015	2	19	994
水利、环境和公共设施管理业	1293			1293
生态保护和环境治理业	1293			1293
按机构所属学科分组				
自然科学领域	3930		2039	1891
化学	2594		862	1732
生物学	1336		1177	159

单位：万元

指标名称	R&D 经费内部支出	基础研究	应用研究	试验发展
医学科学领域	2021		654	1367
中医学与中药学	2021		654	1367
工程科学与技术领域	62212	2631	9474	50106
工程与技术科学基础学科	82	32	27	24
材料科学	1650			1650
冶金工程技术	3979			3979
机械工程	8525		30	8495
能源科学技术	9346	1053	5685	2608
电子与通信技术	17944		648	17296
计算机科学技术	1953		1953	
化学工程	13846	1545	490	11811
纺织科学技术	995			995
食品科学技术	154	2	19	133
土木建筑工程	785			785
环境科学技术及资源科学技术	2955		623	2332
按机构登记注册类型分组				
国有	13585	1171	1113	11302
有限责任公司	32783	1086	11055	20642
股份有限公司	20825	375		20450
私营	970			970

2–31 转制为企业的研究机构专利（2021）

指标名称	专利申请受理数（件）	# 发明专利	专利授权数（件）	# 发明专利	国外授权	有效发明专利数（件）	专利所有权转让及许可数（件）
总计	**751**	**456**	**466**	**128**	**10**	**1090**	**1**
按机构所属地域分组							
杭州市	730	452	450	125	10	1062	1
宁波市	8	2	8	3		21	
温州市						6	
绍兴市	5		5				
台州市	8	2	3			1	
按机构所属隶属关系分组							
中央属	40	30	22	8		96	
地方属	84	38	65	13		207	
其他	627	388	379	107	10	787	1
按机构从事的国民经济行业分组							
制造业	216	180	95	55	10	562	1
纺织业	7	6	1	1		13	
化学原料和化学制品制造业	101	91	56	42	5	383	1
医药制造业	2	2				7	
有色金属冶炼和压延加工业	52	52	10	5		41	
通用设备制造业	3	2	1			14	

指标名称	专利申请受理数（件）	#发明专利	专利授权数（件）	#发明专利	国外授权	有效发明专利数（件）	专利所有权转让及许可数（件）
专用设备制造业	10	7	6	3		14	
计算机、通信和其他电子设备制造业	2		4			54	
仪器仪表制造业	39	20	17	4	5	36	
电力、热力、燃气及水生产和供应业	407	214	274	48		293	
电力、热力生产和供应业	407	214	274	48		293	
建筑业	22	6	22	6		39	
房屋建筑业	22	6	22	6		39	
信息传输、软件和信息技术服务业	1	1				8	
软件和信息技术服务业	1	1				8	
科学研究和技术服务业	87	45	62	12		153	
研究和试验发展	9	3	5	2		11	
专业技术服务业	75	40	52	7		127	
科技推广和应用服务业	3	2	5	3		15	
水利、环境和公共设施管理业	18	10	13	7		35	
生态保护和环境治理业	18	10	13	7		35	
按机构所属学科分组							
自然科学领域	25	18	10	6		54	1
化学	23	16	10	6		47	1
生物学	2	2				7	

指标名称	专利申请受理数（件）	#发明专利	专利授权数（件）	#发明专利	国外授权	有效发明专利数（件）	专利所有权转让及许可数（件）
医学科学领域	1	1	2	2		10	
中医学与中药学	1	1	2	2		10	
工程科学与技术领域	725	437	454	120	10	1026	
工程与技术科学基础学科	5		5				
材料科学	16	11	13	6		70	
冶金工程技术	52	52	10	5		41	
机械工程	71	40	41	4		89	
能源科学技术	407	214	274	48		293	
电子与通信技术	37	18	21	4	5	90	
计算机科学技术	1	1				4	
化学工程	78	75	50	38	5	350	
纺织科学技术	7	6	1	1		13	
食品科学技术	3	2	1	1		1	
土木建筑工程	22	6	22	6		39	
环境科学技术及资源科学技术	26	12	16	7		36	
按机构登记注册类型分组							
国有	121	93	74	43	5	344	
有限责任公司	587	335	362	77		589	1
股份有限公司	42	27	25	6	5	135	
私营	1	1	5	2		22	

2-32 转制为企业的研究机构论文、著作及其他科技产出（2021）

指标名称	科技论文（篇）	#国外发表	科技著作（种）	形成国家或行业标准（项）	集成电路布图设计登记数（件）	植物新品种权授予数（项）	软件著作权数（件）	新药证书数（件）
总计	**561**	**76**	**7**	**34**	**2**	**2**	**90**	**1**
按机构所属地域分组								
杭州市	528	75	7	34		2	83	1
宁波市	6						2	
温州市	3							
金华市							1	
台州市	24	1			2		4	
按机构所属隶属关系分组								
中央属	15			1			10	
地方属	140	16		11		2	54	1
其他	406	60	7	22	2		26	
按机构从事的国民经济行业分组								
制造业	139	18	1	9			31	
纺织业	2			4				
化学原料和化学制品制造业	95	8		4				
医药制造业	13	10		1			16	
有色金属冶炼和压延加工业	11		1				1	
通用设备制造业	12							

指标名称	科技论文（篇）	#国外发表	科技著作（种）	形成国家或行业标准（项）	集成电路布图设计登记数（件）	植物新品种权授予数（项）	软件著作权数（件）	新药证书数（件）
专用设备制造业							10	
计算机、通信和其他电子设备制造业							2	
仪器仪表制造业	6						2	
电力、热力、燃气及水生产和供应业	226	45	6	18			19	
电力、热力生产和供应业	226	45	6	18			19	
建筑业	54						8	
房屋建筑业	54						8	
信息传输、软件和信息技术服务业							8	
软件和信息技术服务业							8	
科学研究和技术服务业	99	7		7	2	2	24	1
研究和试验发展	36	2			2	2	4	1
专业技术服务业	59	5		4			18	
科技推广和应用服务业	4			3			2	
水利、环境和公共设施管理业	43	6						
生态保护和环境治理业	43	6						
按机构所属学科分组								
自然科学领域	22	10		1			16	
化学	9							
生物学	13	10		1			16	

指标名称	科技论文（篇）	#国外发表	科技著作（种）	形成国家或行业标准（项）	集成电路布图设计登记数（件）	植物新品种权授予数（项）	软件著作权数（件）	新药证书数（件）
医学科学领域	12	1				2		1
中医学与中药学	12	1				2		1
工程科学与技术领域	527	65	7	33	2		74	
材料科学	9							
冶金工程技术	11		1				1	
机械工程	62	5		4			28	
能源科学技术	226	45	6	18			19	
电子与通信技术	6						4	
计算机科学技术							8	
化学工程	86	8		4				
纺织科学技术	2			4				
食品科学技术	4			3			2	
土木建筑工程	54						8	
环境科学技术及资源科学技术	67	7			2		4	
按机构登记注册类型分组								
国有	134	8		5	2		22	
有限责任公司	380	67	7	29		2	66	1
股份有限公司	35	1					2	
私营	12							

三、规模以上
工业企业

3-1 规模以上工业企业研发活动情况（2019—2021）

指标名称	单位	2019	2020	2021
有 R&D 活动的企业数	个	20217	23846	26189
企业有研发机构	个	13850	17924	20752
从业人员年平均人数	万人	671	681	739
研发活动人员	万人	57.46	61.68	64.50
参加项目人员	万人	53.75	57.83	60.49
企业内部的日常研发经费支出	亿元	1746.07	2009.70	2642.60
人工费用	亿元	682.66	777.73	1024.00
直接投入费用	亿元	776.50	914.87	1246.43
委托外单位开发经费支出	亿元	83.72	89.85	126.02
折合全时 R&D 人员	万人年	45.18	48.05	48.21
R&D 经费支出	亿元	1274.23	1395.90	1591.66
新产品开发经费支出	亿元	1531.68	1765.30	2325.07
新产品销售收入	亿元	26099.37	28302.50	36890.10
出口	亿元	5142.15	5720.43	7740.85
专利申请数	项	114326	138589	159920
发明专利	项	30914	35319	41292
拥有发明专利数	项	75770	93159	120873
技术改造经费支出	亿元	203.32	236.03	242.35
引进境外技术经费支出	亿元	9.43	14.69	12.20
引进境外技术的消化吸收经费支出	亿元	0.85	0.51	0.44
购买境内技术经费支出	亿元	24.71	16.88	18.10

3-2 规模以上工业企业基本情况（2021）

指标名称	单位数（个）	#有R&D活动	#有研发机构	#享受研究开发费用加计扣除	#有新产品销售	#有专利申请
总计	**53797**	**26189**	**20131**	**18348**	**26560**	**16220**
按企业规模分组						
大型	679	586	522	546	621	535
中型	3920	3133	2760	2716	3255	2493
小型	45137	21802	16416	14647	21995	12904
微型	4061	668	433	439	689	288
按登记注册类型分组						
内资企业	49478	24024	18082	16602	24289	14725
国有企业	52	8	6	6	7	6
集体企业	17	3	3	3	2	2
股份合作企业	335	133	78	65	155	43
有限责任公司	2738	1276	1025	973	1245	970
国有独资公司	181	26	25	20	16	27
其他有限责任公司	2557	1250	1000	953	1229	943
股份有限公司	882	720	615	623	693	638
私营企业	45454	21884	16355	14932	22187	13066
私营独资企业	1024	231	88	26	209	24
私营合伙企业	209	46	30	3	49	4
私营有限责任公司	39901	18995	13746	12858	19136	11254
私营股份有限公司	4320	2612	2491	2045	2793	1784
港、澳、台商投资企业	1876	1032	959	796	1038	684
合资经营企业（港或澳、台资）	823	478	413	376	474	299
合作经营企业（港或澳、台资）	15	9	6	7	8	6
港、澳、台商独资经营企业	922	460	449	337	462	304
港、澳、台商投资股份有限公司	111	83	87	75	92	75
其他港澳台投资企业	5	2	4	1	2	
外商投资企业	2443	1133	1090	950	1233	811
中外合资经营企业	965	509	474	410	535	364
中外合作经营企业	13	5	7	6	7	7

指标名称	单位数 （个）	#有 R&D 活动	#有研发 机构	#享受研究开 发费用加计 扣除	#有新产品 销售	#有专利 申请
外资企业	1364	544	537	470	608	370
外商投资股份有限公司	97	74	70	63	82	69
其他外商投资企业	4	1	2	1	1	1
按国民经济行业大类分组						
采矿业	165	23	16	13	15	13
煤炭开采和洗选业	1					
黑色金属矿采选业	3					
有色金属矿采选业	12					
非金属矿采选业	149	23	16	13	15	13
制造业	52798	26010	20009	18203	26511	16079
农副食品加工业	716	250	182	144	251	95
食品制造业	407	201	166	133	208	110
酒、饮料和精制茶制造业	204	47	44	52	81	30
烟草制品业	4	2	2		1	1
纺织业	5222	2097	1750	1367	2184	885
纺织服装、服饰业	2451	887	567	351	927	293
皮革、毛皮、羽毛及其制品和制鞋业	1685	807	531	313	1001	211
木材加工和木、竹、藤、棕、草制品业	737	222	157	160	227	134
家具制造业	1183	498	321	321	517	308
造纸和纸制品业	1037	406	351	304	435	276
印刷和记录媒介复制业	870	324	281	232	370	196
文教、工美、体育和娱乐用品制造业	1638	724	486	501	795	465
石油、煤炭及其他燃料加工业	81	27	22	21	20	20
化学原料和化学制品制造业	1791	1007	863	835	993	704
医药制造业	556	426	351	342	369	294
化学纤维制造业	684	333	235	211	289	138
橡胶和塑料制品业	3591	1732	1259	1120	1674	1000
非金属矿物制品业	2427	929	744	641	842	556
黑色金属冶炼和压延加工业	620	252	173	164	254	129
有色金属冶炼和压延加工业	767	297	177	157	288	117
金属制品业	4251	1921	1418	1296	1878	1174

指标名称	单位数（个）	#有 R&D 活动	#有研发机构	#享受研究开发费用加计扣除	#有新产品销售	#有专利申请
通用设备制造业	6467	3705	2685	2717	3685	2462
专用设备制造业	2781	1705	1326	1359	1684	1251
汽车制造业	2611	1523	1246	1181	1600	1045
铁路、船舶、航空航天和其他运输设备制造业	812	452	302	285	418	267
电气机械和器材制造业	5415	2956	2414	2222	3139	2145
计算机、通信和其他电子设备制造业	2234	1378	1213	1080	1482	1095
仪器仪表制造业	900	603	544	545	633	517
其他制造业	436	221	143	105	215	116
废弃资源综合利用业	156	62	41	37	45	37
金属制品、机械和设备修理业	64	16	15	7	6	8
电力、热力、燃气及水生产和供应业	834	156	106	132	34	128
电力、热力生产和供应业	493	98	69	90	25	85
燃气生产和供应业	131	25	17	18	1	16
水的生产和供应业	210	33	20	24	8	27
按地区分组						
杭州市	6530	2902	2636	2711	3293	2702
宁波市	9834	4409	3877	3282	4303	2697
温州市	7818	3581	3065	2077	4454	2266
嘉兴市	6824	2935	4202	2210	3686	1978
湖州市	4089	1728	1428	1285	1680	1192
绍兴市	4947	3066	1378	1825	2521	1344
金华市	5357	2808	1469	1837	2589	1708
衢州市	1278	693	498	504	600	453
舟山市	425	206	174	115	109	114
台州市	5284	3133	1147	1961	2582	1275
丽水市	1409	727	256	540	742	489

指标名称	从业人员期末人数（人）	从业人员平均人数（人）	资产总计（万元）	营业收入（万元）	主营业务收入（万元）	利润总额（万元）	工业总产值（万元）
总计	7478177	7387217	1147210103.0	1034095597.4	984978721.4	70929129.7	976542734.5
按企业规模分组							
大型	1470050	1426308	373768326.8	303055453.0	286190341.2	28948922.5	279640779.5
中型	1979173	1949467	297049877.2	257864289.9	248786651.3	18997812.3	246582098.4
小型	3981855	3952268	413525430.8	410037754.9	399566156.2	20570511.8	393127549.7
微型	47099	59174	62866468.2	63138099.6	50435572.7	2411883.1	57192306.9
按登记注册类型分组							
内资企业	6261282	6182107	914577471.9	828993030.3	789524354.0	53037785.9	786534891.5
国有企业	8779	8771	7634089.7	7794190.6	7275075.0	176606.3	7328047.5
集体企业	2170	2254	5669925.8	238156.5	227713.6	37789.6	230363.7
股份合作企业	26008	25721	1590190.3	1951465.8	1913445.1	91025.1	1958842.8
有限责任公司	604252	588936	258276496.6	224071413.2	205280954.8	15200767.8	202219216.7
国有独资公司	61758	61640	63905712.5	63190028.8	51779267.2	2178453.5	55836013.0
其他有限责任公司	542494	527296	194370784.1	160881384.4	153501687.6	13022314.3	146383203.7
股份有限公司	519737	515828	166630027.7	96317228.9	90327246.0	11044950.0	90113015.8
私营企业	5100336	5040597	474776741.8	498620575.3	484499919.5	26486647.1	484685405.0
私营独资企业	61309	61395	3062407.2	4154974.3	4105672.8	117629.4	4208171.9
私营合伙企业	11378	11347	558940.8	795394.2	789404.7	23650.7	798845.3
私营有限责任公司	4341054	4282571	382971095.8	421834222.7	410758454.8	20925489.3	411018359.7
私营股份有限公司	686595	685284	88184298.0	71835984.1	68846387.2	5419877.7	68660028.1
港、澳、台商投资企业	548949	543795	105513070.4	85575468.7	81466660.6	7628675.5	80167413.9
合资经营企业（港或澳、台资）	206556	207362	37855972.6	37264316.6	35298047.4	2395437.8	35234207.5
合作经营企业（港或澳、台资）	3525	3602	954800.9	1428832.6	1397371.1	240965.3	1462161.5
港、澳、台商独资经营企业	245455	242035	38216561.9	34551221.0	33207523.7	2602327.7	32022712.8
港、澳、台商投资股份有限公司	92902	90353	28449381.9	12295042.9	11529964.7	2390120.3	11410331.3
其他港澳台投资企业	511	443	36353.1	36055.6	33753.7	-175.6	38000.8
外商投资企业	667946	661315	127119560.7	119527098.4	113987706.8	10262668.3	109840429.1
中外合资经营企业	252178	247446	43937421.1	38948929.9	37353670.9	3344569.3	36260204.9
中外合作经营企业	2360	2471	274432.2	310744.3	306977.3	-6236.8	293113.8

指标名称	从业人员期末人数（人）	从业人员平均人数（人）	资产总计（万元）	营业收入（万元）	主营业务收入（万元）	利润总额（万元）	工业总产值（万元）
外资企业	353124	353276	61758225.7	68352331.7	66351853.7	4918139.2	64000287.7
外商投资股份有限公司	59901	57732	21123370.7	11885629.8	9945988.7	2006302.2	9262773.6
其他外商投资企业	383	390	26111.0	29462.7	29216.2	-105.6	24049.1
按国民经济行业大类分组							
采矿业	9110	9091	6555589.9	2202503.8	2116328.7	416965.9	2221867.0
煤炭开采和洗选业	26	26	4236.0	5309.3	5309.3	212.1	5525.6
黑色金属矿采选业	150	137	17317.3	10835.6	10825.6	1803.1	13810.8
有色金属矿采选业	841	865	159979.2	52535.9	47624.0	-2623.3	65549.7
非金属矿采选业	8093	8063	6374057.4	2133823.0	2052569.8	417574.0	2136980.9
制造业	7345502	7254954	1015729100.0	941181953.9	898531607.4	67508873.6	885466039.8
农副食品加工业	69139	66645	10728163.8	11038913.8	10708462.9	281569.9	10114760.5
食品制造业	77052	69281	8373935.7	6869309.3	6630295.6	530158.7	6385003.6
酒、饮料和精制茶制造业	32879	32827	6309731.9	5043480.6	4712345.3	660433.0	4460494.9
烟草制品业	3533	3553	11419224.6	19068098.5	11732557.0	1352593.3	11765784.9
纺织业	582423	581689	50930275.6	47788997.1	46353422.8	2371681.7	47788016.5
纺织服装、服饰业	375232	374452	26244487.9	22284033.2	21672266.3	808686.2	22255455.2
皮革、毛皮、羽毛及其制品和制鞋业	220182	212965	9707286.0	9356761.4	9180196.8	249460.0	9790318.2
木材加工和木、竹、藤、棕、草制品业	69938	69417	5648554.8	5749388.2	5532430.1	408066.9	5249553.6
家具制造业	211524	210615	13689260.5	13624959.4	13253198.3	487769.6	12673320.5
造纸和纸制品业	112782	111303	19847817.8	16879629.0	16245499.9	1209851.8	16406215.1
印刷和记录媒介复制业	87335	86059	7538132.2	6865339.0	6714557.9	328957.4	6762726.8
文教、工美、体育和娱乐用品制造业	232337	234230	14167394.7	16194128.0	16023615.1	822084.8	16643552.8
石油、煤炭及其他燃料加工业	24378	22425	39465786.2	30401564.7	30304664.0	4274935.4	33792379.0
化学原料和化学制品制造业	209126	206965	83368965.7	74283496.2	69101195.0	7587895.0	69306254.9
医药制造业	161038	158339	38286276.3	21018938.0	20579756.9	4248694.2	21675540.8
化学纤维制造业	125807	124991	40260275.7	38943906.7	35448607.1	2298233.6	31546139.1
橡胶和塑料制品业	383703	381827	35161879.2	36816093.7	35430657.1	1959637.5	35131020.4
非金属矿物制品业	227423	226266	47012446.5	43525748.4	42560031.9	3837056.7	42365270.6
黑色金属冶炼和压延加工业	61863	61262	15358560.2	25851575.7	24931084.2	1611605.0	23490546.4

指标名称	从业人员期末人数（人）	从业人员平均人数（人）	资产总计（万元）	营业收入（万元）	主营业务收入（万元）	利润总额（万元）	工业总产值（万元）
有色金属冶炼和压延加工业	67245	67155	16468372.5	36226008.5	32524720.4	913730.2	29595909.8
金属制品业	502812	496457	39058687.6	48608687.1	47308299.5	3037254.9	46254197.3
通用设备制造业	798590	787773	82962447.6	74665611.8	72613165.3	5454507.8	71846512.1
专用设备制造业	349412	342421	40499140.9	30874295.9	30177351.5	2844086.5	30226722.9
汽车制造业	490958	480145	91639286.7	63757095.5	61408566.4	5203255.5	60783655.7
铁路、船舶、航空航天和其他运输设备制造业	112955	112732	15077968.0	11181585.2	10812389.7	293889.0	10831762.2
电气机械和器材制造业	883976	887839	113877665.7	112583748.2	108516613.5	5239749.6	104413271.5
计算机、通信和其他电子设备制造业	621731	600972	101313063.0	86765980.0	83715177.0	6774707.8	80263184.7
仪器仪表制造业	161500	158404	22189318.9	15230950.0	14866382.2	1848341.2	14838471.6
其他制造业	56569	54748	2950152.6	3071924.2	3022073.6	150886.8	2944465.5
废弃资源综合利用业	14625	14433	3975518.2	5304122.8	5179822.3	333924.6	4655792.3
金属制品、机械和设备修理业	17435	16764	2199023.0	1307583.8	1272201.8	85169.0	1209740.4
电力、热力、燃气及水生产和供应业	123565	123172	124925413.1	90711139.7	84330785.3	3003290.2	88854827.7
电力、热力生产和供应业	81815	81678	99216482.9	79115551.7	73177316.2	2312555.5	78038466.9
燃气生产和供应业	11976	11883	7064761.1	8259936.5	8107812.8	444870.5	7888645.8
水的生产和供应业	29774	29611	18644169.1	3335651.5	3045656.3	245864.2	2927715.0
按地区分组							
杭州市	1063670	1051477	232766536.6	203800221.1	192781057.5	15082742.3	177468978.5
宁波市	1644634	1640269	234134918.9	234872454.1	225081453.0	17575590.2	225535348.5
温州市	839354	818402	75403258.6	66523303.4	65261946.5	3680829.7	68328289.1
嘉兴市	936161	921253	151351553.9	145109512.6	137729435.6	8756550.0	135542407.5
湖州市	451615	446657	67760089.7	67276815.6	64113202.0	4271285.4	62846176.7
绍兴市	655200	647499	100898652.7	80327169.4	74984548.0	6211310.0	84043857.1
金华市	669289	663755	65336743.2	62505435.3	60580623.1	2966528.9	59161125.7
衢州市	165173	162753	31355187.6	28104095.4	26087761.3	2320828.7	24849065.4
舟山市	77240	74696	44229092.6	22291052.8	21953364.5	3176199.1	22881081.6
台州市	765385	753470	87006575.9	66558225.6	63946016.2	4274233.3	63291124.6
丽水市	171310	168036	20267394.5	20574609.8	20010373.8	1515027.0	20094051.9

3-3 规模以上工业企业 R&D 人员情况（2021）

指标名称	R&D 人员合计（人）	#参加项目人员	管理和服务人员	#女性	#研究人员	#全时人员	非全时人员
总计	**644524**	**604938**	**39586**	**146395**	**134894**	**441366**	**203158**
按企业规模分组							
大型	144249	137195	7054	33464	45949	103446	40803
中型	179765	170313	9452	41781	36096	124351	55414
小型	316429	293627	22802	70317	52036	211456	104973
微型	4081	3803	278	833	813	2113	1968
按登记注册类型分组							
内资企业	543707	509433	34274	122167	105842	369804	173903
国有企业	346	325	21	55	95	234	112
集体企业	55	48	7	17	16	24	31
股份合作企业	1653	1525	128	315	222	980	673
有限责任公司	50539	47240	3299	10359	15007	33760	16779
国有独资公司	1050	883	167	198	498	637	413
其他有限责任公司	49489	46357	3132	10161	14509	33123	16366
股份有限公司	65294	61541	3753	14864	21626	47631	17663
私营企业	425820	398754	27066	96557	68876	287175	138645
私营独资企业	1585	1453	132	428	234	713	872
私营合伙企业	267	240	27	64	55	103	164
私营有限责任公司	353158	330520	22638	80274	55455	239309	113849
私营股份有限公司	70810	66541	4269	15791	13132	47050	23760
港、澳、台商投资企业	52436	50063	2373	12641	14498	37647	14789
合资经营企业（港或澳、台资）	18132	17212	920	4626	3544	12489	5643
合作经营企业（港或澳、台资）	473	382	91	96	171	379	94
港、澳、台商独资经营企业	18584	17597	987	4699	4172	13774	4810
港、澳、台商投资股份有限公司	15193	14821	372	3202	6607	10971	4222
其他港澳台投资企业	54	51	3	18	4	34	20
外商投资企业	48381	45442	2939	11587	14554	33915	14466

指标名称	R&D人员合计（人）	#参加项目人员	管理和服务人员	#女性	#研究人员	#全时人员	非全时人员
中外合资经营企业	19453	18217	1236	4612	5319	13712	5741
中外合作经营企业	188	182	6	65	12	75	113
外资企业	22789	21541	1248	5481	7186	16292	6497
外商投资股份有限公司	5935	5487	448	1428	2034	3822	2113
其他外商投资企业	16	15	1	1	3	14	2
按国民经济行业大类分组							
采矿业	499	456	43	55	69	258	241
非金属矿采选业	499	456	43	55	69	258	241
制造业	640386	601123	39263	146036	133901	439542	200844
农副食品加工业	3301	2985	316	1139	650	2004	1297
食品制造业	4323	4008	315	1469	893	2381	1942
酒、饮料和精制茶制造业	1068	986	82	361	244	506	562
烟草制品业	279	260	19	65	148	112	167
纺织业	48042	44725	3317	16426	6316	30037	18005
纺织服装、服饰业	16982	15923	1059	8690	2497	11800	5182
皮革、毛皮、羽毛及其制品和制鞋业	13556	12723	833	4741	1194	8883	4673
木材加工和木、竹、藤、棕、草制品业	4917	4554	363	1320	671	3173	1744
家具制造业	14689	13609	1080	3682	1826	9962	4727
造纸和纸制品业	8879	8181	698	1700	946	5991	2888
印刷和记录媒介复制业	4858	4542	316	1286	704	3159	1699
文教、工美、体育和娱乐用品制造业	14708	13784	924	4430	1960	9961	4747
石油、煤炭及其他燃料加工业	1154	1104	50	135	451	799	355
化学原料和化学制品制造业	22446	20980	1466	5396	6374	16024	6422
医药制造业	19248	18028	1220	8288	8120	14092	5156
化学纤维制造业	12224	11644	580	3099	1336	6782	5442
橡胶和塑料制品业	30530	28376	2154	6888	4424	20219	10311
非金属矿物制品业	17190	15791	1399	3024	2739	10530	6660
黑色金属冶炼和压延加工业	5043	4762	281	553	770	3212	1831

指标名称	R&D 人员合计（人）	#参加项目人员	管理和服务人员	#女性	#研究人员	#全时人员	非全时人员
有色金属冶炼和压延加工业	5885	5385	500	917	1036	3372	2513
金属制品业	36859	34534	2325	6843	4938	23941	12918
通用设备制造业	76008	71205	4803	12186	14618	51534	24474
专用设备制造业	35266	33254	2012	5215	8027	25874	9392
汽车制造业	43836	41403	2433	6842	9823	31208	12628
铁路、船舶、航空航天和其他运输设备制造业	10164	9456	708	1719	1936	7107	3057
电气机械和器材制造业	84507	79496	5011	17772	16155	58796	25711
计算机、通信和其他电子设备制造业	76987	73479	3508	16651	26699	58633	18354
仪器仪表制造业	21789	20718	1071	3899	7675	15923	5866
其他制造业	3902	3627	275	1051	457	2433	1469
废弃资源综合利用业	1469	1342	127	228	223	944	525
金属制品、机械和设备修理业	277	259	18	21	51	150	127
电力、热力、燃气及水生产和供应业	3639	3359	280	304	924	1566	2073
电力、热力生产和供应业	2732	2534	198	172	651	1138	1594
燃气生产和供应业	501	452	49	56	138	221	280
水的生产和供应业	406	373	33	76	135	207	199
按地区分组							
杭州市	107983	101592	6391	24458	36662	82320	25663
宁波市	129571	124678	4893	27349	27661	92781	36790
温州市	67560	63421	4139	14495	10218	49385	18175
嘉兴市	72825	68498	4327	18578	11873	45719	27106
湖州市	39023	36692	2331	8355	7550	27917	11106
绍兴市	64271	58912	5359	15265	14398	41057	23214
金华市	61251	57113	4138	16156	9468	40606	20645
衢州市	15343	14127	1216	3374	2361	8321	7022
舟山市	4556	4240	316	790	1072	2714	1842
台州市	67952	62703	5249	14687	11501	42114	25838
丽水市	13918	12709	1209	2824	1984	8324	5594

指标名称	R&D人员折合全时当量合计（人年）	#研究人员	按活动类型分组		
			基础研究人员	应用研究人员	试验发展人员
总计	**482140**	**102846**	**276**	**5336**	**476529**
按企业规模分组					
大型	108668	35661	43	1688	106937
中型	136071	27643	127	1323	134620
小型	234865	38952	106	2306	232453
微型	2537	590		19	2518
按登记注册类型分组					
内资企业	405023	80085	276	4650	400097
国有企业	263	74			263
集体企业	21	7		5	16
股份合作企业	1197	159		7	1190
有限责任公司	36361	10976	153	775	35433
国有独资公司	623	296	1	5	616
其他有限责任公司	35738	10680	152	769	34817
股份有限公司	49368	16912	42	728	48599
私营企业	317813	51957	81	3136	314596
私营独资企业	1086	156		12	1074
私营合伙企业	182	38			182
私营有限责任公司	264122	41941	66	2725	261330
私营股份有限公司	52423	9823	15	399	52010
港、澳、台商投资企业	40678	11362		91	40587
合资经营企业（港或澳、台资）	13827	2793		41	13786
合作经营企业（港或澳、台资）	275	84			275
港、澳、台商独资经营企业	14782	3370		12	14770
港、澳、台商投资股份有限公司	11762	5113		38	11724
其他港澳台投资企业	33	2			33
外商投资企业	36440	11399		595	35844
中外合资经营企业	14511	4172		142	14369

指标名称	R&D人员折合全时当量合计（人年）	#研究人员	按活动类型分组		
			基础研究人员	应用研究人员	试验发展人员
中外合作经营企业	133	10			133
外资企业	17413	5724		198	17215
外商投资股份有限公司	4367	1491		255	4112
其他外商投资企业	15	3			15
按国民经济行业大类分组					
采矿业	288	45		15	273
非金属矿采选业	288	45		15	273
制造业	479813	102267	276	5303	474234
农副食品加工业	2310	433		67	2243
食品制造业	2891	633		43	2848
酒、饮料和精制茶制造业	662	167		20	642
烟草制品业	22	10	1	2	20
纺织业	34949	4642		205	34745
纺织服装、服饰业	13055	1910	1	54	13000
皮革、毛皮、羽毛及其制品和制鞋业	10326	913		61	10265
木材加工和木、竹、藤、棕、草制品业	3687	521		85	3602
家具制造业	10594	1316		575	10019
造纸和纸制品业	6361	688		95	6266
印刷和记录媒介复制业	3623	516		116	3507
文教、工美、体育和娱乐用品制造业	11373	1534		25	11348
石油、煤炭及其他燃料加工业	880	341		106	774
化学原料和化学制品制造业	17104	4927		186	16919
医药制造业	14221	6040	23	491	13706
化学纤维制造业	7937	955		14	7923
橡胶和塑料制品业	22616	3290		140	22476
非金属矿物制品业	12072	1925	49	151	11872
黑色金属冶炼和压延加工业	3836	589		118	3718
有色金属冶炼和压延加工业	4176	742		36	4140

指标名称	R&D人员折合全时当量合计（人年）	#研究人员	按活动类型分组		
			基础研究人员	应用研究人员	试验发展人员
金属制品业	27100	3649	16	185	26899
通用设备制造业	57554	11145	15	529	57010
专用设备制造业	26937	6192		193	26745
汽车制造业	33675	7668		427	33248
铁路、船舶、航空航天和其他运输设备制造业	7561	1444	5	32	7524
电气机械和器材制造业	62615	11896	123	594	61898
计算机、通信和其他电子设备制造业	60876	21719	6	539	60332
仪器仪表制造业	16743	5928	36	156	16551
其他制造业	2859	343	2	31	2826
废弃资源综合利用业	1012	156		27	985
金属制品、机械和设备修理业	186	34		3	184
电力、热力、燃气及水生产和供应业	2040	534		18	2022
电力、热力生产和供应业	1542	385			1542
燃气生产和供应业	234	63			234
水的生产和供应业	264	85		18	246
按地区分组					
杭州市	84033	29157	95	1706	82232
宁波市	101170	21719	123	95	100952
温州市	52239	7918		220	52020
嘉兴市	51713	8487		491	51222
湖州市	29601	5864	4	755	28841
绍兴市	46617	10711	8	277	46333
金华市	44755	6883	21	390	44344
衢州市	9993	1602	6	343	9644
舟山市	3099	739		105	2994
台州市	49090	8342		562	48528
丽水市	9814	1416	18	391	9405

3-4 规模以上工业企业 R&D 经费情况（2021）

单位：万元

指标名称	R&D 经费内部支出合计	按活动类型分组		
		基础研究支出	#应用研究支出	试验发展支出
总计	**15916603.6**	**5477.8**	**127888.8**	**15783237.0**
按企业规模分组				
大型	5107794.2	1642.1	51788.9	5054363.2
中型	4568025.4	1545.8	23338.8	4543140.8
小型	6151999.4	2289.9	52113.8	6097595.7
微型	88784.6		647.3	88137.3
按登记注册类型分组				
内资企业	12599495.1	5441.8	111336.8	12482716.5
国有企业	14223.8			14223.8
集体企业	914.8		420.1	494.7
股份合作企业	31322.3		100.9	31221.4
有限责任公司	1770049.0	1784.3	21532.4	1746732.3
国有独资公司	27166.5	33.9	1443.0	25689.6
其他有限责任公司	1742882.5	1750.4	20089.4	1721042.7
股份有限公司	2102040.2	1570.6	21947.9	2078521.7
私营企业	8680945.0	2086.9	67335.5	8611522.6
私营独资企业	19866.7		67.3	19799.4
私营合伙企业	4153.5			4153.5
私营有限责任公司	7075086.0	1109.4	58602.5	7015374.1
私营股份有限公司	1581838.8	977.5	8665.7	1572195.6
港、澳、台商投资企业	1759638.6	36.0	1350.6	1758252.0
合资经营企业（港或澳、台资）	525855.5		520.5	525335.0
合作经营企业（港或澳、台资）	9486.4			9486.4
港、澳、台商独资经营企业	543425.6		237.5	543188.1
港、澳、台商投资股份有限公司	680223.7	36.0	592.6	679595.1
其他港澳台投资企业	647.4			647.4

指标名称	R&D 经费内部支出合计	按活动类型分组		
		基础研究支出	#应用研究支出	试验发展支出
外商投资企业	1557469.9		15201.4	1542268.5
中外合资经营企业	605548.7		4796.4	600752.3
中外合作经营企业	3058.8			3058.8
外资企业	762456.6		3773.6	758683.0
外商投资股份有限公司	186016.6		6631.4	179385.2
其他外商投资企业	389.2			389.2
按国民经济行业大类分组				
采矿业	15542.5		677.6	14864.9
非金属矿采选业	15542.5		677.6	14864.9
制造业	15786444.3	5477.8	126686.3	15654280.2
农副食品加工业	76221.1	6.6	1717.6	74496.9
食品制造业	69538.3		617.3	68921.0
酒、饮料和精制茶制造业	14294.4		193.9	14100.5
烟草制品业	9108.0	33.9	1262.7	7811.4
纺织业	742096.8		4491.7	737605.1
纺织服装、服饰业	260502.4	15.0	1087.3	259400.1
皮革、毛皮、羽毛及其制品和制鞋业	161348.2		983.4	160364.8
木材加工和木、竹、藤、棕、草制品业	101162.0		1845.8	99316.2
家具制造业	242911.9		11939.2	230972.7
造纸和纸制品业	186422.3		1906.4	184515.9
印刷和记录媒介复制业	94942.8		3198.4	91744.4
文教、工美、体育和娱乐用品制造业	185323.5		180.6	185142.9
石油、煤炭及其他燃料加工业	52724.8		1725.5	50999.3
化学原料和化学制品制造业	764139.3		3208.5	760930.8
医药制造业	733695.7	222.2	11945.9	721527.6
化学纤维制造业	602692.8		395.6	602297.2
橡胶和塑料制品业	736158.9		2614.5	733544.4
非金属矿物制品业	341754.8	542.3	2127.0	339085.5
黑色金属冶炼和压延加工业	148396.1		3731.3	144664.8

指标名称	R&D经费内部支出合计	按活动类型分组		
		基础研究支出	#应用研究支出	试验发展支出
有色金属冶炼和压延加工业	136287.4		2130.4	134157.0
金属制品业	766107.1	249.9	2602.6	763254.6
通用设备制造业	1763253.3	975.9	13355.9	1748921.5
专用设备制造业	871620.5		4841.7	866778.8
汽车制造业	1010289.6		7486.5	1002803.1
铁路、船舶、航空航天和其他运输设备制造业	257461.9	128.9	675.4	256657.6
电气机械和器材制造业	2252036.9	1520.1	19063.1	2231453.7
计算机、通信和其他电子设备制造业	2600698.1	575.0	16365.7	2583757.4
仪器仪表制造业	493709.1	1020.3	2145.0	490543.8
其他制造业	52209.1	187.7	431.0	51590.4
废弃资源综合利用业	53780.7		2388.6	51392.1
金属制品、机械和设备修理业	5556.5		27.8	5528.7
电力、热力、燃气及水生产和供应业	114616.8		524.9	114091.9
电力、热力生产和供应业	98626.4			98626.4
燃气生产和供应业	9389.8			9389.8
水的生产和供应业	6600.6		524.9	6075.7
按地区分组				
杭州市	3423941.2	2545.6	46761.5	3374634.1
宁波市	3285632.0	1543.2	2263.0	3281825.8
温州市	1388078.7		5103.2	1382975.5
嘉兴市	1929008.7		12220.8	1916787.9
湖州市	1038671.2	40.2	16089.5	1022541.5
绍兴市	1738977.8	487.3	6876.1	1731614.4
金华市	1028804.9	393.8	6431.2	1021979.9
衢州市	299723.4	258.6	8212.5	291252.3
舟山市	270868.9		1866.0	269002.9
台州市	1244438.1	0.2	10881.2	1233556.7
丽水市	268458.8	175.0	9921.1	258362.7

指标名称	R&D 经费内部支出合计				
	按支出用途分组				
	经常费支出	#人员劳务费	资产性支出	#土地和建筑物	仪器和设备
总计	**14856584.3**	**5334753.2**	**1060019.3**	**24996.7**	**1035022.6**
按企业规模分组					
大型	4807439.9	1959427.2	300354.3	5776.5	294577.8
中型	4251801.6	1493741.5	316223.8	6996.1	309227.7
小型	5718117.3	1866352.1	433882.1	11633.0	422249.1
微型	79225.5	15232.4	9559.1	591.1	8968.0
按登记注册类型分组					
内资企业	11705195.7	3946848.3	894299.4	20747.1	873552.3
国有企业	14151.9	4318.0	71.9	2.0	69.9
集体企业	869.6	515.5	45.2		45.2
股份合作企业	29763.9	9542.0	1558.4	16.7	1541.7
有限责任公司	1638436.2	487815.1	131612.8	3930.6	127682.2
国有独资公司	25316.5	12740.2	1850.0	19.1	1830.9
其他有限责任公司	1613119.7	475074.9	129762.8	3911.5	125851.3
股份有限公司	1974994.9	707547.5	127045.3	2355.2	124690.1
私营企业	8046979.2	2737110.2	633965.8	14442.6	619523.2
私营独资企业	18727.6	5591.5	1139.1	4.7	1134.4
私营合伙企业	3740.5	1010.8	413.0	0.3	412.7
私营有限责任公司	6559441.7	2198394.7	515644.3	12174.3	503470.0
私营股份有限公司	1465069.4	532113.2	116769.4	2263.3	114506.1
港、澳、台商投资企业	1684556.4	756943.6	75082.2	1925.7	73156.5
合资经营企业（港或澳、台资）	488993.3	158328.2	36862.2	545.1	36317.1
合作经营企业（港或澳、台资）	9437.4	3620.5	49.0	1.3	47.7
港、澳、台商独资经营企业	513989.8	190203.5	29435.8	761.2	28674.6
港、澳、台商投资股份有限公司	671488.5	404720.3	8735.2	618.1	8117.1
其他港澳台投资企业	647.4	71.1			
外商投资企业	1466832.2	630961.3	90637.7	2323.9	88313.8
中外合资经营企业	557537.2	191218.0	48011.5	1155.7	46855.8

指标名称	R&D 经费内部支出合计				
	按支出用途分组				
	经常费支出	#人员劳务费	资产性支出	#土地和建筑物	仪器和设备
中外合作经营企业	2786.7	1182.8	272.1	0.5	271.6
外资企业	725406.9	370342.8	37049.7	1015.5	36034.2
外商投资股份有限公司	180712.2	67976.4	5304.4	152.2	5152.2
其他外商投资企业	389.2	241.3			
按国民经济行业大类分组					
采矿业	15013.7	3315.8	528.8	33.0	495.8
非金属矿采选业	15013.7	3315.8	528.8	33.0	495.8
制造业	14740074.4	5305068.4	1046369.9	24576.1	1021793.8
农副食品加工业	72265.4	14027.1	3955.7	44.9	3910.8
食品制造业	58159.7	27021.0	11378.6	141.7	11236.9
酒、饮料和精制茶制造业	13047.0	7139.7	1247.4	156.2	1091.2
烟草制品业	7731.4	5817.4	1376.6		1376.6
纺织业	671210.4	257890.4	70886.4	1650.7	69235.7
纺织服装、服饰业	254332.1	92735.7	6170.3	312.3	5858.0
皮革、毛皮、羽毛及其制品和制鞋业	157831.4	60483.4	3516.8	84.7	3432.1
木材加工和木、竹、藤、棕、草制品业	96939.4	26346.2	4222.6	173.5	4049.1
家具制造业	235724.4	85389.1	7187.5	200.6	6986.9
造纸和纸制品业	170618.0	50423.5	15804.3	661.4	15142.9
印刷和记录媒介复制业	85821.0	25985.7	9121.8	53.5	9068.3
文教、工美、体育和娱乐用品制造业	174468.7	83611.8	10854.8	370.6	10484.2
石油、煤炭及其他燃料加工业	49368.5	21433.0	3356.3	109.5	3246.8
化学原料和化学制品制造业	693194.1	226357.9	70945.2	2878.6	68066.6
医药制造业	662255.5	213613.8	71440.2	1763.0	69677.2
化学纤维制造业	563539.0	67134.6	39153.8	584.1	38569.7
橡胶和塑料制品业	667640.7	178236.6	68518.2	890.3	67627.9
非金属矿物制品业	318584.5	105310.8	23170.3	1030.9	22139.4
黑色金属冶炼和压延加工业	137886.7	39442.6	10509.4	147.1	10362.3
有色金属冶炼和压延加工业	128177.6	32297.4	8109.8	117.4	7992.4

单位：万元

指标名称	R&D经费内部支出合计				
	按支出用途分组				
	经常费支出	#人员劳务费	资产性支出	#土地和建筑物	仪器和设备
金属制品业	729920.2	208868.2	36186.9	1536.3	34650.6
通用设备制造业	1657815.0	574309.1	105438.3	2655.0	102783.3
专用设备制造业	824525.8	326926.9	47094.7	1088.6	46006.1
汽车制造业	915739.4	389050.8	94550.2	1615.1	92935.1
铁路、船舶、航空航天和其他运输设备制造业	240959.4	71892.0	16502.5	1045.8	15456.7
电气机械和器材制造业	2125054.2	616061.9	126982.7	1816.3	125166.4
计算机、通信和其他电子设备制造业	2466204.1	1243015.3	134494.0	2637.1	131856.9
仪器仪表制造业	456337.8	223712.4	37371.3	437.0	36934.3
其他制造业	51268.1	19650.6	941.0	38.6	902.4
废弃资源综合利用业	47954.9	8393.4	5825.8	335.3	5490.5
金属制品、机械和设备修理业	5500.0	2490.1	56.5		56.5
电力、热力、燃气及水生产和供应业	101496.2	26369.0	13120.6	387.6	12733.0
电力、热力生产和供应业	87159.3	21711.7	11467.1	319.1	11148.0
燃气生产和供应业	7844.4	2296.4	1545.4	67.1	1478.3
水的生产和供应业	6492.5	2360.9	108.1	1.4	106.7
按地区分组					
杭州市	3270868.7	1506992.5	153072.5	5355.0	147717.5
宁波市	3062646.1	1182721.8	222985.9	5020.3	217965.6
温州市	1316990.7	456426.1	71088.0	1357.8	69730.2
嘉兴市	1828006.3	485147.1	101002.4	1624.0	99378.4
湖州市	941256.9	287601.1	97414.3	2035.1	95379.2
绍兴市	1606105.7	439824.2	132872.1	2774.3	130097.8
金华市	920033.7	319253.4	108771.2	1951.0	106820.2
衢州市	270825.9	82133.6	28897.5	873.7	28023.8
舟山市	266823.3	37593.2	4045.6	48.6	3997.0
台州市	1121299.6	454624.7	123138.5	3717.7	119420.8
丽水市	253104.1	76661.5	15354.7	239.2	15115.5

指标名称	R&D 经费内部支出合计			
	按资金来源分组			
	政府资金	企业资金	境外资金	其他资金
总计	**189984.1**	**15710893.2**	**9388.8**	**6337.5**
按企业规模分组				
大型	50132.1	5049805.7	4434.0	3422.4
中型	54862.2	4509301.3	3074.1	787.8
小型	84233.9	6063864.9	1880.7	2019.9
微型	755.9	87921.3		107.4
按登记注册类型分组				
内资企业	149083.5	12441048.0	3837.1	5526.5
国有企业	238.1	13985.7		
集体企业	353.0	561.8		
股份合作企业	505.0	30817.3		
有限责任公司	30574.1	1736454.2		3020.7
国有独资公司	786.6	26379.9		
其他有限责任公司	29787.5	1710074.3		3020.7
股份有限公司	42173.5	2059852.5		14.2
私营企业	75239.8	8599376.5	3837.1	2491.6
私营独资企业	80.1	19740.6		46.0
私营合伙企业	26.4	4127.1		
私营有限责任公司	56886.2	7012590.0	3677.8	1932.0
私营股份有限公司	18247.1	1562918.8	159.3	513.6
港、澳、台商投资企业	13472.5	1745084.9	937.4	143.8
合资经营企业（港或澳、台资）	3273.5	521644.6	937.4	
合作经营企业（港或澳、台资）	81.9	9404.5		
港、澳、台商独资经营企业	3446.9	539879.7		99.0
港、澳、台商投资股份有限公司	6670.2	673508.7		44.8
其他港澳台投资企业		647.4		
外商投资企业	27428.1	1524760.3	4614.3	667.2
中外合资经营企业	15452.0	586874.2	3222.5	

指标名称	R&D经费内部支出合计			
	按资金来源分组			
	政府资金	企业资金	境外资金	其他资金
中外合作经营企业		3058.8		
外资企业	5298.2	755199.2	1391.8	567.4
外商投资股份有限公司	6677.9	179238.9		99.8
其他外商投资企业		389.2		
按国民经济行业大类分组				
采矿业	32.2	15510.3		
非金属矿采选业	32.2	15510.3		
制造业	189418.1	15584268.1	9388.8	3369.3
农副食品加工业	1841.7	74063.5		315.9
食品制造业	764.9	68773.4		
酒、饮料和精制茶制造业	108.2	14186.2		
烟草制品业		9108.0		
纺织业	2858.9	738688.1	40.3	509.5
纺织服装、服饰业	3038.9	257414.4	28.8	20.3
皮革、毛皮、羽毛及其制品和制鞋业	376.3	160958.2	5.6	8.1
木材加工和木、竹、藤、棕、草制品业	665.3	100496.7		
家具制造业	1114.4	241781.7		15.8
造纸和纸制品业	3041.4	183338.2		42.7
印刷和记录媒介复制业	886.0	94056.8		
文教、工美、体育和娱乐用品制造业	1474.8	183812.3	36.4	
石油、煤炭及其他燃料加工业	263.0	52461.8		
化学原料和化学制品制造业	11701.4	752425.6		12.3
医药制造业	16065.4	714053.9	3384.5	191.9
化学纤维制造业	2057.1	600629.9		5.8
橡胶和塑料制品业	4413.8	731371.8		373.3
非金属矿物制品业	3800.3	337940.6		13.9
黑色金属冶炼和压延加工业	1305.4	147048.1		42.6
有色金属冶炼和压延加工业	6125.4	130162.0		

指标名称	R&D 经费内部支出合计			
	按资金来源分组			
	政府资金	企业资金	境外资金	其他资金
金属制品业	5097.9	758308.5	2604.4	96.3
通用设备制造业	20798.8	1740845.4	1154.8	454.3
专用设备制造业	17798.8	853814.7		7.0
汽车制造业	7535.5	1002259.2	471.4	23.5
铁路、船舶、航空航天和其他运输设备制造业	2438.8	254943.1		80.0
电气机械和器材制造业	16702.7	2233943.2	549.7	841.3
计算机、通信和其他电子设备制造业	45340.0	2554240.9	1017.5	99.7
仪器仪表制造业	10759.2	482769.7		180.2
其他制造业	676.8	51497.4		34.9
废弃资源综合利用业	367.0	53413.7		
金属制品、机械和设备修理业		5461.1	95.4	
电力、热力、燃气及水生产和供应业	533.8	111114.8		2968.2
电力、热力生产和供应业	485.4	95172.8		2968.2
燃气生产和供应业		9389.8		
水的生产和供应业	48.4	6552.2		
按地区分组				
杭州市	52472.8	3366764.5	4578.3	125.6
宁波市	21882.3	3262701.9	612.4	435.4
温州市	10697.8	1377263.0		117.9
嘉兴市	16039.3	1911637.7	264.0	1067.7
湖州市	10659.8	1027583.4	349.2	78.8
绍兴市	21399.2	1716289.0	312.1	977.5
金华市	25273.2	1003394.4		137.3
衢州市	8204.7	291506.4		12.3
舟山市	2490.0	268283.5	95.4	
台州市	16442.9	1223222.5	1401.1	3371.6
丽水市	4422.1	262247.0	1776.3	13.4

单位：万元

指标名称	R&D经费外部支出合计	对境内研究机构支出	对境内高等学校支出	对境内企业支出	对境外支出
总计	770739.5	66494.5	63456.9	522154.6	118633.5
按企业规模分组					
大型	440508.7	26136.5	17195.3	313847.2	83329.7
中型	188481.6	17641.2	17954.0	128482.8	24403.6
小型	134481.1	19239.9	27945.0	76396.0	10900.2
微型	7268.1	3476.9	362.6	3428.6	
按登记注册类型分组					
内资企业	539316.3	52992.9	53168.6	374164.0	58990.8
国有企业	122.7	2.7	100.0	20.0	
集体企业	50.4				50.4
股份合作企业	1284.8	22.9	31.7	1230.2	
有限责任公司	82157.2	14758.8	7477.7	59361.1	559.6
国有独资公司	1595.9	592.4	682.5	321.0	
其他有限责任公司	80561.3	14166.4	6795.2	59040.1	559.6
股份有限公司	175606.1	12048.3	14181.1	103927.0	45449.7
私营企业	280095.1	26160.2	31378.1	209625.7	12931.1
私营独资企业	109.2	30.6		19.2	59.4
私营合伙企业	22.4			22.4	
私营有限责任公司	232767.0	21200.2	23790.0	182492.7	5284.1
私营股份有限公司	47196.5	4929.4	7588.1	27091.4	7587.6
港、澳、台商投资企业	51397.8	3237.8	4026.3	29343.9	14789.8
合资经营企业（港或澳、台资）	17854.7	2086.9	1645.1	10862.1	3260.6
合作经营企业（港或澳、台资）	1243.3	11.9			1231.4
港、澳、台商独资经营企业	11749.6	766.4	1122.0	3191.1	6670.1
港、澳、台商投资股份有限公司	20550.2	372.6	1259.2	15290.7	3627.7
其他港澳台投资企业					
外商投资企业	180025.4	10263.8	6262.0	118646.7	44852.9
中外合资经营企业	39782.5	3956.7	1791.8	32663.4	1370.6

指标名称	R&D经费外部支出合计	对境内研究机构支出	对境内高等学校支出	对境内企业支出	对境外支出
中外合作经营企业	5.7			5.7	
外资企业	107957.8	3129.7	763.9	69704.3	34359.9
外商投资股份有限公司	32243.3	3177.4	3670.2	16273.3	9122.4
其他外商投资企业	36.1		36.1		
按国民经济行业大类分组					
采矿业	643.1	228.2	48.1	366.8	
非金属矿采选业	643.1	228.2	48.1	366.8	
制造业	755564.7	60085.2	62781.2	514064.8	118633.5
农副食品加工业	1107.6	102.5	557.7	447.4	
食品制造业	3392.9	863.2	1019.7	1475.9	34.1
酒、饮料和精制茶制造业	1150.3	23.6	303.5	823.2	
烟草制品业	1169.3	338.6	674.8	155.9	
纺织业	11844.7	46.9	1519.8	9412.8	865.2
纺织服装、服饰业	2655.7	805.2	742.2	307.2	801.1
皮革、毛皮、羽毛及其制品和制鞋业	143.8	41.6	14.7	57.5	30.0
木材加工和木、竹、藤、棕、草制品业	431.9	136.0	191.2	104.7	
家具制造业	1823.7	21.2	1087.3	705.5	9.7
造纸和纸制品业	986.3	446.9	365.7	173.7	
印刷和记录媒介复制业	1618.7	7.3	134.7	80.0	1396.7
文教、工美、体育和娱乐用品制造业	2931.3	1276.0	428.5	989.9	236.9
石油、煤炭及其他燃料加工业	4736.9	645.2	3578.0	513.7	
化学原料和化学制品制造业	29484.7	3989.0	7340.9	17700.6	454.2
医药制造业	135040.0	27524.2	9693.7	90758.1	7064.0
化学纤维制造业	1478.3	303.9	640.9	533.5	
橡胶和塑料制品业	6545.5	961.2	2807.1	2705.6	71.6
非金属矿物制品业	2648.6	411.8	1426.4	663.3	147.1
黑色金属冶炼和压延加工业	1017.5	874.9	142.6		
有色金属冶炼和压延加工业	1198.0	239.8	688.3	269.9	

指标名称	R&D 经费外部支出合计	对境内研究机构支出	对境内高等学校支出	对境内企业支出	对境外支出
金属制品业	5011.9	558.3	1265.2	2593.1	595.3
通用设备制造业	28080.4	3547.2	7676.8	15149.9	1706.5
专用设备制造业	17396.1	1845.5	3097.1	9283.9	3169.6
汽车制造业	188002.2	6488.1	2367.9	163790.1	15356.1
铁路、船舶、航空航天和其他运输设备制造业	7055.9	798.0	414.6	5206.5	636.8
电气机械和器材制造业	113889.9	2320.0	6268.4	56103.8	49197.7
计算机、通信和其他电子设备制造业	166243.6	4251.6	5046.2	121969.5	34976.3
仪器仪表制造业	17283.4	1217.5	2934.7	11246.6	1884.6
其他制造业	466.9		244.2	222.7	
废弃资源综合利用业	213.7		85.4	128.3	
金属制品、机械和设备修理业	515.0		23.0	492.0	
电力、热力、燃气及水生产和供应业	14531.7	6181.1	627.6	7723.0	
电力、热力生产和供应业	13683.1	6167.0	486.0	7030.1	
燃气生产和供应业	705.0	14.1		690.9	
水的生产和供应业	143.6		141.6	2.0	
按地区分组					
杭州市	186712.9	10709.2	13888.0	118283.5	43832.2
宁波市	181369.6	11782.6	14474.4	107183.3	47929.3
温州市	59589.0	2468.0	2183.9	54621.2	315.9
嘉兴市	72252.4	7175.8	2339.4	51066.7	11670.5
湖州市	82751.7	4166.1	4451.5	68532.6	5601.5
绍兴市	39323.2	2387.7	9371.5	25353.0	2211.0
金华市	33785.9	5373.7	5368.6	22879.6	164.0
衢州市	8507.8	181.4	2092.3	5406.7	827.4
舟山市	1837.1	37.9	317.3	1481.9	
台州市	94206.4	21028.4	7662.1	60178.7	5337.2
丽水市	9234.2	845.1	633.1	7011.5	744.5

3-5 规模以上工业企业全部 R&D 项目情况（2021）

指标名称	项目数 （项）	参加项目人员 （人）	项目人员折合全 时当量（人年）	项目经费内部 支出（亿元）	政府资金
总计	**124853**	**604938**	**478599**	**1606.46**	**10.27**
按企业规模分组					
大型	10836	137195	108238	534.26	2.31
中型	25974	170313	135606	453.43	3.72
小型	86395	293627	232287	609.68	4.20
微型	1648	3803	2469	9.09	0.04
按登记注册类型分组					
内资企业	111006	509433	401968	1258.70	7.93
国有企业	52	325	262	1.56	0.02
集体企业	8	48	21	0.12	0.04
股份合作企业	427	1525	1188	3.23	0.05
有限责任公司	8320	47240	35884	177.25	1.40
国有独资公司	151	883	505	1.94	0.04
其他有限责任公司	8169	46357	35379	175.30	1.36
股份有限公司	7813	61541	49292	220.31	2.10
私营企业	94386	398754	315320	856.25	4.33
私营独资企业	312	1453	1062	2.00	0.01
私营合伙企业	64	240	173	0.38	
私营有限责任公司	79770	330520	262022	697.79	3.39
私营股份有限公司	14240	66541	52063	156.08	0.93
港、澳、台商投资企业	6607	50063	40528	177.69	0.71
合资经营企业（港或澳、台资）	2826	17212	13741	52.05	0.11
合作经营企业（港或澳、台资）	61	382	274	1.15	0.01
港、澳、台商独资经营企业	2689	17597	14754	53.89	0.09
港、澳、台商投资股份有限公司	1021	14821	11726	70.54	0.50
其他港澳台投资企业	10	51	33	0.07	

指标名称	项目数（项）	参加项目人员（人）	项目人员折合全时当量（人年）	项目经费内部支出（亿元）	政府资金
外商投资企业	7240	45442	36104	170.06	1.63
中外合资经营企业	3146	18217	14325	59.11	1.07
中外合作经营企业	34	182	133	0.29	
外资企业	3171	21541	17263	88.80	0.46
外商投资股份有限公司	876	5487	4367	21.81	0.10
其他外商投资企业	13	15	15	0.04	
按国民经济行业大类分组					
采矿业	109	456	288	1.72	
非金属矿采选业	109	456	288	1.72	
制造业	123864	601123	476363	1592.57	10.25
农副食品加工业	780	2985	2264	7.39	0.10
食品制造业	883	4008	2864	6.40	0.03
酒、饮料和精制茶制造业	190	986	653	1.53	0.01
烟草制品业	45	260	22	0.15	
纺织业	7544	44725	34792	72.88	0.15
纺织服装、服饰业	2713	15923	12982	25.55	0.25
皮革、毛皮、羽毛及其制品和制鞋业	2118	12723	10243	16.12	0.03
木材加工和木、竹、藤、棕、草制品业	937	4554	3644	10.15	0.04
家具制造业	2331	13609	10550	23.85	0.02
造纸和纸制品业	1791	8181	6298	18.16	0.19
印刷和记录媒介复制业	1107	4542	3586	9.28	0.06
文教、工美、体育和娱乐用品制造业	2855	13784	11212	18.55	0.11
石油加工、炼焦和核燃料加工业	247	1104	875	8.01	
化学原料和化学制品制造业	5602	20980	16956	74.88	0.90
医药制造业	4079	18028	14141	79.16	1.17
化学纤维制造业	1723	11644	7908	55.66	0.17
橡胶和塑料制品业	7417	28376	22468	68.54	0.25
非金属矿物制品业	3892	15791	11905	34.02	0.25

指标名称	项目数（项）	参加项目人员（人）	项目人员折合全时当量（人年）	项目经费内部支出（亿元）	政府资金
黑色金属冶炼和压延加工业	1174	4762	3800	14.14	0.08
有色金属冶炼和压延加工业	1177	5385	4043	13.58	0.10
金属制品业	7928	34534	26860	75.52	0.35
通用设备制造业	18537	71205	57152	172.13	1.04
专用设备制造业	8796	33254	26796	85.64	1.11
汽车制造业	8403	41403	33454	112.97	0.39
铁路、船舶、航空航天和其他运输设备制造业	2172	9456	7489	24.86	0.15
电气机械和器材制造业	16251	79496	62181	227.24	0.66
计算机、通信和其他电子设备制造业	8632	73479	60548	276.22	2.07
仪器仪表制造业	3425	20718	16641	48.89	0.50
其他制造业	749	3627	2844	5.37	0.06
废弃资源综合利用业	302	1342	1012	5.11	0.01
金属制品、机械和设备修理业	64	259	181	0.64	
电力、热力、燃气及水生产和供应业	880	3359	1948	12.17	0.02
电力、热力生产和供应业	658	2534	1460	10.55	0.02
燃气生产和供应业	111	452	232	0.97	
水的生产和供应业	111	373	256	0.65	
按地区分组					
杭州市	16698	101592	83463	344.87	2.28
宁波市	26514	124678	100998	339.78	1.15
温州市	15233	63421	51796	140.27	0.45
嘉兴市	13120	68498	51409	202.90	1.14
湖州市	9019	36692	29356	99.21	0.44
绍兴市	10877	58912	46035	170.82	1.08
金华市	11566	57113	44447	100.80	1.87
衢州市	3534	14127	9854	28.33	0.38
舟山市	908	4240	3074	29.93	0.16
台州市	14144	62703	48456	122.44	1.05
丽水市	3199	12709	9694	27.26	0.27

3-6 规模以上工业企业办研发机构情况（2021）

指标名称	机构数（个）	企业在境外设立的研究开发机构数（个）	机构人员数（人）	#博士	#硕士	机构经费支出（万元）	仪器和设备原价（万元）
总计	**20752**	**361**	**632839**	**4058**	**37039**	**21136697.8**	**12526376.0**
按企业规模分组							
大型	693	66	162361	1196	19934	7724306.7	3201902.3
中型	3003	69	186297	1121	8270	6054204.6	3994855.6
小型	16621	222	281336	1693	8723	7279452.1	5258749.5
微型	435	4	2845	48	112	78734.4	70868.6
按登记注册类型分组							
内资企业	18582	318	511896	3111	23222	16136782.5	9989351.5
国有企业	6		463		7	18753.1	13427.2
集体企业	3		77	5	23	2040.0	2314.8
股份合作企业	78	2	1374	1	19	33124.6	31007.8
联营企业							
其他联营企业							
有限责任公司	1122	16	48375	387	3924	2630099.6	1491340.9
国有独资公司	31		1149	17	176	50004.8	55804.5
其他有限责任公司	1091	16	47226	370	3748	2580094.8	1435536.4
股份有限公司	789	55	74682	816	8409	3103150.4	1710173.4
私营企业	16584	245	386925	1902	10840	10349614.8	6741087.4
私营独资企业	88		562	2	13	11064.5	8145.2
私营合伙企业	30		185		3	2214.1	2219.6
私营有限责任公司	13894	213	313143	1384	8386	8286079.2	5351413.4
私营股份有限公司	2572	32	73035	516	2438	2050257.0	1379309.2
港、澳、台商投资企业	994	20	62109	422	7363	2351931.5	1194339.3
合资经营企业（港或澳、台资）	415	4	18472	90	864	632455.9	383982.8
合作经营企业（港或澳、台资）	6		221		3	5423.7	1449.4
港、澳、台商独资经营企业	459	7	20050	107	1074	703677.6	422630.4
港、澳、台商投资股份有限公司	110	9	23300	225	5422	1009194.3	385280.0
其他港澳台投资企业	4		66			1180.0	996.7

指标名称	机构数（个）	企业在境外设立的研究开发机构数（个）	机构人员数（人）	#博士	#硕士	机构经费支出（万元）	仪器和设备原价（万元）
外商投资企业	1176	23	58834	525	6454	2647983.8	1342685.2
中外合资经营企业	498	5	23331	239	1916	1103632.7	517142.0
中外合作经营企业	7		245		7	4616.1	10183.1
外资企业	575	7	28081	151	3816	1227446.0	662600.8
外商投资股份有限公司	94	10	7132	130	714	311711.3	152664.5
其他外商投资企业	2	1	45	5	1	577.7	94.8
按国民经济行业大类分组							
采矿业	17		330	1	11	20101.6	26804.4
煤炭开采和洗选业							
黑色金属矿采选业							
有色金属矿采选业							
非金属矿采选业	17		330	1	11	20101.6	26804.4
制造业	20627	361	629357	4044	36881	20994195.5	12238581.0
农副食品加工业	186	2	3402	43	226	81732.5	53452.2
食品制造业	187	1	4082	73	311	96213.1	100160.2
酒、饮料和精制茶制造业	46	1	1017	6	68	25075.1	13691.1
烟草制品业	2		223	11	68	18898.3	39087.3
纺织业	1771	14	37537	74	475	857283.7	737629.6
纺织服装、服饰业	571	7	14857	37	212	274551.1	105541.3
皮革、毛皮、羽毛及其制品和制鞋业	533	10	10892	35	70	162790.2	66680.3
木材加工和木、竹、藤、棕、草制品业	159	5	3962	43	87	93247.2	53726.5
家具制造业	332	5	9975	43	127	204369.2	74310.6
造纸和纸制品业	355	4	9022	31	143	330630.6	347363.6
印刷和记录媒介复制业	282	1	6116	26	111	141447.2	146768.0
文教、工美、体育和娱乐用品制造业	490	10	13398	40	178	263392.2	120568.7
石油、煤炭及其他燃料加工业	22		1520	12	90	458728.7	344644.8
化学原料和化学制品制造业	914	16	25199	434	2150	1381897.5	608419.8
医药制造业	409	20	22245	570	3401	1017686.5	689901.4
化学纤维制造业	247	4	12720	67	165	618922.9	401137.7
橡胶和塑料制品业	1268	22	27577	106	568	773219.6	553966.2

指标名称	机构数（个）	企业在境外设立的研究开发机构数（个）	机构人员数（人）	#博士	#硕士	机构经费支出（万元）	仪器和设备原价（万元）
非金属矿物制品业	763	7	15258	89	432	554594.7	378256.6
黑色金属冶炼和压延加工业	177	1	4803	22	123	405369.4	165062.3
有色金属冶炼和压延加工业	187	4	4406	41	204	190674.2	156624.9
金属制品业	1440	18	32937	88	469	826503.1	555071.1
通用设备制造业	2767	44	70367	379	2492	1937536.6	1300476.6
专用设备制造业	1368	37	35025	232	1733	979431.4	568806.9
汽车制造业	1259	24	46620	254	1984	1739705.2	1078282.1
铁路、船舶、航空航天和其他运输设备制造业	312	2	9371	33	266	280190.9	125838.6
电气机械和器材制造业	2513	49	83232	414	2774	2705949.4	1337141.8
计算机、通信和其他电子设备制造业	1297	34	93043	638	14916	3720088.3	1501359.2
仪器仪表制造业	569	17	26416	191	2979	750997.6	528849.8
其他制造业	145	2	2570	4	28	40619.3	19508.2
废弃资源综合利用业	41		1189	7	29	52143.3	57590.5
金属制品、机械和设备修理业	15		376	1	2	10306.5	8663.1
电力、热力、燃气及水生产和供应业	108		3152	13	147	122400.7	260990.6
电力、热力生产和供应业	69		2218	6	75	98130.9	183129.3
燃气生产和供应业	17		502		15	12857.2	70827.0
水的生产和供应业	22		432	7	57	11412.6	7034.3
按地区分组							
杭州市	2833	66	132866	1169	19957	5343796.8	2655950.8
宁波市	3899	87	133387	752	5843	4441303.4	2702050.7
温州市	3094	65	65998	210	1192	1502087.3	921291.1
嘉兴市	4264	26	103946	477	2799	3434060.6	2211507.7
湖州市	1487	24	35578	391	1548	1297698.8	779961.0
绍兴市	1454	34	44042	350	2319	1529468.2	890531.5
金华市	1526	10	45379	210	1099	1204340.4	783131.4
衢州市	539	8	12849	131	466	452925.2	356111.4
舟山市	174	1	5573	21	176	508357.6	181898.1
台州市	1213	39	45268	293	1458	1168948.3	872075.2
丽水市	268	1	7742	43	115	234953.1	132846.8

3-7 规模以上工业企业自主知识产权保护情况（2021）

指标名称	专利申请数（件）	发明专利	有效发明专利数（件）	已被实施
总计	**159920**	**41292**	**120873**	**82674**
按企业规模分组				
大型	36728	14292	33968	24309
中型	33386	9517	28699	21345
小型	88194	17092	57167	36402
微型	1612	391	1039	618
按登记注册类型分组				
内资企业	138356	33858	93735	63706
国有企业	87	27	38	37
集体企业	37	8	10	3
股份合作企业	248	46	225	176
联营企业				
其他联营企业				
有限责任公司	12791	4415	10165	6999
国有独资公司	515	245	883	556
其他有限责任公司	12276	4170	9282	6443
股份有限公司	19749	8677	17635	14450
私营企业	105444	20685	65662	42041
私营独资企业	77	7	50	35
私营合伙企业	7	3	11	9
私营有限责任公司	87308	16238	51534	32181
私营股份有限公司	18052	4437	14067	9816
港、澳、台商投资企业	10000	3712	9691	7356
合资经营企业（港或澳、台资）	3095	930	2493	1780
合作经营企业（港或澳、台资）	111	23	48	45
港、澳、台商独资经营企业	3704	1011	2918	2123
港、澳、台商投资股份有限公司	3090	1748	4223	3408
其他港澳台投资企业			9	

指标名称	专利申请数（件）	发明专利	有效发明专利数（件）	已被实施
外商投资企业	11564	3722	17447	11612
中外合资经营企业	4130	1553	4905	3056
中外合作经营企业	48	5	33	6
外资企业	3718	1373	9808	7202
外商投资股份有限公司	3666	790	2699	1346
其他外商投资企业	2	1	2	2
按国民经济行业大类分组				
采矿业	118	31	42	32
煤炭开采和洗选业				
黑色金属矿采选业				
有色金属矿采选业				
非金属矿采选业	118	31	42	32
制造业	158342	40758	120037	82203
农副食品加工业	614	118	489	347
食品制造业	698	224	784	618
酒、饮料和精制茶制造业	165	38	230	134
烟草制品业	238	119	472	330
纺织业	6084	1111	4116	2435
纺织服装、服饰业	1994	348	933	477
皮革、毛皮、羽毛及其制品和制鞋业	2122	163	696	270
木材加工和木、竹、藤、棕、草制品业	891	213	795	542
家具制造业	3915	481	1630	885
造纸和纸制品业	1964	381	1101	670
印刷和记录媒介复制业	1238	212	701	389
文教、工美、体育和娱乐用品制造业	4515	456	1815	1230
石油、煤炭及其他燃料加工业	219	103	162	118
化学原料和化学制品制造业	4483	1702	6268	4526
医药制造业	2295	1172	5187	3369
化学纤维制造业	1050	267	836	516
橡胶和塑料制品业	7478	1334	4400	2700

指标名称	专利申请数（件）	发明专利	有效发明专利数（件）	已被实施
非金属矿物制品业	3913	969	3044	1981
黑色金属冶炼和压延加工业	888	180	711	491
有色金属冶炼和压延加工业	1143	323	773	487
金属制品业	9334	1422	5025	3140
通用设备制造业	21537	5056	14073	10059
专用设备制造业	11793	3056	9931	6827
汽车制造业	10343	2565	6387	4154
铁路、船舶、航空航天和其他运输设备制造业	2875	596	1209	897
电气机械和器材制造业	27054	5386	15186	9741
计算机、通信和其他电子设备制造业	21219	9971	27014	20161
仪器仪表制造业	6859	2554	5410	4235
其他制造业	1056	133	413	289
废弃资源综合利用业	323	94	180	121
金属制品、机械和设备修理业	42	11	66	64
电力、热力、燃气及水生产和供应业	1460	503	794	439
电力、热力生产和供应业	1113	390	700	377
燃气生产和供应业	41	5	10	10
水的生产和供应业	306	108	84	52
按地区分组				
杭州市	35867	13855	36691	27994
宁波市	31636	8348	23675	15715
温州市	17610	2612	8475	4915
嘉兴市	17525	4085	13407	7981
湖州市	9581	2450	9070	6208
绍兴市	13228	3012	8484	5710
金华市	13822	2581	7203	5027
衢州市	3561	931	1991	1394
舟山市	641	152	543	415
台州市	11870	2584	8948	5860
丽水市	4312	545	1806	1142

指标名称	专利所有权转让及许可数（件）	专利所有权转让及许可收入（万元）	拥有注册商标（件）	发表科技论文（篇）	形成国家或行业标准（项）
总计	**4566**	**183419.0**	**147853**	**4181**	**4934**
按企业规模分组					
大型	660	20184.0	36265	1935	1214
中型	1068	16198.0	44213	1240	1704
小型	2747	143123.0	66694	981	2004
微型	91	3914.0	681	25	12
按登记注册类型分组					
内资企业	3683	175106.0	130032	3536	4283
国有企业			44	11	11
集体企业					
股份合作企业			75	11	15
联营企业					
其他联营企业					
有限责任公司	241	11870.0	9409	713	486
国有独资公司			491	99	23
其他有限责任公司	241	11870.0	8918	614	463
股份有限公司	354	21593.0	29662	1762	1171
私营企业	3088	141643.0	90842	1039	2600
私营独资企业			112		
私营合伙企业			17		
私营有限责任公司	2842	141499.0	69360	698	1947
私营股份有限公司	246	144.0	21353	341	653
港、澳、台商投资企业	264	468.0	8685	272	329
合资经营企业（港或澳、台资）	65		2960	171	118
合作经营企业（港或澳、台资）			63		3
港、澳、台商独资经营企业	133	463.0	2641	15	91
港、澳、台商投资股份有限公司	66	5.0	3019	86	117
其他港澳台投资企业			2		
外商投资企业	619	7845.0	9136	373	322

指标名称	专利所有权转让及许可数（件）	专利所有权转让及许可收入（万元）	拥有注册商标（件）	发表科技论文（篇）	形成国家或行业标准（项）
中外合资经营企业	309	5398.0	2464	258	88
中外合作经营企业			1		
外资企业	110	1722.0	2979	68	55
外商投资股份有限公司	177	725.0	3688	47	179
其他外商投资企业	23		4		
按国民经济行业大类分组					
采矿业			11	1	4
煤炭开采和洗选业					
黑色金属矿采选业					
有色金属矿采选业					
非金属矿采选业			11	1	4
制造业	4548	183040.0	147795	4012	4921
农副食品加工业	4		2512	21	45
食品制造业	31	2830.0	4924	63	42
酒、饮料和精制茶制造业	7		1757	34	11
烟草制品业			455	59	2
纺织业	185	3861.0	3797	62	168
纺织服装、服饰业	21		8169	11	54
皮革、毛皮、羽毛及其制品和制鞋业	12		3666		77
木材加工和木、竹、藤、棕、草制品业	48		2709	38	142
家具制造业	124	71.0	5074	14	54
造纸和纸制品业	6		1244	43	47
印刷和记录媒介复制业	47	1.0	1155	15	37
文教、工美、体育和娱乐用品制造业	22	215.0	5484	42	92
石油、煤炭及其他燃料加工业	2		119	154	2
化学原料和化学制品制造业	180	650.0	13000	392	401
医药制造业	65	55448.0	9654	303	152
化学纤维制造业	24		623	21	60
橡胶和塑料制品业	144	462.0	4841	116	261

指标名称	专利所有权转让及许可数（件）	专利所有权转让及许可收入（万元）	拥有注册商标（件）	发表科技论文（篇）	形成国家或行业标准（项）
非金属矿物制品业	104	1609.0	3207	85	86
黑色金属冶炼和压延加工业	48		191	47	31
有色金属冶炼和压延加工业	19		849	25	76
金属制品业	326	6.0	7228	67	267
通用设备制造业	760	1835.0	14844	556	824
专用设备制造业	460	76427.0	7697	179	300
汽车制造业	222	10.0	4717	199	122
铁路、船舶、航空航天和其他运输设备制造业	44		2888	23	24
电气机械和器材制造业	642	15304.0	17683	469	775
计算机、通信和其他电子设备制造业	487	20420.0	13925	214	365
仪器仪表制造业	492	3891.0	3663	734	357
其他制造业	21		1578	17	25
废弃资源综合利用业	1		140	6	20
金属制品、机械和设备修理业			2	3	2
电力、热力、燃气及水生产和供应业	18	379.0	47	168	9
电力、热力生产和供应业	13	379.0	19	163	3
燃气生产和供应业					
水的生产和供应业	5		28	5	6
按地区分组					
杭州市	941	146493.0	31239	1838	1043
宁波市	918	10040.0	20931	687	672
温州市	662	4599.0	18925	298	633
嘉兴市	182	2824.0	14668	187	312
湖州市	513	6587.0	9009	234	512
绍兴市	268	3.0	9500	303	615
金华市	354	9290.0	19173	172	410
衢州市	126	90.0	2257	119	136
舟山市	12	1098.0	394	54	29
台州市	459	2355.0	17194	178	457
丽水市	131	40.0	4108	45	113

3-8 规模以上工业企业新产品开发、生产及销售情况（2021）

指标名称	新产品开发项目数（项）	新产品开发经费支出（万元）	新产品销售收入（万元）	出口
总计	**164007**	**23250692.9**	**368901158.2**	**74408550.1**
按企业规模分组				
大型	12484	6813251.5	141857008.9	31163350.6
中型	31265	6559932.7	114001342.3	24196975.7
小型	117324	9691125.5	110755557.5	18921696.2
微型	2934	186383.2	2287249.5	126527.6
按登记注册类型分组				
内资企业	145471	18400428.5	285833213.4	53872867.9
国有企业	60	15648.4	412456.9	119438.7
集体企业	8	506.9	1235.7	
股份合作企业	582	45774.0	537346.8	85782.3
联营企业				
其他联营企业				
有限责任公司	10600	2488560.6	58363583.0	6395543.3
国有独资公司	193	30577.2	291302.3	6842.1
其他有限责任公司	10407	2457983.4	58072280.7	6388701.2
股份有限公司	9568	3020059.1	48705852.0	9707771.4
私营企业	124653	12829879.5	177812739.0	37564332.2
私营独资企业	465	31218.8	291764.5	59859.1
私营合伙企业	111	6860.2	58815.9	17773.8
私营有限责任公司	104635	10423523.2	143389377.1	29436783.9
私营股份有限公司	19442	2368277.3	34072781.5	8049915.4
港、澳、台商投资企业	8401	2493057.7	35114992.7	7984547.4
合资经营企业（港或澳、台资）	3318	733981.9	12952618.5	2513824.6
合作经营企业（港或澳、台资）	66	11410.1	163595.9	73403.3
港、澳、台商独资经营企业	3576	757255.8	14939008.4	3767547.5
港、澳、台商投资股份有限公司	1429	988619.1	7054891.0	1629380.4
其他港澳台投资企业	12	1790.8	4878.9	391.6

指标名称	新产品开发项目数 （项）	新产品开发经费支出 （万元）	新产品销售收入 （万元）	出口
外商投资企业	10135	2357206.7	47952952.1	12551134.8
中外合资经营企业	4186	917349.7	14096352.8	2464379.7
中外合作经营企业	52	5893.1	70036.4	2111.8
外资企业	4733	1161769.2	27813081.9	8365116.1
外商投资股份有限公司	1145	271549.0	5960366.2	1719527.2
其他外商投资企业	19	645.7	13114.8	
按国民经济行业大类分组				
采矿业	64	10705.3	190145.7	
煤炭开采和洗选业				
黑色金属矿采选业				
有色金属矿采选业				
非金属矿采选业	64	10705.3	190145.7	
制造业	163171	23139223.9	367961150.9	74408550.1
农副食品加工业	1111	111499.2	1141253.9	137173.1
食品制造业	1176	120440.5	1422131.5	258154.3
酒、饮料和精制茶制造业	377	39060.2	721292.0	54400.2
烟草制品业	25	3653.9	204663.6	2.4
纺织业	10231	1211226.0	16588802.6	3178557.4
纺织服装、服饰业	3544	385890.7	7746151.0	2432803.1
皮革、毛皮、羽毛及其制品和制鞋业	2771	223468.0	3432620.0	1311417.0
木材加工和木、竹、藤、棕、草制品业	1088	113207.7	2166825.8	872146.0
家具制造业	2970	332486.4	5488608.0	2990478.7
造纸和纸制品业	2594	406249.0	6600806.2	560602.8
印刷和记录媒介复制业	1878	171190.1	2163976.2	244972.5
文教、工美、体育和娱乐用品制造业	4158	376751.1	6008083.3	2224213.7
石油、煤炭及其他燃料加工业	205	105473.6	13850190.2	1195072.2
化学原料和化学制品制造业	6952	1238327.4	22431139.1	2624359.6
医药制造业	4931	901010.2	9940291.3	3926429.1
化学纤维制造业	2154	719735.0	14685948.7	708783.9
橡胶和塑料制品业	9802	1019669.7	12352786.8	2433117.4

指标名称	新产品开发项目数（项）	新产品开发经费支出（万元）	新产品销售收入（万元）	出口
非金属矿物制品业	4882	650668.7	10583829.0	823281.9
黑色金属冶炼和压延加工业	1450	440465.2	6238543.3	248711.3
有色金属冶炼和压延加工业	1426	284056.3	10379971.1	764190.2
金属制品业	10466	1074642.7	15228590.0	4785266.7
通用设备制造业	23732	2469751.8	31975946.6	6723392.5
专用设备制造业	11818	1170331.1	14706871.7	2668352.0
汽车制造业	11373	1478907.5	31656731.3	4289645.3
铁路、船舶、航空航天和其他运输设备制造业	2753	344081.0	4528694.5	1695488.0
电气机械和器材制造业	21100	3094400.4	56871035.1	12523273.1
计算机、通信和其他电子设备制造业	11973	3726556.8	49891890.2	13357910.8
仪器仪表制造业	5016	818624.0	7343400.3	1103200.0
其他制造业	925	65986.6	801242.4	251916.0
废弃资源综合利用业	206	33902.6	753247.8	21238.9
金属制品、机械和设备修理业	84	7510.5	55587.4	
电力、热力、燃气及水生产和供应业	772	100763.7	749861.6	
电力、热力生产和供应业	625	86568.2	691218.6	
燃气生产和供应业	63	6410.2	185.5	
水的生产和供应业	84	7785.3	58457.5	
按地区分组				
杭州市	24287	5774486.7	76805243.9	11663344.4
宁波市	33533	4476875.5	72119782.7	15696478.8
温州市	20389	1791767.9	23441234.2	3646569.9
嘉兴市	22464	3168044.0	62296604.5	14889128.6
湖州市	10604	1425348.4	27727520.6	5508333.9
绍兴市	11846	2111907.1	30287530.2	4450332.1
金华市	15202	1658708.5	24590757.6	7327108.2
衢州市	3935	498232.0	8695680.5	988431.3
舟山市	1064	182415.0	13695816.8	1606784.6
台州市	16536	1731196.0	22692589.2	7580384.9
丽水市	4128	428187.5	6343734.4	1051651.0

3-9 规模以上工业企业政府相关政策落实情况（2021）

单位：万元

指标名称	使用来自政府部门的研发资金	研究开发费用加计扣除减免税	高新技术企业减免税
总计	**20752941.9**	**2526854.8**	**2449510.1**
按企业规模分组			
大型	6122977.3	719396.1	883616.9
中型	6095999.7	763723.1	921662.2
小型	8362471.6	1021122.7	640648.2
微型	171493.3	22612.9	3582.8
按登记注册类型分组			
内资企业	16750314.6	2031740.4	1855769.9
国有企业	12303.3	2781.7	2011.6
集体企业	233.7	36.1	4.2
股份合作企业	34613.0	3253.3	3293.5
联营企业			
其他联营企业			
有限责任公司	2599805.7	293041.8	263381.3
国有独资公司	31481.4	5050.5	2712.6
其他有限责任公司	2568324.3	287991.3	260668.7
股份有限公司	2863486.9	349270.9	531806.6
私营企业	11239872.0	1383356.6	1055272.7
私营独资企业	7429.0	983.0	3.0
私营合伙企业	727.5	6.3	
私营有限责任公司	9158527.9	1120815.2	756570.7
私营股份有限公司	2073187.6	261552.1	298699.0
港、澳、台商投资企业	1942349.4	234563.8	261124.8
合资经营企业（港或澳、台资）	598380.1	75917.1	104305.0
合作经营企业（港或澳、台资）	14266.2	715.6	1960.5
港、澳、台商独资经营企业	611074.3	84333.9	93192.4
港、澳、台商投资股份有限公司	717573.4	73579.6	61666.9
其他港澳台投资企业	1055.4	17.6	

指标名称	使用来自政府部门的研发资金	研究开发费用加计扣除减免税	高新技术企业减免税
外商投资企业	2060277.9	260550.6	332615.4
中外合资经营企业	821467.2	95507.4	116373.6
中外合作经营企业	5579.1	728.6	487.2
外资企业	957516.2	130402.4	116527.6
外商投资股份有限公司	275137.7	33833.6	99203.5
其他外商投资企业	577.7	78.6	23.5
按国民经济行业大类分组			
采矿业	20624.3	2997.1	6907.9
煤炭开采和洗选业			
黑色金属矿采选业			
有色金属矿采选业			
非金属矿采选业	20624.3	2997.1	6907.9
制造业	20601307.6	2504241.5	2417311.5
农副食品加工业	84077.3	10554.0	3931.7
食品制造业	104993.7	15611.1	17969.2
酒、饮料和精制茶制造业	34310.0	4936.0	1904.6
烟草制品业	140.3		
纺织业	1103300.5	148121.3	84355.4
纺织服装、服饰业	242207.7	28994.3	11855.9
皮革、毛皮、羽毛及其制品和制鞋业	145512.8	20981.3	5628.1
木材加工和木、竹、藤、棕、草制品业	117711.9	13966.0	15283.1
家具制造业	301351.5	38881.1	25117.6
造纸和纸制品业	356184.9	41090.1	62496.0
印刷和记录媒介复制业	151608.5	18747.5	17444.4
文教、工美、体育和娱乐用品制造业	320714.9	39880.3	25087.2
石油、煤炭及其他燃料加工业	391486.0	11977.1	13721.9
化学原料和化学制品制造业	1361198.2	163890.9	254860.0
医药制造业	963044.0	127864.2	266000.1
化学纤维制造业	459164.0	48808.0	31602.1
橡胶和塑料制品业	864883.2	107646.3	82674.9
非金属矿物制品业	607408.0	73817.5	114157.0

指标名称	使用来自政府部门的研发资金	研究开发费用加计扣除减免税	高新技术企业减免税
黑色金属冶炼和压延加工业	278413.4	33095.0	16061.9
有色金属冶炼和压延加工业	246591.0	30583.2	6531.1
金属制品业	895798.3	101456.3	75611.2
通用设备制造业	2100504.7	266263.0	265704.8
专用设备制造业	1045901.2	137958.3	185602.6
汽车制造业	1502573.1	169239.0	166989.4
铁路、船舶、航空航天和其他运输设备制造业	293595.8	33292.6	20169.6
电气机械和器材制造业	2680338.0	346382.8	309666.2
计算机、通信和其他电子设备制造业	3110290.1	361198.2	226055.8
仪器仪表制造业	721769.4	98357.9	103816.0
其他制造业	53477.2	5914.8	3200.1
废弃资源综合利用业	52314.3	3997.5	3410.0
金属制品、机械和设备修理业	10443.7	735.9	403.6
电力、热力、燃气及水生产和供应业	131010.0	19616.2	25290.7
电力、热力生产和供应业	101661.3	16229.2	22574.5
燃气生产和供应业	12650.0	1690.3	275.5
水的生产和供应业	16698.7	1696.7	2440.7
按地区分组			
杭州市	5198026.4	702868.4	606042.0
宁波市	3591807.4	437104.6	505507.7
温州市	1477094.4	205439.5	176217.0
嘉兴市	2558335.9	265017.2	312404.1
湖州市	1408157.7	184294.6	242408.0
绍兴市	1888794.6	255764.2	245036.9
金华市	1608273.6	156290.3	96765.3
衢州市	522382.0	60040.9	64630.6
舟山市	504521.6	21493.1	8228.5
台州市	1595221.7	192927.1	168528.2
丽水市	399045.6	45324.9	23741.8

3-10 规模以上工业企业技术获取和技术改造情况（2021）

单位：万元

指标名称	引进境外技术经费支出	引进境外技术的消化吸收经费支出	购买境内技术经费支出	技术改造经费支出
总计	**121986.6**	**4362.0**	**180457.3**	**2423457.5**
按企业规模分组				
大型	70358.3		85389.6	914264.4
中型	40217.0	2385.4	42148.7	942141.8
小型	11411.3	1976.6	52477.4	564123.2
微型			441.6	2928.1
按登记注册类型分组				
内资企业	55133.5	1872.5	143821.2	2089196.8
国有企业				
集体企业				104.5
股份合作企业	0.8			2621.0
联营企业				
其他联营企业				
有限责任公司	635.9	210.8	15189.3	434525.8
国有独资公司			63.3	51299.9
其他有限责任公司	635.9	210.8	15126.0	383225.9
股份有限公司	11789.0	1625.9	28783.9	493751.8
私营企业	42707.8	35.8	99848.0	1158193.7
私营独资企业	59.4		65.9	2459.3
私营合伙企业			257.1	341.7
私营有限责任公司	16727.3	35.7	66368.3	906697.4
私营股份有限公司	25921.1	0.1	33156.7	248695.3
港、澳、台商投资企业	14697.6	500.1	13329.7	186916.6
合资经营企业（港或澳、台资）	5210.0		6478.2	32843.8
合作经营企业（港或澳、台资）				6.0
港、澳、台商独资经营企业		0.1	899.7	54575.4
港、澳、台商投资股份有限公司	9487.6	500.0	5951.8	99491.4
其他港澳台投资企业				

指标名称	引进境外技术经费支出	引进境外技术的消化吸收经费支出	购买境内技术经费支出	技术改造经费支出
外商投资企业	52155.5	1989.4	23306.4	147344.1
中外合资经营企业	8481.3	259.6	11690.6	53675.1
中外合作经营企业				
外资企业	34495.3	1729.8	374.5	73205.2
外商投资股份有限公司	9178.9		11241.3	20463.8
其他外商投资企业				
按国民经济行业大类分组				
采矿业			878.9	973.6
煤炭开采和洗选业				
黑色金属矿采选业				
有色金属矿采选业				
非金属矿采选业			878.9	973.6
制造业	121986.6	4362.0	179065.4	2388008.8
农副食品加工业			663.2	3994.2
食品制造业	3827.8	500.0	1585.2	41622.4
酒、饮料和精制茶制造业			90.8	737.6
烟草制品业				46973.1
纺织业	458.6	259.5	1297.4	64398.4
纺织服装、服饰业			183.6	13123.1
皮革、毛皮、羽毛及其制品和制鞋业			175.0	4455.4
木材加工和木、竹、藤、棕、草制品业	236.0		16.3	9280.6
家具制造业			288.1	9850.6
造纸和纸制品业		0.1	41.3	36122.6
印刷和记录媒介复制业	206.7		1129.9	22808.3
文教、工美、体育和娱乐用品制造业	937.3		1769.5	32838.3
石油、煤炭及其他燃料加工业				2804.7
化学原料和化学制品制造业	9727.2	52.4	7145.2	343738.2
医药制造业	14636.7		36802.3	202270.2
化学纤维制造业	1293.9	0.1	617.4	18091.3
橡胶和塑料制品业		210.8	9784.4	150628.7
非金属矿物制品业	1000.8	966.6	876.0	69058.3

指标名称	引进境外技术经费支出	引进境外技术的消化吸收经费支出	购买境内技术经费支出	技术改造经费支出
黑色金属冶炼和压延加工业			26.1	34886.0
有色金属冶炼和压延加工业	24036.7		21956.2	18985.3
金属制品业	5550.6	1625.8	7231.8	78355.0
通用设备制造业	2315.8		18590.8	283802.4
专用设备制造业	12752.1		2377.9	65592.4
汽车制造业	14275.8	35.6	27073.1	230362.1
铁路、船舶、航空航天和其他运输设备制造业			37.7	10268.1
电气机械和器材制造业	22230.6	0.1	9591.4	270124.0
计算机、通信和其他电子设备制造业	6414.3	711.0	20327.6	225087.6
仪器仪表制造业	2085.7		9384.4	91975.9
其他制造业				3521.3
废弃资源综合利用业			2.8	2252.7
金属制品、机械和设备修理业				
电力、热力、燃气及水生产和供应业			513.0	34475.1
电力、热力生产和供应业			513.0	34029.7
燃气生产和供应业				
水的生产和供应业				445.4
按地区分组				
杭州市	41928.8	0.3	42272.3	507829.9
宁波市	44940.0	710.8	77406.5	593752.8
温州市	26.2		11162.7	196520.3
嘉兴市	28367.8	3150.9	3405.9	145997.4
湖州市	173.4		4222.8	74088.3
绍兴市	315.0		3720.1	123587.2
金华市	190.6		11525.5	222513.6
衢州市	4006.7	500.0	1976.4	236556.8
舟山市			494.6	15591.3
台州市	2038.1		23609.9	232444.5
丽水市			660.6	27602.3

四、大中型
工业企业

4-1　大中型工业企业研发活动情况（2019—2021）

指标名称	单位	2019	2020	2021
企业数	个	4328	4426	4599
有 R&D 活动企业数	个	3285	3450	3719
企业有研发机构	个	3076	3452	3696
从业人员年平均人数	万人	309.05	314.87	337.60
R&D 活动人员	万人	30.34	31.10	32.40
参加项目人员	万人	28.68	29.48	30.75
企业内部的日常研发经费支出	亿元	1061.08	1187.33	1533.90
人工费用	亿元	420.89	466.65	603.12
直接投入费用	亿元	453.19	513.18	694.80
委托外单位开发经费支出	亿元	64.06	67.45	100.69
折合全时 R&D 人员	万人年	24.21	24.74	24.47
R&D 经费支出	亿元	779.57	858.25	967.58
新产品开发经费支出	亿元	936.24	1038.37	1337.32
新产品销售收入	亿元	17754.01	19568.68	25585.80
出口	亿元	3627.75	4156.84	5536.03
专利申请数	项	55673	63418	70114
发明专利	项	18381	20197	23809
拥有发明专利数	项	41180	49505	62667
技术改造经费支出	亿元	164.02	191.42	185.64
引进境外技术经费支出	亿元	8.85	13.61	11.06
引进境外技术的消化吸收经费支出	亿元	0.67	0.36	0.24
购买境内技术经费支出	亿元	20.38	12.78	12.75

4–2 大中型工业企业基本情况（2021）

指标名称	单位数（个）	有 R&D 活动	有研发机构	#享受研究开发费用加计扣除	#有新产品销售	#有专利申请
总计	**4599**	**3719**	**3282**	**3262**	**3876**	**3028**
按企业规模分组						
大型	679	586	522	546	621	535
中型	3920	3133	2760	2716	3255	2493
按登记注册类型分组						
内资企业	3667	3041	2629	2664	3147	2490
国有企业	11	5	4	2	5	5
集体企业	2					
股份合作企业	7	5	7	5	7	4
有限责任公司	468	341	282	281	341	292
国有独资公司	21	10	9	7	6	11
其他有限责任公司	447	331	273	274	335	281
股份有限公司	412	386	357	363	390	369
私营企业	2767	2304	1979	2013	2404	1820
私营独资企业	8	3		1	3	
私营合伙企业	1	1				
私营有限责任公司	2272	1864	1590	1593	1940	1425
私营股份有限公司	486	436	389	419	461	395
港、澳、台商投资企业	424	340	322	292	352	261
合资经营企业（港或澳、台资）	183	154	137	126	154	103
合作经营企业（港或澳、台资）	3	3	2	1	3	2
港、澳、台商独资经营企业	169	125	118	112	132	101
港、澳、台商投资股份有限公司	69	58	65	53	63	55
外商投资企业	508	338	331	306	377	277
中外合资经营企业	195	138	134	121	150	116

指标名称	单位数（个）	有R&D活动	有研发机构	#享受研究开发费用加计扣除	#有新产品销售	#有专利申请
中外合作经营企业	2	2	2	1	1	2
外资企业	272	161	165	148	188	123
外商投资股份有限公司	39	37	30	36	38	36
按国民经济行业大类分组						
采矿业	2	1	1	1	1	1
非金属矿采选业	2	1	1	1	1	1
制造业	4534	3699	3274	3249	3874	3001
农副食品加工业	37	28	28	20	28	17
食品制造业	64	39	34	27	38	28
酒、饮料和精制茶制造业	19	11	6	10	18	3
烟草制品业	1	1	1		1	1
纺织业	407	332	254	273	344	206
纺织服装、服饰业	223	129	118	67	141	63
皮革、毛皮、羽毛及其制品和制鞋业	113	79	68	49	93	42
木材加工和木、竹、藤、棕、草制品业	31	29	25	26	30	20
家具制造业	141	114	84	96	124	85
造纸和纸制品业	59	48	46	45	52	43
印刷和记录媒介复制业	49	43	41	38	45	32
文教、工美、体育和娱乐用品制造业	122	97	79	89	103	82
石油、煤炭及其他燃料加工业	6	6	4	4	4	5
化学原料和化学制品制造业	156	131	126	118	129	111
医药制造业	146	138	126	125	129	107
化学纤维制造业	80	62	59	49	69	46
橡胶和塑料制品业	172	139	121	127	147	113
非金属矿物制品业	85	68	56	59	66	50
黑色金属冶炼和压延加工业	29	24	20	20	25	20
有色金属冶炼和压延加工业	35	32	22	23	30	27
金属制品业	290	227	207	208	231	188

指标名称	单位数（个）	有 R&D 活动	有研发机构	#享受研究开发费用加计扣除	#有新产品销售	#有专利申请
通用设备制造业	447	380	352	371	412	351
专用设备制造业	208	183	163	172	180	172
汽车制造业	350	284	258	268	310	245
铁路、船舶、航空航天和其他运输设备制造业	76	65	57	49	62	51
电气机械和器材制造业	603	532	476	479	556	449
计算机、通信和其他电子设备制造业	405	332	311	304	364	313
仪器仪表制造业	116	103	96	104	105	97
其他制造业	34	29	22	22	29	25
废弃资源综合利用业	10	7	7	4	8	6
金属制品、机械和设备修理业	20	7	7	3	1	3
电力、热力、燃气及水生产和供应业	63	19	7	12	1	26
电力、热力生产和供应业	36	17	6	12	1	23
燃气生产和供应业	5					1
水的生产和供应业	22	2	1			2
按地区分组						
杭州市	711	512	481	492	577	502
宁波市	1066	857	778	741	857	643
温州市	427	356	325	300	395	298
嘉兴市	594	422	510	384	507	354
湖州市	266	232	188	205	229	196
绍兴市	462	410	292	344	408	300
金华市	374	323	266	272	324	258
衢州市	108	89	74	72	84	72
舟山市	52	36	37	25	24	29
台州市	447	407	287	360	391	315
丽水市	90	74	43	66	79	59

指标名称	从业人员期末人数(人)	从业人员平均人数(人)	资产总计（万元）	业务收入（万元）	主营业务收入（万元）	利润总额（万元）	工业总产值（万元）
总计	3449223	3375775	670818204.0	560919742.9	534976992.5	47946734.8	526222877.9
按企业规模分组							
大型	1470050	1426308	373768326.8	303055453.0	286190341.2	28948922.5	279640779.5
中型	1979173	1949467	297049877.2	257864289.9	248786651.3	18997812.3	246582098.4
按登记注册类型分组							
内资企业	2605016	2549913	499263827.2	411249839.1	392058569.1	33475299.7	386788064.1
国有企业	7203	7193	1882527.5	1140873.2	1109150.6	46241.4	1074215.3
集体企业	871	892	109310.8	148111.8	147305.5	1716.6	147279.0
股份合作企业	3165	3158	366382.1	387643.7	375922.4	25693.5	386152.9
有限责任公司	391768	378267	162996755.4	141533845.5	133503242.6	10746166.4	127945142.6
国有独资公司	50029	49794	41722587.3	38844935.8	35036693.2	1163058.9	34940543.9
其他有限责任公司	341739	328473	121274168.1	102688909.7	98466549.4	9583107.5	93004598.7
股份有限公司	460097	455494	145536353.4	87277742.0	81943161.0	9659807.2	81701718.2
私营企业	1741912	1704909	188372498.0	180761622.9	174979787.0	12995674.6	175533556.1
私营独资企业	3657	3585	159482.5	261923.9	260594.0	14874.8	273167.6
私营合伙企业	378	376	11495.7	14855.2	14855.2	302.3	14856.9
私营有限责任公司	1388683	1352288	136474712.8	142977219.6	139024929.0	9470378.0	139568835.5
私营股份有限公司	349194	348660	51726807.0	37507624.2	35679408.8	3510119.5	35676696.1
港、澳、台商投资企业	391773	384109	79125018.1	63918894.0	61056830.3	6247796.2	60286793.0
合资经营企业（港或澳、台资）	138094	137499	26230218.1	27641950.5	26245874.2	1940909.0	26519246.0
合作经营企业（港或澳、台资）	1965	1998	249559.3	249866.6	249444.7	3724.4	273344.2
港、澳、台商独资经营企业	165193	160873	26697246.9	24902801.1	24143354.8	2068766.4	23179370.3
港、澳、台商投资股份有限公司	86521	83739	25947993.8	11124275.8	10418156.6	2234396.4	10314832.5
外商投资企业	452434	441753	92429358.7	85751009.8	81861593.1	8223638.9	79148020.8
中外合资经营企业	167478	162346	31243128.3	26288277.8	25298084.0	2556553.4	24635718.8
中外合作经营企业	1143	1094	35926.8	44992.8	43249.1	3955.1	43001.3

指标名称	从业人员期末人数(人)	从业人员平均人数(人)	资产总计（万元）	业务收入（万元）	主营业务收入（万元）	利润总额（万元）	工业总产值（万元）
外资企业	231502	228284	41980829.4	48437515.3	47397919.5	3672337.4	45964283.6
外商投资股份有限公司	52311	50029	19169474.2	10980223.9	9122340.5	1990793.0	8505017.1
按国民经济行业大类分组							
采矿业	673	656	455766.2	210650.5	210460.0	54894.6	213330.4
非金属矿采选业	673	656	455766.2	210650.5	210460.0	54894.6	213330.4
制造业	3375867	3302650	610718918.9	516599775.7	491076637.8	47697854.0	482572385.5
农副食品加工业	20380	19188	2517609.0	1843385.8	1788916.0	69609.2	1621260.5
食品制造业	45972	37449	4040648.7	3778148.0	3647239.8	363376.1	3477236.3
酒、饮料和精制茶制造业	16459	16185	2957715.2	2498227.2	2372480.7	362426.5	2037208.9
烟草制品业	3484	3503	5704188.4	9533227.4	5865552.9	676397.6	5881753.0
纺织业	257158	256677	20875618.7	17308711.7	16882687.0	1509437.7	18058446.6
纺织服装、服饰业	174260	174808	15443434.1	11806049.8	11439485.6	667893.3	12007690.8
皮革、毛皮、羽毛及其制品和制鞋业	71097	68653	3666337.8	2893531.2	2825555.5	110335.7	3107977.7
木材加工和木、竹、藤、棕、草制品业	25612	25303	2622151.2	2141525.4	1986407.0	283233.2	1795711.7
家具制造业	116462	115568	8554868.8	7692547.8	7419628.3	376550.1	6904731.2
造纸和纸制品业	36461	35622	12324628.1	7701213.0	7465772.7	924015.3	7456388.3
印刷和记录媒介复制业	22627	22316	2919232.1	2110430.0	2037855.5	186608.9	2049283.3
文教、工美、体育和娱乐用品制造业	91209	91960	6990415.3	8047687.6	7984393.5	559820.2	8336286.1
石油、煤炭及其他燃料加工业	21463	19481	38144548.7	28846212.7	28763055.0	4212887.6	32457534.6
化学原料和化学制品制造业	92409	90998	55970425.3	44008151.5	40804812.0	4947909.4	41222879.1
医药制造业	113825	111552	30934383.7	16412636.0	16080920.0	3625024.8	17044326.0
化学纤维制造业	89881	89075	32526823.7	31843946.6	28677113.3	1970316.2	24678403.7
橡胶和塑料制品业	117968	117587	14166777.9	13943301.2	13321548.9	1031376.2	12756909.0
非金属矿物制品业	53664	52793	13660256.0	8404065.1	7929069.2	1535820.0	7894691.7
黑色金属冶炼和压延加工业	26985	26934	10890959.3	15890426.0	15426588.6	1320233.8	14378008.8
有色金属冶炼和压延加工业	26231	26036	9120464.4	16405947.2	13764238.8	565156.2	13458481.8
金属制品业	176089	172642	17455151.2	19198495.1	18434779.2	2087883.7	18237090.0

指标名称	从业人员期末人数(人)	从业人员平均人数(人)	资产总计(万元)	业务收入(万元)	主营业务收入(万元)	利润总额(万元)	工业总产值(万元)
通用设备制造业	298700	293719	41422579.2	33533822.9	32645023.4	3230890.8	31542954.6
专用设备制造业	129068	125211	19313279.5	13487026.0	13171902.4	1727242.8	13183851.0
汽车制造业	263463	251606	55244299.2	39699413.5	38120385.2	4154918.5	37531579.8
铁路、船舶、航空航天和其他运输设备制造业	47205	47112	8319318.6	5702417.8	5555160.0	154599.1	5395685.4
电气机械和器材制造业	469602	470185	75635651.4	71965023.9	69114902.7	3777988.3	65799012.8
计算机、通信和其他电子设备制造业	441993	419365	80280984.1	67203767.7	65210562.9	5657527.1	62117136.2
仪器仪表制造业	86292	83631	14541171.7	8874063.0	8617110.8	1279184.6	8638447.2
其他制造业	22836	21198	1361174.4	1292653.0	1269226.5	114733.0	1170976.1
废弃资源综合利用业	4372	4286	1416413.1	1550299.9	1497755.3	135798.4	1426064.4
金属制品、机械和设备修理业	12640	12007	1697410.1	983421.7	956509.1	78659.9	904378.9
电力、热力、燃气及水生产和供应业	72683	72469	59643518.9	44109316.7	43689894.7	193986.2	43437162.0
电力、热力生产和供应业	56635	56560	49819971.1	41531755.5	41355708.2	140550.4	41200502.9
燃气生产和供应业	2645	2635	1284232.5	1134995.9	1077995.1	51571.8	1046934.5
水的生产和供应业	13403	13274	8539315.3	1442565.3	1256191.4	1864.0	1189724.6
按地区分组							
杭州市	584599	571438	143912400.4	123857513.6	118537567.6	10518603.3	106609699.1
宁波市	811262	800518	144569230.4	139940706.5	134113112.9	12591934.2	134861904.1
温州市	287250	278262	35270579.9	23545156.5	22828603.8	1960313.7	24460887.1
嘉兴市	446964	431159	79809730.5	73124236.9	69875882.3	5323162.6	67570923.1
湖州市	191207	188369	31993900.2	28383077.3	27107881.2	2440056.8	26391455.0
绍兴市	331859	325494	58356348.8	38278728.7	35375328.5	4069170.0	40051284.5
金华市	263484	260145	32266880.4	28178128.8	27306276.7	1795512.2	26594959.5
衢州市	73692	72268	14899779.9	13823267.3	13172046.6	1505638.4	12583857.0
舟山市	43705	41124	35444720.4	16889220.8	16730101.6	2930559.9	18246820.4
台州市	317064	310249	48367306.3	30446235.7	29580259.0	2799799.8	28645759.1
丽水市	58991	57799	9227228.0	8300768.5	7900992.4	913978.8	7704101.1

4-3 大中型工业企业R&D人员情况（2021）

指标名称	R&D人员合计（人）	#参加项目人员	管理和服务人员	#女性	#研究人员	#全时人员	非全时人员
总计	324014	307508	16506	75245	82045	227797	96217
按企业规模分组							
大型	144249	137195	7054	33464	45949	103446	40803
中型	179765	170313	9452	41781	36096	124351	55414
按登记注册类型分组							
内资企业	249272	236368	12904	57108	58590	174229	75043
国有企业	299	283	16	49	87	209	90
股份合作企业	294	287	7	28	62	217	77
有限责任公司	32211	30379	1832	6988	10590	21767	10444
国有独资公司	723	618	105	162	361	394	329
其他有限责任公司	31488	29761	1727	6826	10229	21373	10115
股份有限公司	57871	54617	3254	13290	19424	42060	15811
私营企业	158597	150802	7795	36753	28427	109976	48621
私营独资企业	132	123	9	56	6	59	73
私营合伙企业	7	5	2	1	1		7
私营有限责任公司	121425	115439	5986	28764	20500	84455	36970
私营股份有限公司	37033	35235	1798	7932	7920	25462	11571
港、澳、台商投资企业	40567	38961	1606	9825	12205	29431	11136
合资经营企业（港或澳、台资）	12365	11862	503	3236	2398	8612	3753
合作经营企业（港或澳、台资）	326	245	81	65	138	262	64
港、澳、台商独资经营企业	13392	12708	684	3462	3279	10095	3297
港、澳、台商投资股份有限公司	14484	14146	338	3062	6390	10462	4022
外商投资企业	34175	32179	1996	8312	11250	24137	10038
中外合资经营企业	12855	12058	797	3022	3888	9088	3767
中外合作经营企业	144	138	6	61	4	46	98

指标名称	R&D人员合计（人）	#参加项目人员	管理和服务人员	#女性	#研究人员	#全时人员	非全时人员
外资企业	16190	15370	820	3994	5641	11882	4308
外商投资股份有限公司	4986	4613	373	1235	1717	3121	1865
按国民经济行业大类分组							
采矿业	107	104	3	24	8	22	85
非金属矿采选业	107	104	3	24	8	22	85
制造业	322953	306517	16436	75132	81593	227579	95374
农副食品加工业	946	882	64	375	182	604	342
食品制造业	2023	1895	128	666	322	913	1110
酒、饮料和精制茶制造业	711	661	50	230	164	299	412
烟草制品业	271	253	18	64	146	108	163
纺织业	25445	23904	1541	8379	3340	15686	9759
纺织服装、服饰业	8206	7802	404	4613	1312	6145	2061
皮革、毛皮、羽毛及其制品和制鞋业	5503	5203	300	2205	339	3684	1819
木材加工和木、竹、藤、棕、草制品业	2229	2103	126	670	341	1539	690
家具制造业	9161	8543	618	2329	1225	6455	2706
造纸和纸制品业	3527	3250	277	699	435	2532	995
印刷和记录媒介复制业	1750	1644	106	522	316	1105	645
文教、工美、体育和娱乐用品制造业	6433	6194	239	1909	902	4457	1976
石油、煤炭及其他燃料加工业	972	934	38	97	403	670	302
化学原料和化学制品制造业	9236	8689	547	2162	3261	6669	2567
医药制造业	14029	13251	778	6106	6426	10404	3625
化学纤维制造业	8818	8472	346	2166	898	4756	4062
橡胶和塑料制品业	9686	9117	569	2080	1646	6457	3229
非金属矿物制品业	4404	4145	259	663	978	2552	1852
黑色金属冶炼和压延加工业	1828	1745	83	154	402	1141	687
有色金属冶炼和压延加工业	2547	2385	162	386	537	1343	1204

指标名称	R&D 人员合计（人）	#参加项目人员	管理和服务人员	#女性	#研究人员	#全时人员	非全时人员
金属制品业	14156	13492	664	2618	1969	9607	4549
通用设备制造业	28679	27134	1545	4798	7035	20614	8065
专用设备制造业	13460	12787	673	2104	3616	10132	3328
汽车制造业	24463	23239	1224	3672	6776	17748	6715
铁路、船舶、航空航天和其他运输设备制造业	4602	4305	297	743	1008	3391	1211
电气机械和器材制造业	47595	45055	2540	9803	10159	33224	14371
计算机、通信和其他电子设备制造业	57335	55051	2284	12089	21996	44676	12659
仪器仪表制造业	12543	12125	418	2281	5156	9206	3337
其他制造业	1701	1606	95	471	212	1035	666
废弃资源综合利用业	566	530	36	73	58	366	200
金属制品、机械和设备修理业	128	121	7	5	33	61	67
电力、热力、燃气及水生产和供应业	954	887	67	89	444	196	758
电力、热力生产和供应业	842	781	61	66	397	184	658
水的生产和供应业	112	106	6	23	47	12	100
按地区分组							
杭州市	64748	61512	3236	14752	26273	50121	14627
宁波市	71587	69483	2104	15456	18054	52218	19369
温州市	26328	25052	1276	6100	4396	19790	6538
嘉兴市	38279	35919	2360	9661	7023	24382	13897
湖州市	16663	15874	789	3574	3496	12110	4553
绍兴市	33484	31222	2262	8014	8088	21739	11745
金华市	26792	25420	1372	7202	4915	18068	8724
衢州市	6657	6222	435	1555	1268	3471	3186
舟山市	2219	2101	118	334	619	1231	988
台州市	31913	29764	2149	7444	6928	21628	10285
丽水市	5073	4686	387	1089	839	2931	2142

指标名称	R&D 人员折合全时当量合计（人年）	# 研究人员	按活动类型分组		
			基础研究人员	应用研究人员	试验发展人员
总计	**244739**	**63304**	**170**	**3011**	**241558**
按企业规模分组					
大型	108668	35661	43	1688	106937
中型	136071	27643	127	1323	134620
按登记注册类型分组					
内资企业	187171	44714	170	2478	184523
国有企业	233	69			233
股份合作企业	227	48			227
有限责任公司	23431	7694	124	588	22719
国有独资公司	325	161	1	2	322
其他有限责任公司	23107	7533	123	586	22397
股份有限公司	43750	15228	42	684	43025
私营企业	119529	21675	4	1206	118319
私营独资企业	115	6			115
私营合伙企业	3				3
私营有限责任公司	91768	15635	4	1010	90754
私营股份有限公司	27644	6034		196	27448
港、澳、台商投资企业	31665	9599		42	31623
合资经营企业（港或澳、台资）	9511	1925		9	9502
合作经营企业（港或澳、台资）	166	61			166
港、澳、台商独资经营企业	10745	2666		2	10744
港、澳、台商投资股份有限公司	11243	4946		32	11211
外商投资企业	25903	8992		491	25412
中外合资经营企业	9593	3136		65	9529
中外合作经营企业	97	3			97

指标名称	R&D 人员折合全时当量合计（人年）	#研究人员	按活动类型分组		
			基础研究人员	应用研究人员	试验发展人员
外资企业	12568	4603		171	12397
外商投资股份有限公司	3645	1250		255	3390
按国民经济行业大类分组					
采矿业	13	1			13
非金属矿采选业	13	1			13
制造业	244273	63109	170	3011	241092
农副食品加工业	699	118		30	669
食品制造业	1240	207		2	1238
酒、饮料和精制茶制造业	419	109		5	414
烟草制品业	16	8	1	2	13
纺织业	18554	2452		112	18442
纺织服装、服饰业	6447	1018		7	6440
皮革、毛皮、羽毛及其制品和制鞋业	4070	247		12	4058
木材加工和木、竹、藤、棕、草制品业	1770	281		3	1767
家具制造业	6745	886		495	6250
造纸和纸制品业	2529	320			2529
印刷和记录媒介复制业	1317	227		71	1246
文教、工美、体育和娱乐用品制造业	5028	714			5028
石油、煤炭及其他燃料加工业	745	304		106	639
化学原料和化学制品制造业	7125	2536		39	7086
医药制造业	10472	4820		406	10066
化学纤维制造业	5506	630			5506
橡胶和塑料制品业	7258	1222		27	7231
非金属矿物制品业	2992	657	4	1	2987
黑色金属冶炼和压延加工业	1425	302		92	1333

指标名称	R&D人员折合全时当量合计（人年）	#研究人员	按活动类型分组		
			基础研究人员	应用研究人员	试验发展人员
有色金属冶炼和压延加工业	1710	364		4	1706
金属制品业	10515	1478		42	10473
通用设备制造业	22047	5367		285	21762
专用设备制造业	10491	2879		23	10468
汽车制造业	19050	5353		287	18763
铁路、船舶、航空航天和其他运输设备制造业	3469	775		10	3459
电气机械和器材制造业	34703	7327	123	358	34222
计算机、通信和其他电子设备制造业	46455	18292	6	450	45999
仪器仪表制造业	9775	3996	36	119	9621
其他制造业	1238	162		24	1215
废弃资源综合利用业	378	36			378
金属制品、机械和设备修理业	86	21			86
电力、热力、燃气及水生产和供应业	453	194			453
电力、热力生产和供应业	414	177			414
水的生产和供应业	39	17			39
按地区分组					
杭州市	51384	21304	36	1270	50078
宁波市	56677	14353	123	38	56516
温州市	20145	3375		56	20090
嘉兴市	27133	5015		194	26939
湖州市	12895	2783	4	440	12451
绍兴市	24576	6087		91	24486
金华市	19450	3487		164	19286
衢州市	4308	871	6	121	4181
舟山市	1449	409		90	1359
台州市	23288	5042		318	22971
丽水市	3417	570		229	3188

4-4 大中型工业企业 R&D 经费情况（2021）

单位：万元

指标名称	R&D 经费内部支出合计	按活动类型分组		
		基础研究支出	应用研究支出	试验发展支出
总计	**9675819.6**	**3187.9**	**75127.7**	**9597504.0**
按企业规模分组				
大型	5107794.2	1642.1	51788.9	5054363.2
中型	4568025.4	1545.8	23338.8	4543140.8
按登记注册类型分组				
内资企业	6955949.2	3151.9	62340.9	6890456.4
国有企业	12965.0			12965.0
股份合作企业	12392.8			12392.8
有限责任公司	1279631.7	1541.1	13852.0	1264238.6
国有独资公司	20897.7	33.9	1262.7	19601.1
其他有限责任公司	1258734.0	1507.2	12589.3	1244637.5
股份有限公司	1904921.0	1570.6	20680.8	1882669.6
私营企业	3746038.7	40.2	27808.1	3718190.4
私营独资企业	1133.4			1133.4
私营合伙企业	48.8			48.8
私营有限责任公司	2818733.6	38.6	24047.0	2794648.0
私营股份有限公司	926122.9	1.6	3761.1	922360.2
港、澳、台商投资企业	1490588.2	36.0	716.8	1489835.4
合资经营企业（港或澳、台资）	386408.3		23.1	386385.2
合作经营企业（港或澳、台资）	6128.9			6128.9
港、澳、台商独资经营企业	437546.9		153.1	437393.8
港、澳、台商投资股份有限公司	660504.1	36.0	540.6	659927.5
外商投资企业	1229282.2		12070.0	1217212.2
中外合资经营企业	456569.2		2525.1	454044.1

指标名称	R&D经费内部支出合计	按活动类型分组		
		基础研究支出	应用研究支出	试验发展支出
中外合作经营企业	1279.8			1279.8
外资企业	610331.8		2913.5	607418.3
外商投资股份有限公司	161101.4		6631.4	154470.0
按国民经济行业大类分组				
采矿业	4842.5			4842.5
非金属矿采选业	4842.5			4842.5
制造业	9621623.9	3187.9	75127.7	9543308.3
农副食品加工业	18481.3		958.9	17522.4
食品制造业	37948.8		26.7	37922.1
酒、饮料和精制茶制造业	8988.9		15.3	8973.6
烟草制品业	8993.0	33.9	1262.7	7696.4
纺织业	432774.5		2444.3	430330.2
纺织服装、服饰业	143279.7		468.3	142811.4
皮革、毛皮、羽毛及其制品和制鞋业	69070.0		323.1	68746.9
木材加工和木、竹、藤、棕、草制品业	53728.6		52.4	53676.2
家具制造业	159428.4		10231.3	149197.1
造纸和纸制品业	97905.1			97905.1
印刷和记录媒介复制业	38735.2		2069.5	36665.7
文教、工美、体育和娱乐用品制造业	99875.7			99875.7
石油、煤炭及其他燃料加工业	50315.7		1725.5	48590.2
化学原料和化学制品制造业	455316.8		663.3	454653.5
医药制造业	586327.5		10525.2	575802.3
化学纤维制造业	491332.9			491332.9
橡胶和塑料制品业	315163.0		302.8	314860.2
非金属矿物制品业	98059.6	38.6	0.7	98020.3
黑色金属冶炼和压延加工业	72518.4		2334.0	70184.4

指标名称	R&D经费内部支出合计	按活动类型分组		
		基础研究支出	应用研究支出	试验发展支出
有色金属冶炼和压延加工业	65678.6		576.7	65101.9
金属制品业	360691.9		814.2	359877.7
通用设备制造业	842801.0		7664.7	835136.3
专用设备制造业	400557.4		409.1	400148.3
汽车制造业	641058.3		4289.1	636769.2
铁路、船舶、航空航天和其他运输设备制造业	147184.1		116.5	147067.6
电气机械和器材制造业	1456833.0	1520.1	11769.5	1443543.4
计算机、通信和其他电子设备制造业	2108642.1	575.0	14441.7	2093625.4
仪器仪表制造业	312821.7	1020.3	1248.7	310552.7
其他制造业	25564.2		393.5	25170.7
废弃资源综合利用业	18509.6			18509.6
金属制品、机械和设备修理业	3038.9			3038.9
电力、热力、燃气及水生产和供应业	49353.2			49353.2
电力、热力生产和供应业	48857.9			48857.9
水的生产和供应业	495.3			495.3
按地区分组				
杭州市	2480205.3	1033.2	34808.8	2551969.9
宁波市	2101265.6	1543.2	875.2	2036402.8
温州市	630318.2		1950.8	557117.4
嘉兴市	1201018.2		5586.8	1108109.7
湖州市	550901.3	40.2	9507.5	573519.4
绍兴市	1025676.8	278.6	1894.8	1010598.0
金华市	553970.1		3705.4	625710.2
衢州市	154153.7	258.6	3933.2	194293.9
舟山市	173747.5		1542.6	72366.4
台州市	700090.5	0.2	6761.3	758546.1
丽水市	104472.4		3298.6	101173.8

指标名称	R&D 经费内部支出合计				
	按支出用途分组				
	经常费支出	#人员劳务费	资产性支出	#土地和建筑物	仪器和设备
总计	**9059241.5**	**3453168.7**	**616578.1**	**12772.6**	**603805.5**
按企业规模分组					
大型	4807439.9	1959427.2	300354.3	5776.5	294577.8
中型	4251801.6	1493741.5	316223.8	6996.1	309227.7
按登记注册类型分组					
内资企业	6466828.4	2259468.0	489120.8	9727.7	479393.1
国有企业	12904.7	4115.3	60.3	1.7	58.6
股份合作企业	12346.7	3401.1	46.1	0.9	45.2
有限责任公司	1184180.7	348144.0	95451.0	2481.8	92969.2
国有独资公司	19260.1	10352.1	1637.6	12.4	1625.2
其他有限责任公司	1164920.6	337791.9	93813.4	2469.4	91344.0
股份有限公司	1791908.0	632543.2	113013.0	2040.5	110972.5
私营企业	3465488.3	1271264.4	280550.4	5202.8	275347.6
私营独资企业	1118.9	463.5	14.5		14.5
私营合伙企业	48.8	27.2			
私营有限责任公司	2614425.6	933238.1	204308.0	3817.0	200491.0
私营股份有限公司	849895.0	337535.6	76227.9	1385.8	74842.1
港、澳、台商投资企业	1428882.0	675609.3	61706.2	1336.2	60370.0
合资经营企业（港或澳、台资）	356328.8	119527.7	30079.5	349.8	29729.7
合作经营企业（港或澳、台资）	6128.9	2138.9			
港、澳、台商独资经营企业	414582.6	155930.3	22964.3	371.5	22592.8
港、澳、台商投资股份有限公司	651841.7	398012.4	8662.4	614.9	8047.5
外商投资企业	1163531.1	518091.4	65751.1	1708.7	64042.4
中外合资经营企业	420408.1	141318.5	36161.1	800.5	35360.6
中外合作经营企业	1279.8	806.6			
外资企业	585095.2	318536.9	25236.6	761.0	24475.6

单位：万元

指标名称	R&D经费内部支出合计				
	按支出用途分组				
	经常费支出	#人员劳务费	资产性支出	#土地和建筑物	仪器和设备
外商投资股份有限公司	156748.0	57429.4	4353.4	147.2	4206.2
按国民经济行业大类分组					
采矿业	4704.9	1273.3	137.6		137.6
非金属矿采选业	4704.9	1273.3	137.6		137.6
制造业	9009795.3	3440547.4	611828.6	12716.0	599112.6
农副食品加工业	16675.3	4679.6	1806.0	1.9	1804.1
食品制造业	29429.9	13410.6	8518.9	62.7	8456.2
酒、饮料和精制茶制造业	8180.0	4899.1	808.9	148.8	660.1
烟草制品业	7616.4	5774.0	1376.6		1376.6
纺织业	393688.5	163577.3	39086.0	787.6	38298.4
纺织服装、服饰业	140626.5	59599.7	2653.2	29.1	2624.1
皮革、毛皮、羽毛及其制品和制鞋业	67472.9	30187.2	1597.1	16.6	1580.5
木材加工和木、竹、藤、棕、草制品业	51863.4	15739.2	1865.2	64.5	1800.7
家具制造业	155746.8	61145.9	3681.6	43.7	3637.9
造纸和纸制品业	94332.1	24362.4	3573.0	524.5	3048.5
印刷和记录媒介复制业	36032.9	11722.6	2702.3	25.9	2676.4
文教、工美、体育和娱乐用品制造业	94716.9	46621.2	5158.8	68.8	5090.0
石油、煤炭及其他燃料加工业	47042.2	20186.7	3273.5	104.1	3169.4
化学原料和化学制品制造业	401309.5	123700.7	54007.3	2120.0	51887.3
医药制造业	529105.2	168836.1	57222.3	1211.3	56011.0
化学纤维制造业	460022.3	51862.8	31310.6	233.6	31077.0
橡胶和塑料制品业	278952.7	74795.0	36210.3	138.7	36071.6
非金属矿物制品业	93905.2	37179.1	4154.4	412.6	3741.8
黑色金属冶炼和压延加工业	69579.7	22164.7	2938.7	22.3	2916.4
有色金属冶炼和压延加工业	61608.5	15474.1	4070.1	22.7	4047.4

指标名称	R&D经费内部支出合计				
	按支出用途分组				
	经常费支出	#人员劳务费	资产性支出	#土地和建筑物	仪器和设备
金属制品业	346765.2	101025.2	13926.7	941.0	12985.7
通用设备制造业	806433.4	285515.7	36367.6	1040.8	35326.8
专用设备制造业	385583.6	162116.8	14973.8	311.2	14662.6
汽车制造业	574812.3	265131.8	66246.0	876.5	65369.5
铁路、船舶、航空航天和其他运输设备制造业	138762.0	42700.9	8422.1	357.3	8064.8
电气机械和器材制造业	1375096.8	390631.1	81736.2	934.5	80801.7
计算机、通信和其他电子设备制造业	2011477.9	1073349.4	97164.2	2029.6	95134.6
仪器仪表制造业	287400.8	148100.8	25420.9	146.1	25274.8
其他制造业	25244.1	11323.0	320.1	20.4	299.7
废弃资源综合利用业	17329.9	3370.9	1179.7	19.2	1160.5
金属制品、机械和设备修理业	2982.4	1363.8	56.5		56.5
电力、热力、燃气及水生产和供应业	44741.3	11348.0	4611.9	56.6	4555.3
电力、热力生产和供应业	44277.9	11091.6	4580.0	56.6	4523.4
水的生产和供应业	463.4	256.4	31.9		31.9
按地区分组					
杭州市	2507081.0	1163192.3	80730.9	2558.0	78172.9
宁波市	1888703.3	763349.7	150117.9	3497.1	146620.8
温州市	524792.6	235611.6	34275.6	479.7	33795.9
嘉兴市	1054150.9	311039.3	59545.6	646.3	58899.3
湖州市	533811.0	147735.0	49256.1	902.1	48354.0
绍兴市	914994.2	278792.1	97777.2	1613.3	96163.9
金华市	571529.8	165835.7	57885.8	975.9	56909.9
衢州市	188667.1	44441.6	9818.6	595.6	9223.0
舟山市	72423.5	22795.7	1485.5	25.4	1460.1
台州市	695672.9	278911.0	69634.7	1462.0	68172.7
丽水市	99798.8	35690.7	4673.6	17.2	4656.4

指标名称	R&D 经费内部支出合计			
	按资金来源分组			
	政府资金	企业资金	境外资金	其他资金
总计	**104994.3**	**9559107.0**	**7508.1**	**4210.2**
按企业规模分组				
大型	50132.1	5049805.7	4434.0	3422.4
中型	54862.2	4509301.3	3074.1	787.8
按登记注册类型分组				
内资企业	75659.4	6874292.3	2393.7	3603.8
国有企业	238.1	12726.9		
股份合作企业	478.3	11914.5		
有限责任公司	10546.0	1266226.8		2858.9
国有独资公司	678.9	20218.8		
其他有限责任公司	9867.1	1246008.0		2858.9
股份有限公司	38147.7	1866759.1		14.2
私营企业	26249.3	3716665.0	2393.7	730.7
私营独资企业		1133.4		
私营合伙企业		48.8		
私营有限责任公司	18887.4	2796849.0	2393.7	603.5
私营股份有限公司	7361.9	918633.8		127.2
港、澳、台商投资企业	10102.6	1479665.4	775.4	44.8
合资经营企业（港或澳、台资）	1690.8	383942.1	775.4	
合作经营企业（港或澳、台资）		6128.9		
港、澳、台商独资经营企业	2833.8	434713.1		
港、澳、台商投资股份有限公司	5578.0	654881.3		44.8
外商投资企业	19232.3	1205149.3	4339.0	561.6
中外合资经营企业	8489.5	444857.2	3222.5	
中外合作经营企业		1279.8		
外资企业	4472.7	604181.0	1116.5	561.6

指标名称	R&D 经费内部支出合计			
	按资金来源分组			
	政府资金	企业资金	境外资金	其他资金
外商投资股份有限公司	6270.1	154831.3		
按国民经济行业大类分组				
采矿业		4842.5		
非金属矿采选业		4842.5		
制造业	104613.4	9508153.0	7508.1	1349.4
农副食品加工业	1158.2	17291.1		32.0
食品制造业	310.2	37638.6		
酒、饮料和精制茶制造业	5.2	8983.7		
烟草制品业		8993.0		
纺织业	1059.5	431217.3		497.7
纺织服装、服饰业	1624.6	141655.1		
皮革、毛皮、羽毛及其制品和制鞋业	46.3	69023.7		
木材加工和木、竹、藤、棕、草制品业	340.8	53387.8		
家具制造业	691.4	158737.0		
造纸和纸制品业	2070.2	95834.9		
印刷和记录媒介复制业	443.9	38291.3		
文教、工美、体育和娱乐用品制造业	526.0	99349.7		
石油、煤炭及其他燃料加工业	263.0	50052.7		
化学原料和化学制品制造业	7007.9	448296.6		12.3
医药制造业	13423.6	569681.4	3222.5	
化学纤维制造业	1202.5	490130.4		
橡胶和塑料制品业	1909.6	313253.4		
非金属矿物制品业	1004.6	97055.0		
黑色金属冶炼和压延加工业	1044.3	71474.1		
有色金属冶炼和压延加工业	5362.4	60316.2		
金属制品业	3282.0	355633.6	1776.3	

单位：万元

指标名称	R&D 经费内部支出合计			
	按资金来源分组			
	政府资金	企业资金	境外资金	其他资金
通用设备制造业	9932.5	831899.1	969.4	
专用设备制造业	8638.6	391918.8		
汽车制造业	5099.1	635647.1	312.1	
铁路、船舶、航空航天和其他运输设备制造业	685.9	146418.2		80.0
电气机械和器材制造业	11498.4	1444658.1	114.9	561.6
计算机、通信和其他电子设备制造业	20277.1	2087308.9	1017.5	38.6
仪器仪表制造业	5422.4	307272.1		127.2
其他制造业	155.8	25408.4		
废弃资源综合利用业	127.4	18382.2		
金属制品、机械和设备修理业		2943.5	95.4	
电力、热力、燃气及水生产和供应业	380.9	46111.5		2860.8
电力、热力生产和供应业	380.9	45616.2		2860.8
水的生产和供应业		495.3		
按地区分组				
杭州市	25869.0	2557664.3	4240.0	38.6
宁波市	12384.1	2026242.2	114.9	80.0
温州市	8770.6	550297.6		
嘉兴市	9481.0	1103609.1		606.4
湖州市	5855.1	577212.0		
绍兴市	16564.7	995409.7	312.1	484.9
金华市	11649.9	617765.7		
衢州市	3509.1	194964.3		12.3
舟山市	1300.3	72513.3	95.4	
台州市	8177.7	753172.5	969.4	2988.0
丽水市	1432.8	101263.3	1776.3	

指标名称	R&D经费外部支出合计	对境内研究机构支出	对境内高等学校支出	对境内企业支出	对境外支出
总计	**628990.3**	**43777.7**	**35149.3**	**442330.0**	**107733.3**
按企业规模分组					
大型	440508.7	26136.5	17195.3	313847.2	83329.7
中型	188481.6	17641.2	17954.0	128482.8	24403.6
按登记注册类型分组					
内资企业	429943.7	32334.2	27128.3	314328.5	56152.7
国有企业	122.7	2.7	100.0	20.0	
股份合作企业	1212.5		5.0	1207.5	
有限责任公司	57297.9	7414.9	4310.1	45501.2	71.7
国有独资公司	1341.4	338.6	682.5	320.3	
其他有限责任公司	55956.5	7076.3	3627.6	45180.9	71.7
股份有限公司	165946.4	10378.9	12799.6	97425.6	45342.3
私营企业	205364.2	14537.7	9913.6	170174.2	10738.7
私营独资企业	10.9			10.9	
私营合伙企业					
私营有限责任公司	169775.0	11167.8	6764.0	147939.3	3903.9
私营股份有限公司	35578.3	3369.9	3149.6	22224.0	6834.8
港、澳、台商投资企业	43818.0	1950.7	3179.9	25016.0	13671.4
合资经营企业（港或澳、台资）	12846.7	803.5	1252.7	8648.3	2142.2
合作经营企业（港或澳、台资）	1243.3	11.9			1231.4
港、澳、台商独资经营企业	9621.5	762.7	910.9	1277.8	6670.1
港、澳、台商投资股份有限公司	20106.5	372.6	1016.3	15089.9	3627.7
外商投资企业	155228.6	9492.8	4841.1	102985.5	37909.2
中外合资经营企业	30558.3	3303.7	1232.6	25948.2	73.8
中外合作经营企业					
外资企业	104119.2	3060.2	449.8	67678.1	32931.1

指标名称	R&D 经费外部支出合计	对境内研究机构支出	对境内高等学校支出	对境内企业支出	对境外支出
外商投资股份有限公司	20551.1	3128.9	3158.7	9359.2	4904.3
按国民经济行业大类分组					
采矿业	144.6		35.8	108.8	
非金属矿采选业	144.6		35.8	108.8	
制造业	618480.2	40756.0	34703.6	435287.3	107733.3
农副食品加工业	487.7		46.5	441.2	
食品制造业	703.2	183.0	501.0	18.1	1.1
酒、饮料和精制茶制造业	270.0	9.7	260.3		
烟草制品业	1169.3	338.6	674.8	155.9	
纺织业	10238.0	24.5	1077.0	8497.7	638.8
纺织服装、服饰业	2092.7	695.6	559.4	36.6	801.1
皮革、毛皮、羽毛及其制品和制鞋业	42.1	41.6	0.5		
木材加工和木、竹、藤、棕、草制品业	368.2	136.0	127.5	104.7	
家具制造业	1616.1	20.4	916.5	669.5	9.7
造纸和纸制品业	609.7	434.7	145.0	30.0	
印刷和记录媒介复制业	1503.6		106.9		1396.7
文教、工美、体育和娱乐用品制造业	1868.1	1083.4	347.8	436.9	
石油、煤炭及其他燃料加工业	4676.7	597.9	3578.0	500.8	
化学原料和化学制品制造业	18467.1	1266.2	4114.7	12936.4	149.8
医药制造业	113375.8	19421.6	7453.2	79644.4	6856.6
化学纤维制造业	956.2	302.4	453.9	199.9	
橡胶和塑料制品业	3624.6	507.0	1086.7	2030.9	
非金属矿物制品业	102.0	4.8	97.2		
黑色金属冶炼和压延加工业	977.9	843.3	134.6		
有色金属冶炼和压延加工业	536.7	14.8	330.9	191.0	
金属制品业	2821.7	272.0	531.5	1485.5	532.7

指标名称	R&D经费外部支出合计	对境内研究机构支出	对境内高等学校支出	对境内企业支出	对境外支出
通用设备制造业	14791.8	2970.7	2947.7	7775.1	1098.3
专用设备制造业	8448.9	743.9	982.8	4027.6	2694.6
汽车制造业	175322.2	6326.5	1127.2	153920.3	13948.2
铁路、船舶、航空航天和其他运输设备制造业	4818.1	122.5	45.8	4013.0	636.8
电气机械和器材制造业	101611.6	732.1	3075.7	49689.1	48114.7
计算机、通信和其他电子设备制造业	135959.3	2724.7	2121.7	102109.3	29003.6
仪器仪表制造业	10098.4	938.1	1557.3	5752.4	1850.6
其他制造业	445.6		235.5	210.1	
废弃资源综合利用业	66.0		66.0		
金属制品、机械和设备修理业	410.9			410.9	
电力、热力、燃气及水生产和供应业	10365.5	3021.7	409.9	6933.9	
电力、热力生产和供应业	10357.8	3021.7	402.2	6933.9	
水的生产和供应业	7.7		7.7		
按地区分组					
杭州市	152506.8	7613.5	7649.1	95822.8	41421.4
宁波市	141788.8	6838.7	8001.0	85396.0	41553.1
温州市	55003.7	1349.7	1078.4	52555.5	20.1
嘉兴市	58965.9	2894.2	1405.3	43787.2	10879.2
湖州市	74605.9	2867.9	1648.7	64521.8	5567.5
绍兴市	26117.5	808.8	5842.1	17417.6	2049.0
金华市	22744.3	1517.1	2183.3	18879.9	164.0
衢州市	3694.9	27.2	856.2	2422.4	389.1
舟山市	755.4	2.7	180.8	571.9	
台州市	84034.5	18990.6	5382.8	54715.7	4945.4
丽水市	7603.3	528.7	246.8	6083.3	744.5

4–5 大中型工业企业全部 R&D 项目情况（2021）

指标名称	项目数（项）	参加项目人员（人）	项目人员折合全时当量（人年）	项目经费内部支出（亿元）	政府资金
总计	**36810**	**307508**	**243843**	**987.68**	**6.03**
按企业规模分组					
大型	10836	137195	108238	534.26	2.31
中型	25974	170313	135606	453.43	3.72
按登记注册类型分组					
内资企业	29732	236368	186614	700.96	4.27
国有企业	37	283	233	1.43	0.02
股份合作企业	69	287	227	1.41	0.05
有限责任公司	3860	30379	23152	127.19	0.77
国有独资公司	89	618	280	1.32	0.04
其他有限责任公司	3771	29761	22872	125.87	0.73
股份有限公司	6052	54617	43742	200.37	1.83
私营企业	19714	150802	119260	370.56	1.61
私营独资企业	7	123	115	0.12	
私营有限责任公司	14924	115439	91618	279.65	1.18
私营股份有限公司	4782	35235	27525	90.79	0.43
港、澳、台商投资企业	3514	38961	31600	150.66	0.61
合资经营企业（港或澳、台资）	1360	11862	9486	38.16	0.07
合作经营企业（港或澳、台资）	24	245	166	0.82	
港、澳、台商独资经营企业	1271	12708	10741	43.23	0.07
港、澳、台商投资股份有限公司	859	14146	11207	68.45	0.48
外商投资企业	3564	32179	25629	136.06	1.15
中外合资经营企业	1400	12058	9447	43.95	0.67
中外合作经营企业	10	138	97	0.14	

指标名称	项目数 （项）	参加项目人员 （人）	项目人员折合 全时当量 （人年）	项目经费 内部支出 （亿元）	政府资金
外资企业	1486	15370	12440	73.91	0.42
外商投资股份有限公司	668	4613	3645	18.06	0.06
按国民经济行业大类分组					
采矿业	17	104	13	0.51	
非金属矿采选业	17	104	13	0.51	
制造业	36553	306517	243389	981.79	6.02
农副食品加工业	140	882	699	1.67	0.06
食品制造业	255	1895	1234	3.05	0.01
酒、饮料和精制茶制造业	93	661	416	0.91	
烟草制品业	41	253	16	0.14	
纺织业	2287	23904	18554	42.43	0.03
纺织服装、服饰业	796	7802	6447	13.71	0.12
皮革、毛皮、羽毛及其制品和制鞋业	464	5203	4070	6.87	
木材加工和木、竹、藤、棕、草制品业	234	2103	1770	5.47	0.02
家具制造业	894	8543	6743	15.67	0.01
造纸和纸制品业	453	3250	2529	9.94	0.12
印刷和记录媒介复制业	243	1644	1317	3.95	0.03
文教、工美、体育和娱乐用品制造业	858	6194	4973	9.98	0.03
石油加工、炼焦和核燃料加工业	173	934	742	7.73	
化学原料和化学制品制造业	1506	8689	7081	43.73	0.58
医药制造业	2478	13251	10457	64.30	1.07
化学纤维制造业	848	8472	5506	44.93	0.11
橡胶和塑料制品业	1272	9117	7258	27.59	0.07
非金属矿物制品业	564	4145	2992	9.87	0.05
黑色金属冶炼和压延加工业	305	1745	1425	6.83	0.06
有色金属冶炼和压延加工业	368	2385	1665	6.27	0.04

指标名称	项目数（项）	参加项目人员（人）	项目人员折合全时当量（人年）	项目经费内部支出（亿元）	政府资金
金属制品业	1825	13492	10491	35.61	0.26
通用设备制造业	4433	27134	22010	82.40	0.43
专用设备制造业	1978	12787	10483	39.92	0.66
汽车制造业	2859	23239	18901	75.67	0.27
铁路、船舶、航空航天和其他运输设备制造业	660	4305	3464	14.19	0.05
电气机械和器材制造业	5636	45055	34482	148.72	0.39
计算机、通信和其他电子设备制造业	3660	55051	46222	224.40	1.28
仪器仪表制造业	978	12125	9741	30.94	0.25
其他制造业	168	1606	1238	2.66	0.01
废弃资源综合利用业	55	530	378	1.84	0.01
金属制品、机械和设备修理业	29	121	86	0.37	
电力、热力、燃气及水生产和供应业	240	887	441	5.39	0.01
电力、热力生产和供应业	235	781	402	5.33	0.01
水的生产和供应业	5	106	39	0.06	
按地区分组					
杭州市	5634	61512	51256	250.47	1.43
宁波市	9458	69483	56666	220.04	0.67
温州市	3122	25052	20091	65.39	0.37
嘉兴市	3520	35919	26907	129.30	0.72
湖州市	2461	15874	12752	52.79	0.25
绍兴市	3478	31222	24511	97.68	0.80
金华市	2741	25420	19446	55.18	0.88
衢州市	984	6222	4292	14.46	0.17
舟山市	309	2101	1438	20.30	0.07
台州市	4399	29764	23095	71.19	0.60
丽水市	663	4686	3372	10.75	0.07

4-6 大中型工业企业办研发机构情况（2021）

指标名称	机构数（个）	企业在境外设立的研究开发机构数（个）	机构人员数（人）	#博士	#硕士	机构经费支出（万元）	仪器和设备原价（万元）
总计	**3696**	**135**	**348658**	**2317**	**28204**	**13778511.3**	**7196757.9**
按企业规模分组							
大型	693	66	162361	1196	19934	7724306.7	3201902.3
中型	3003	69	186297	1121	8270	6054204.6	3994855.6
按登记注册类型分组							
内资企业	2942	108	256515	1619	15847	9645814.5	5451979.1
国有企业	4		429		6	17623.6	13408.8
集体企业							
股份合作企业	7		401		9	15605.4	13941.3
有限责任公司	339	9	30744	209	2842	1950444.0	1015283.2
国有独资公司	14		763	16	147	37905.7	48722.9
其他有限责任公司	325	9	29981	193	2695	1912538.3	966560.3
股份有限公司	504	52	66276	690	7657	2856202.0	1549637.7
私营企业	2088	47	158665	720	5333	4805939.5	2859708.1
私营独资企业							
私营合伙企业							
私营有限责任公司	1644	31	119958	449	3793	3648532.6	2097717.1
私营股份有限公司	444	16	38707	271	1540	1157406.9	761991.0
港、澳、台商投资企业	355	16	49642	332	6785	1981243.3	879145.4
合资经营企业（港或澳、台资）	139	1	12686	41	515	450332.3	216297.2
合作经营企业（港或澳、台资）	2		76			1539.8	155.4
港、澳、台商独资经营企业	126	6	14346	73	920	549632.1	301429.6
港、澳、台商投资股份有限公司	88	9	22534	218	5350	979739.1	361263.2
外商投资企业	399	11	42501	366	5572	2151453.5	865633.4
中外合资经营企业	154	1	16130	171	1547	886979.2	290009.8
中外合作经营企业	2		157		1	1573.1	8895.5

指标名称	机构数（个）	企业在境外设立的研究开发机构数（个）	机构人员数（人）	#博士	#硕士	机构经费支出（万元）	仪器和设备原价（万元）
外资企业	194	2	20371	113	3422	1001431.3	440229.5
外商投资股份有限公司	49	8	5843	82	602	261469.9	126498.6
其他外商投资企业							
按国民经济行业大类分组							
采矿业	1		29		3	6996.6	8628.7
非金属矿采选业	1		29		3	6996.6	8628.7
制造业	3688	135	347702	2312	28124	13722812.6	7148447.7
农副食品加工业	28		1118	7	60	24296.8	18515.2
食品制造业	47	1	2085	30	182	50564.6	46596.9
酒、饮料和精制茶制造业	6		391		26	7691.1	5926.2
烟草制品业	1		211	11	67	18758.1	39020.3
纺织业	270	2	17033	24	173	397262.9	299990.4
纺织服装、服饰业	120	4	8601	16	165	177823.4	56082.9
皮革、毛皮、羽毛及其制品和制鞋业	69	2	4884	20	20	72844.5	28912.4
木材加工和木、竹、藤、棕、草制品业	27	1	2015	29	63	55597.6	31248.8
家具制造业	93	4	6244	36	82	138675.0	35977.4
造纸和纸制品业	48		3802	18	91	186084.3	173437.8
印刷和记录媒介复制业	41		2590	15	57	66681.6	45902.1
文教、工美、体育和娱乐用品制造业	82	2	6887	31	91	143576.5	51176.5
石油、煤炭及其他燃料加工业	4		1324	6	84	453645.3	341849.9
化学原料和化学制品制造业	158	5	11602	200	1268	834448.3	351589.3
医药制造业	176	14	16834	431	2912	838767.3	565144.0
化学纤维制造业	69		10077	47	131	529769.4	321976.8
橡胶和塑料制品业	123	3	10006	42	301	352210.1	242111.1
非金属矿物制品业	66	1	4434	31	142	187001.4	170318.2
黑色金属冶炼和压延加工业	23		2254	6	87	299799.4	87355.3
有色金属冶炼和压延加工业	31	1	2056	25	159	84745.7	96631.4

指标名称	机构数（个）	企业在境外设立的研究开发机构数（个）	机构人员数（人）	＃博士	＃硕士	机构经费支出（万元）	仪器和设备原价（万元）
金属制品业	219	4	14382	39	201	419409.0	279560.8
通用设备制造业	404	14	31587	182	1536	1015587.1	582042.3
专用设备制造业	187	11	14163	79	854	458678.2	204105.9
汽车制造业	269	10	28789	183	1572	1300201.0	696602.4
铁路、船舶、航空航天和其他运输设备制造业	62		5054	11	166	181148.3	66436.1
电气机械和器材制造业	546	19	49640	260	1999	1849467.7	846615.3
计算机、通信和其他电子设备制造业	370	26	72238	422	13381	3055827.8	1027999.1
仪器仪表制造业	112	11	15645	107	2236	477687.6	385164.1
其他制造业	23		929		7	17378.5	5803.2
废弃资源综合利用业	7		645	3	9	22496.0	37417.4
金属制品、机械和设备修理业	7		182	1	2	4688.1	6938.2
电力、热力、燃气及水生产和供应业	7		927	5	77	48702.1	39681.5
电力、热力生产和供应业	6		808	4	57	44680.1	39225.5
燃气生产和供应业							
水的生产和供应业	1		119	1	20	4022.0	456.0
按地区分组							
杭州市	604	21	84389	708	16516	3882323.5	1633964.3
宁波市	789	33	77059	452	4338	3047677.7	1810963.2
温州市	341	7	28474	93	688	730323.2	348441.5
嘉兴市	557	16	49990	204	1741	1979455.2	1133649.7
湖州市	217	15	16355	189	708	776266.5	327734.5
绍兴市	352	19	26783	219	1731	1009228.8	552503.2
金华市	308		23598	124	718	717773.9	411304.1
衢州市	96	1	5992	63	290	234626.6	207481.5
舟山市	37		3026	12	119	443556.0	115009.0
台州市	344	22	29105	233	1225	803864.3	558870.9
丽水市	50	1	3676	9	63	134657.5	57815.7

4-7 大中型工业企业自主知识产权保护情况（2021）

指标名称	专利申请数（件）	发明专利	有效发明专利数（件）	已被实施
总计	**70114**	**23809**	**62667**	**45654**
按企业规模分组				
大型	36728	14292	33968	24309
中型	33386	9517	28699	21345
按登记注册类型分组				
内资企业	55311	18102	41411	30755
国有企业	80	27	35	34
股份合作企业	9	1	53	50
有限责任公司	7326	2741	6080	4360
国有独资公司	398	196	746	438
其他有限责任公司	6928	2545	5334	3922
股份有限公司	17004	7721	14576	11991
私营企业	30892	7612	20667	14320
私营有限责任公司	22317	5221	14147	9219
私营股份有限公司	8575	2391	6520	5101
港、澳、台商投资企业	6918	2986	7101	5610
合资经营企业（港或澳、台资）	1528	512	1167	887
合作经营企业（港或澳、台资）	86	17	28	28
港、澳、台商独资经营企业	2368	770	2034	1551
港、澳、台商投资股份有限公司	2936	1687	3872	3144
外商投资企业	7885	2721	14155	9289
中外合资经营企业	2385	1092	3494	2078
中外合作经营企业	18	2	2	2
外资企业	2198	1020	8472	6238

指标名称	专利申请数（件）	发明专利	有效发明专利数（件）	已被实施
外商投资股份有限公司	3284	607	2187	971
按国民经济行业大类分组				
采矿业	19	10	4	4
非金属矿采选业	19	10	4	4
制造业	69453	23549	62232	45427
农副食品加工业	111	39	132	84
食品制造业	251	82	160	135
酒、饮料和精制茶制造业	11	6	82	63
烟草制品业	238	119	448	306
纺织业	1596	365	1376	1020
纺织服装、服饰业	781	140	344	232
皮革、毛皮、羽毛及其制品和制鞋业	476	33	290	80
木材加工和木、竹、藤、棕、草制品业	247	89	347	257
家具制造业	2117	267	801	509
造纸和纸制品业	540	175	496	331
印刷和记录媒介复制业	280	60	234	161
文教、工美、体育和娱乐用品制造业	1844	194	601	525
石油、煤炭及其他燃料加工业	156	82	96	84
化学原料和化学制品制造业	1053	626	2578	1722
医药制造业	1314	839	3488	2230
化学纤维制造业	511	140	455	328
橡胶和塑料制品业	1737	487	1016	777
非金属矿物制品业	546	232	788	680
黑色金属冶炼和压延加工业	176	69	304	269
有色金属冶炼和压延加工业	569	207	339	195
金属制品业	2839	453	1426	1076

指标名称	专利申请数（件）	有效发明专利数（件）		
		发明专利		已被实施
通用设备制造业	7993	2566	5614	4545
专用设备制造业	3906	1264	4067	2698
汽车制造业	5179	1779	3468	2379
铁路、船舶、航空航天和其他运输设备制造业	1220	310	449	331
电气机械和器材制造业	15283	3424	7734	5253
计算机、通信和其他电子设备制造业	14514	7767	21943	16413
仪器仪表制造业	3441	1639	2804	2449
其他制造业	445	82	265	216
废弃资源综合利用业	58	6	29	23
金属制品、机械和设备修理业	21	8	58	56
电力、热力、燃气及水生产和供应业	642	250	431	223
电力、热力生产和供应业	635	248	428	221
燃气生产和供应业	2			
水的生产和供应业	5	2	3	2
按地区分组				
杭州市	18457	9232	23293	18347
宁波市	17253	5599	13524	8823
温州市	4806	1030	2829	2031
嘉兴市	5996	1781	5011	3563
湖州市	3200	922	3506	2422
绍兴市	6394	1578	4731	3480
金华市	4959	1291	2940	2279
衢州市	985	337	611	474
舟山市	301	101	232	217
台州市	6149	1633	4974	3389
丽水市	1347	168	436	316

指标名称	专利所有权转让及许可数（件）	专利所有权转让及许可收入（亿元）	拥有注册商标（件）	发表科技论文（篇）	形成国家或行业标准（项）
总计	**1728**	**36382.0**	**80478**	**3175**	**2918**
按企业规模分组					
大型	660	20184.0	36265	1935	1214
中型	1068	16198.0	44213	1240	1704
按登记注册类型分组					
内资企业	1164	32730.0	68850	2652	2405
国有企业			43	11	11
股份合作企业			12	11	6
有限责任公司	108	10762.0	5940	499	316
国有独资公司			470	69	8
其他有限责任公司	108	10762.0	5470	430	308
股份有限公司	271	19426.0	25271	1621	1041
私营企业	785	2542.0	37584	510	1031
私营有限责任公司	685	2542.0	25284	301	672
私营股份有限公司	100		12300	209	359
港、澳、台商投资企业	143	145.0	5369	214	278
合资经营企业（港或澳、台资）	9		969	117	86
合作经营企业（港或澳、台资）			45		3
港、澳、台商独资经营企业	115	140.0	1576	13	77
港、澳、台商投资股份有限公司	19	5.0	2779	84	112
外商投资企业	421	3507.0	6259	309	235
中外合资经营企业	245	1685.0	1495	226	66
中外合作经营企业					
外资企业	81	1722.0	1851	47	28
外商投资股份有限公司	95	100.0	2913	36	141

指标名称	专利所有权转让及许可数（件）	专利所有权转让及许可收入（亿元）	拥有注册商标（件）	发表科技论文（篇）	形成国家或行业标准（项）
按国民经济行业大类分组					
采矿业					
非金属矿采选业					
制造业	1717	36003.0	80473	3053	2915
农副食品加工业	4		1100	2	19
食品制造业	1		1875	36	25
酒、饮料和精制茶制造业			357	29	1
烟草制品业			455	59	2
纺织业	62		1364	32	98
纺织服装、服饰业			6316	5	50
皮革、毛皮、羽毛及其制品和制鞋业			2468		62
木材加工和木、竹、藤、棕、草制品业	21		1929	28	96
家具制造业	27		3609	13	35
造纸和纸制品业	4		814	42	35
印刷和记录媒介复制业			916	9	20
文教、工美、体育和娱乐用品制造业	1		2333	37	57
石油、煤炭及其他燃料加工业	2		2	153	
化学原料和化学制品制造业	49	130.0	6115	231	189
医药制造业	40	101.0	6503	239	81
化学纤维制造业	1		232	18	49
橡胶和塑料制品业	10		1629	76	148
非金属矿物制品业	7		1901	52	22
黑色金属冶炼和压延加工业	12		75	44	27
有色金属冶炼和压延加工业	1		469	15	57
金属制品业	54		3603	50	120

指标名称	专利所有权转让及许可数（件）	专利所有权转让及许可收入（亿元）	拥有注册商标（件）	发表科技论文（篇）	形成国家或行业标准（项）
通用设备制造业	245	5.0	7199	427	510
专用设备制造业	206	11315.0	3339	81	136
汽车制造业	61		2477	158	51
铁路、船舶、航空航天和其他运输设备制造业	9		1438	18	14
电气机械和器材制造业	294	1141.0	9874	397	580
计算机、通信和其他电子设备制造业	226	19723.0	9285	120	213
仪器仪表制造业	360	3588.0	1985	663	188
其他制造业	19		759	15	19
废弃资源综合利用业	1		52	1	9
金属制品、机械和设备修理业				3	2
电力、热力、燃气及水生产和供应业	11	379.0	5	122	3
电力、热力生产和供应业	11	379.0	3	122	
燃气生产和供应业					
水的生产和供应业			2		3
按地区分组					
杭州市	357	20566.0	18585	1493	552
宁波市	363	1693.0	10586	541	369
温州市	294	1685.0	11437	260	422
嘉兴市	27	6.0	8825	107	186
湖州市	102	140.0	4899	151	285
绍兴市	93		5729	190	422
金华市	100	9010.0	7691	111	279
衢州市	9	90.0	858	67	72
舟山市	9	800.0	141	51	19
台州市	341	2352.0	9314	120	294
丽水市	33	40.0	1958	18	16

4-8 大中型工业企业新产品开发、生产及销售情况（2021）

指标名称	新产品开发项目数（项）	新产品开发经费支出（万元）	新产品销售收入（万元）	#出口
总计	43749	13373184.2	255858351.2	55360326.3
按企业规模分组				
大型	12484	6813251.5	141857008.9	31163350.6
中型	31265	6559932.7	114001342.3	24196975.7
按登记注册类型分组				
内资企业	34994	9546826.5	185298256.2	37633675.9
国有企业	41	13239.0	365384.6	119438.7
股份合作企业	80	14471.4	263371.0	55412.2
有限责任公司	4367	1691936.8	48665816.5	5598520.2
国有独资公司	74	19114.0	245229.0	364.5
其他有限责任公司	4293	1672822.8	48420587.5	5598155.7
股份有限公司	7078	2707584.2	45493333.5	9058385.6
私营企业	23428	5119595.1	90510350.6	22801919.2
私营独资企业	7	1760.2	16947.2	356.0
私营有限责任公司	17535	3833673.0	69351810.1	16876815.3
私营股份有限公司	5886	1284161.9	21141593.3	5924747.9
港、澳、台商投资企业	4180	2037636.9	30471186.3	6907195.2
合资经营企业（港或澳、台资）	1452	521711.6	10935139.4	2149576.4
合作经营企业（港或澳、台资）	25	7955.6	137919.6	61562.5
港、澳、台商独资经营企业	1525	563991.3	12690826.9	3173206.1
港、澳、台商投资股份有限公司	1178	943978.4	6707300.4	1522850.2
外商投资企业	4575	1788720.8	40088908.7	10819455.2
中外合资经营企业	1777	666709.1	10788258.2	1692589.9
中外合作经营企业	11	1566.5	74.3	
外资企业	1948	890597.5	23792860.6	7484034.1

指标名称	新产品开发项目数 （项）	新产品开发经费支出 （万元）	新产品销售收入 （万元）	
				＃出口
外商投资股份有限公司	839	229847.7	5507715.6	1642831.2
按国民经济行业大类分组				
采矿业	13	4118.1	11855.2	
非金属矿采选业	13	4118.1	11855.2	
制造业	43479	13321678.7	255751798.0	55360326.3
农副食品加工业	172	26750.8	284960.8	72996.1
食品制造业	328	59352.4	757117.9	140436.9
酒、饮料和精制茶制造业	106	15636.4	388160.6	8.8
烟草制品业	19	3524.3	204663.6	2.4
纺织业	2161	532067.3	8938265.7	1564199.8
纺织服装、服饰业	939	210517.4	5632429.7	1677606.7
皮革、毛皮、羽毛及其制品和制鞋业	552	86330.3	1431118.0	694072.3
木材加工和木、竹、藤、棕、草制品业	238	55553.2	1397113.7	697443.4
家具制造业	1014	203827.4	4037017.3	2335845.8
造纸和纸制品业	561	217117.1	4099508.4	447054.0
印刷和记录媒介复制业	360	60295.6	1053530.6	150531.6
文教、工美、体育和娱乐用品制造业	1091	179406.5	3907161.5	1336623.1
石油、煤炭及其他燃料加工业	90	99896.5	13775742.2	1195072.2
化学原料和化学制品制造业	1573	669198.7	14324644.7	1799865.8
医药制造业	2707	687323.3	8173991.8	3478473.5
化学纤维制造业	1061	573598.6	12822186.0	644180.1
橡胶和塑料制品业	1500	418431.3	5867332.0	1383650.9
非金属矿物制品业	611	185824.5	4124894.8	527140.1
黑色金属冶炼和压延加工业	319	285417.2	3736168.4	213263.2
有色金属冶炼和压延加工业	372	134289.0	7399924.7	692024.0
金属制品业	2185	480899.8	8197131.1	3069129.1

指标名称	新产品开发项目数 （项）	新产品开发经费支出 （万元）	新产品销售收入 （万元）	# 出口
通用设备制造业	5284	1125210.6	18097083.1	4170935.8
专用设备制造业	2443	487475.8	7846773.3	1547719.3
汽车制造业	3788	929345.0	25036446.6	3252608.5
铁路、船舶、航空航天和其他运输设备制造业	832	191583.0	2871772.9	1252015.2
电气机械和器材制造业	6976	1955357.4	43306311.7	9890748.5
计算机、通信和其他电子设备制造业	4569	2908919.6	42480347.5	12295927.3
仪器仪表制造业	1345	489821.8	4736129.6	655868.9
其他制造业	188	29001.8	483998.1	153715.4
废弃资源综合利用业	55	16428.9	322145.7	21167.6
金属制品、机械和设备修理业	40	3277.2	17726.0	
电力、热力、燃气及水生产和供应业	257	47387.4	94698.0	
电力、热力生产和供应业	254	45889.3	94698.0	
水的生产和供应业	3	1498.1		
按地区分组				
杭州市	7518	3924813.9	57993030.9	9057969.8
宁波市	11129	2811259.6	54995188.4	12037931.7
温州市	3836	740588.9	11748869.9	2058402.0
嘉兴市	4845	1687093.8	42060015.8	11854448.9
湖州市	2899	763272.9	17155669.0	4115489.7
绍兴市	3417	1182903.0	19520270.7	3139971.7
金华市	3247	827852.8	15831745.4	4590145.9
衢州市	943	236761.1	5199234.5	655577.3
舟山市	340	115166.6	13147555.0	1542031.1
台州市	4833	915816.3	14841363.5	5630842.6
丽水市	723	164131.0	3160744.5	677513.2

4-9 大中型工业企业政府相关政策落实情况（2021）

单位：万元

指标名称	使用来自政府部门的研发资金	研究开发费用加计扣除减免税	高新技术企业减免税
总计	**12218977.0**	**1483119.2**	**1805279.1**
按企业规模分组			
大型	6122977.3	719396.1	883616.9
中型	6095999.7	763723.1	921662.2
按登记注册类型分组			
内资企业	9113752.4	1103401.6	1303731.4
国有企业	10967.3	2710.5	1647.3
股份合作企业	15921.9	1247.5	2846.2
有限责任公司	1811643.8	193461.8	210262.2
国有独资公司	14865.8	1889.1	480.0
其他有限责任公司	1796778.0	191572.7	209782.2
股份有限公司	2551452.5	312535.3	484729.4
私营企业	4723766.9	593446.5	604246.3
私营独资企业	1034.8	258.7	
私营合伙企业	48.8		
私营有限责任公司	3577083.9	439160.2	399572.7
私营股份有限公司	1145599.4	154027.6	204673.6
港、澳、台商投资企业	1576979.1	188819.8	227157.3
合资经营企业（港或澳、台资）	424299.3	53564.1	87114.8
合作经营企业（港或澳、台资）	10008.5	94.1	36.5
港、澳、台商独资经营企业	463158.6	65143.6	81217.4
港、澳、台商投资股份有限公司	679512.7	70018.0	58788.6
外商投资企业	1528245.5	190897.8	274390.4
中外合资经营企业	589478.1	68789.4	92239.6

指标名称	使用来自政府部门的研发资金	研究开发费用加计扣除减免税	高新技术企业减免税
中外合作经营企业	1366.7	221.3	40.7
外资企业	701482.0	94216.4	86451.6
外商投资股份有限公司	235918.7	27670.7	95658.5
按国民经济行业大类分组			
采矿业	6996.6	1311.9	
非金属矿采选业	6996.6	1311.9	
制造业	12183892.5	1478497.8	1800859.4
农副食品加工业	19634.5	2968.7	2032.6
食品制造业	50597.1	8262.8	10540.6
酒、饮料和精制茶制造业	11121.8	1656.8	622.9
纺织业	585936.8	82367.5	57924.3
纺织服装、服饰业	143009.9	17246.7	8719.2
皮革、毛皮、羽毛及其制品和制鞋业	72965.7	11886.9	4590.2
木材加工和木、竹、藤、棕、草制品业	64968.9	7555.7	12714.5
家具制造业	199975.0	26803.7	19609.3
造纸和纸制品业	185302.1	21314.9	56329.0
印刷和记录媒介复制业	68319.6	8344.8	12407.2
文教、工美、体育和娱乐用品制造业	161295.1	21756.6	21221.3
石油、煤炭及其他燃料加工业	385486.6	11431.7	12873.6
化学原料和化学制品制造业	765589.1	89650.8	169888.5
医药制造业	758185.0	100541.3	230931.8
化学纤维制造业	350295.8	36107.0	28391.4
橡胶和塑料制品业	364723.5	48874.8	53834.3
非金属矿物制品业	172729.1	20311.8	87796.8
黑色金属冶炼和压延加工业	147690.0	18125.2	9590.9
有色金属冶炼和压延加工业	118925.0	15607.0	3347.6

单位：万元

指标名称	使用来自政府部门的研发资金	研究开发费用加计扣除减免税	高新技术企业减免税
金属制品业	408467.8	44848.6	55176.3
通用设备制造业	973027.1	126176.9	178756.1
专用设备制造业	437592.0	64081.2	124543.2
汽车制造业	986476.0	105387.4	130538.9
铁路、船舶、航空航天和其他运输设备制造业	164163.7	19524.7	14593.8
电气机械和器材制造业	1707386.4	228571.4	241668.4
计算机、通信和其他电子设备制造业	2403685.9	271822.8	173123.9
仪器仪表制造业	427726.5	61677.4	76037.9
其他制造业	28579.6	3651.8	2634.3
废弃资源综合利用业	15482.2	1424.4	420.6
金属制品、机械和设备修理业	4554.7	516.5	
电力、热力、燃气及水生产和供应业	28087.9	3309.5	4419.7
电力、热力生产和供应业	25256.1	3309.5	4419.7
水的生产和供应业	2831.8		
按地区分组			
杭州市	3415241.3	457848.2	437092.1
宁波市	2223360.9	270931.4	385379.8
温州市	737617.2	104598.2	123273.5
嘉兴市	1384336.4	139261.6	227599.3
湖州市	768124.0	101878.8	179889.2
绍兴市	1129883.2	149640.4	193617.2
金华市	839322.6	74939.6	62519.4
衢州市	237032.1	30977.1	41093.9
舟山市	435473.1	14545.1	2550.9
台州市	901407.5	118138.3	137024.2
丽水市	145897.7	20070.5	15239.6

4-10 大中型工业企业技术获取和技术改造情况（2021）

单位：万元

指标名称	引进境外技术经费支出	引进境外技术的消化吸收经费支出	购买境内技术经费支出	技术改造经费支出
总计	**110575.3**	**2385.4**	**127538.3**	**1856406.2**
按企业规模分组				
大型	70358.3		85389.6	914264.4
中型	40217.0	2385.4	42148.7	942141.8
按登记注册类型分组				
内资企业	52221.9	1625.8	94188.3	1565829.7
股份合作企业	0.8			793.2
有限责任公司	5.0		8380.4	359792.9
国有独资公司			63.3	48838.8
其他有限责任公司	5.0		8317.1	310954.1
股份有限公司	11788.9	1625.8	27967.0	467383.3
私营企业	40427.2		57840.9	737860.3
私营独资企业				866.7
私营有限责任公司	14506.1		26412.2	545922.4
私营股份有限公司	25921.1		31428.7	191071.2
港、澳、台商投资企业	9487.6	500.1	12640.0	174199.6
合资经营企业（港或澳、台资）			6478.2	27027.8
合作经营企业（港或澳、台资）				6.0
港、澳、台商独资经营企业		0.1	210.0	47898.9
港、澳、台商投资股份有限公司	9487.6	500.0	5951.8	99266.9
外商投资企业	48865.8	259.5	20710.0	116376.9
中外合资经营企业	6481.9	259.5	9468.7	35569.9

指标名称	引进境外技术经费支出	引进境外技术的消化吸收经费支出	购买境内技术经费支出	技术改造经费支出
外资企业	33205.0			61691.1
外商投资股份有限公司	9178.9		11241.3	19115.9
按国民经济行业大类分组				
制造业	110575.3	2385.4	127538.3	1830651.5
农副食品加工业			620.4	677.4
食品制造业	3800.0	500.0	1381.0	32710.0
酒、饮料和精制茶制造业				51.7
烟草制品业				46973.1
纺织业	352.5	259.5	1133.4	29986.5
纺织服装、服饰业				10210.4
皮革、毛皮、羽毛及其制品和制鞋业			63.0	197.5
木材加工和木、竹、藤、棕、草制品业	62.6			5984.8
家具制造业			1.0	8558.1
造纸和纸制品业		0.1	26.3	22300.5
印刷和记录媒介复制业				10010.7
文教、工美、体育和娱乐用品制造业	877.9		1093.1	22862.3
石油、煤炭及其他燃料加工业				2320.0
化学原料和化学制品制造业	4254.1		5017.2	301680.2
医药制造业	14536.7		32882.1	188757.8
化学纤维制造业	1137.8		277.7	15046.9
橡胶和塑料制品业			3628.0	113964.1
非金属矿物制品业	1000.8		69.7	38670.0
黑色金属冶炼和压延加工业				31360.0
有色金属冶炼和压延加工业	24036.7		21535.3	13348.0

指标名称	引进境外技术经费支出	引进境外技术的消化吸收经费支出	购买境内技术经费支出	技术改造经费支出
金属制品业	5485.0	1625.8	3663.9	42020.8
通用设备制造业	511.9		4883.5	194336.8
专用设备制造业	11863.9			39800.2
汽车制造业	13279.3		20484.0	189685.4
铁路、船舶、航空航天和其他运输设备制造业				1999.0
电气机械和器材制造业	21249.3		7438.6	231189.5
计算机、通信和其他电子设备制造业	6384.5		15165.9	165420.4
仪器仪表制造业	1742.3		8174.2	70362.9
其他制造业				52.3
废弃资源综合利用业				114.2
电力、热力、燃气及水生产和供应业				25754.7
电力、热力生产和供应业				25754.7
按地区分组				
杭州市	38272.6	0.1	27145.2	412443.1
宁波市	39147.3		58277.6	464626.2
温州市	25.9		6120.7	131829.3
嘉兴市	26805.8	1885.3	2458.8	117430.7
湖州市			2930.9	43874.4
绍兴市	315.0		2366.6	88091.6
金华市	190.6		6647.5	152221.8
衢州市	3800.0	500.0	1488.7	199345.6
舟山市				12253.7
台州市	2018.1		19775.8	182307.7
丽水市			326.5	5009.0

五、高等院校

5-1 高等学校基本情况（1978—2021）

年份	学校数（所）	招生数（人）本专科	招生数（人）研究生	在校学生数（人）本专科	在校学生数（人）研究生	毕业生数（人）本专科	毕业生数（人）研究生	教职员工数（人）	#专任教师
1978	20	14241		24223		3743		11961	5389
1979	20	9498		32227		1013		13889	6275
1980	22	9387		37815		3710		15619	6886
1981	22	9208		41020		5852		16365	6933
1982	22	10162		36088		14968		18181	7701
1983	24	12750		39008		10411		19274	8219
1984	27	15030		44883		9002		20431	8690
1985	35	19026		52688		11044		22497	9908
1986	37	17877		57352		13027		24723	10804
1987	37	18190		60072		15017		25620	11223
1988	37	19364		60419		18712		26472	11578
1989	37	18270		61045		17323		26772	11574
1990	37	18264		60327		18417		26787	11578
1991	36	18651		59822		18175		27004	11208
1992	35	21217		62226		18267		27821	11105
1993	36	27716		73586		15971		27898	11148
1994	37	30482		87428		17895		28212	11345
1995	37	28094		92857		22443		28194	11491
1996	36	30541		96480		27133		28107	11530
1997	35	33145		102302		26386		28123	11595
1998	32	36668	2155	113543	5991	24296		28327	11816
1999	36	59300	3216	151318	7460	30561	1578	30532	13140
2000	35	93516	4130	212375	9895	32477	1600	40037	18981
2001	38	120195	5577	293078	13237	37230	1882	44347	22168
2002	60	152470	6111	393145	16297	48431	2645	48481	25993
2003	64	173519	6863	484639	19269	78685	3514	48691	29945
2004	68	195617	8029	572759	22062	103123	4858	60833	35766
2005	67	215362	9577	651307	25637	133051	5558	58924	38402
2006	68	237157	10996	719869	27125	162531	8731	69730	42143
2007	77	249749	12326	777982	31409	183863	7387	73704	45622
2008	77	265696	13691	832224	35812	203203	8944	75986	47795
2009	78	261361	16184	866496	43381	218226	7941	77852	49516
2010	80	260111	16575	884867	47991	233741	11156	79785	50969
2011	104	271285	17565	907482	51846	238448	13046	81384	52296
2012	105	280824	18748	932292	54369	247537	15112	83843	54154
2013	106	283353	19535	959629	57801	244860	15592	85381	56000
2014	108	284285	20164	978216	60511	253708	16535	87375	58076
2015	108	287809	21496	991149	63528	263981	17117	88744	59472
2016	108	288798	22246	996143	67232	273342	17801	90214	60477
2017	108	293745	27368	1002346	74404	276580	18717	92654	62357
2018	109	309687	29760	1019449	82547	280634	20676	94462	63433
2019	109	350371	31771	1074688	92368	283396	20875	99551	66734
2020	110	369410	43064	1148737	110093	286558	23743	104059	70445
2021	109	375933	47505	1210296	129860	300419	25512	109481	74227

注：2011 年起包含独立学院。2017 年起研究生含全日制和非全日制。

5-2 普通高等教育分类情况（2021）

分类	学校数（所）	本、专科学生（人）			教职员工数（人）	
		毕业生数	招生数	在校学生数		# 专任教师
总计	109	300419	375933	1210296	109481	74227
普通本科	58	157518	184372	680131	79313	52633
# 民办本科（含中外合作办学）	20	47495	49911	186621	12909	9608
# 独立学院	15	33303	33818	128451	7809	6125
高职（高专）院校	49	142901	189608	526632	28727	20429
# 民办	10	26477	45621	114686	4792	3622

5-3 高等院校自然科学领域科技人力资源情况（一）（2021）

单位：人

指标名称	合计	其中：女性	教师					
			小计	教授	副教授	讲师	助教	其他
合　计	65613	33002	32015	5973	9111	12002	2501	2428
按学科分组								
自然科学	8057	3164	6113	1335	1896	2213	195	474
工程与技术	23109	8128	17547	2980	5219	6985	1165	1198
医药科学	29492	19166	5944	1225	1396	1919	895	509
农业科学	2346	966	1817	404	487	624	84	218
其　他	2609	1578	594	29	113	261	162	29
按学历分组								
博士研究生	23373	8104	17877	4480	5183	5991	86	2137
硕士研究生	20715	10963	8412	654	1982	3830	1710	236
大学本科	19785	12676	5343	835	1906	1931	616	55
大学专科	1460	1114	313	4	31	202	76	
中专及以下	280	145	70		9	48	13	
按年龄分组								
29 岁及以下	8403	5809	2416	1	21	687	1080	627
30~34 岁	15028	8498	6322	38	608	3474	1013	1189
35~39 岁	12585	6483	5942	347	1772	3100	283	440
40~44 岁	11394	5424	6589	1109	2568	2714	75	123
45~49 岁	7323	3157	4149	1162	1713	1222	27	25
50~54 岁	5392	2351	2915	1116	1236	538	13	12
55~59 岁	4987	1188	3291	1820	1185	267	10	9
60 岁及以上	501	92	391	380	8			3

5-4 高等院校自然科学领域科技人力资源情况（二）（2021）

单位：人

指标名称	小计	其他技术职务系列人员				辅助人员
		高级	中级	初级	其他	
合　计	33598	2032	5459	12959	10379	2508
按学科分组						
自然科学	1944	120	415	896	235	269
工程与技术	5562	318	1230	2463	795	644
医药科学	23548	1500	3396	8601	8891	1098
农业科学	529	45	132	209	67	53
其　　他	2015	49	286	790	391	444
按学历分组						
博士研究生	5496	870	1431	2137	501	557
硕士研究生	12303	478	1718	4925	3743	1439
大学本科	14442	672	2218	5499	5541	512
大学专科	1147	11	87	344	554	
中专及以下	210	1	5	54	40	
按年龄分组						
29 岁及以下	5987		11	377	4336	1205
30~34 岁	8706	9	171	3466	4259	783
35~39 岁	6643	51	890	4308	1081	303
40~44 岁	4805	248	1517	2529	360	125
45~49 岁	3174	467	1230	1209	171	45
50~54 岁	2477	572	930	775	129	27
55~59 岁	1696	584	702	294	43	20
60 岁及以上	110	101	8	1		

5-5　高等院校自然科学领域科技人力资源情况（三）（2021）

单位：人

指标名称	总计	科学家和工程师				技术员	辅助人员
		小计	高级	中级	初级		
合　计	65613	62844	22575	24961	15308	2508	261
按学科分组							
自然科学	8057	7779	3766	3109	904	269	9
工程与技术	23109	22353	9747	9448	3158	644	112
医药科学	29492	28332	7517	10520	10295	1098	62
农业科学	2346	2270	1068	833	369	53	23
其他	2609	2110	477	1051	582	444	55
按学历分组							
博士研究生	23373	22816	11964	8128	2724	557	
硕士研究生	20715	19276	4832	8755	5689	1439	
大学本科	19785	19273	5631	7430	6212	512	
大学专科	1460	1309	133	546	630		151
中专及以下	280	170	15	102	53		110
按年龄分组							
29 岁及以下	8403	7140	33	1064	6043	1205	58
30~34 岁	15028	14227	826	6940	6461	783	18
35~39 岁	12585	12272	3060	7408	1804	303	10
40~44 岁	11394	11243	5442	5243	558	125	26
45~49 岁	7323	7226	4572	2431	223	45	52
50~54 岁	5392	5321	3854	1313	154	27	44
55~59 岁	4987	4914	4291	561	62	20	53
60 岁及以上	501	501	497	1	3		

5-6 高等院校自然科学领域科技活动经费情况（2021）

单位：千元

经费名称	经费数
一、上年结转经费	14358486
二、当年拨入经费合计	17206242
其中：R&D 经费拨入合计	11745128
科研事业费	664353
其中：科研人员工资 1	7754
科研人员工资 2	513852
主管部门专项费	749726
其中：平台建设经费	116308
人才队伍建设经费	233109
其他学科建设经费	129039
国家发改委、科技部专项费	1086101
国家自然科学基金项目费	1555759
国务院其他部门专项费	972581
省、市、自治区专项费	2946606
地市厅局（含县）专项费	1426135
企、事业单位委托科技经费	5182689
其中：进入学校财务	5051718
当年学校科技活动经费	2576756
其中：为国家科技计划项目（课题）配	245686
国外资金	20769
其他资金	24767

经费名称	经费数
三、当年经费支出合计	15624671
其中：R&D 经费支出合计	10180771
转拨给外单位经费	1349229
其中：对国内研究机构	200490
对国内高等学校	635127
对国内企业	501140
对境外机构	1136
内部支出经费合计	14275442
人员劳务费	4777748
业务费	5706646
固定资产购置费	2696246
其中：仪器设备费	1984178
上缴税金	74603
管理费	745918
其他支出	274281
四、当年结余经费合计	15875946
银行存款	14888896
暂付款	987050
附：当年科研基建投入	388789
当年科研基建支出	426766
其中：土建工程	249896
仪器设备	1896
在岗人员人均年工资	4347
年末在校从业人员总数（人）	105499
年末在校博士研究生数（人）	20585

5-7　高等院校自然科学领域科技活动机构情况（一）（2021）

指标名称	机构数（个）	从业人员（人）	科技活动人员（人年）	高级职称	中级职称	博士毕业（人）	硕士毕业（人）	培养研究生（人）
合计	**620**	**16352**	**8912**	**5266**	**2932**	**11272**	**3503**	**24242**
R&D 机构	601	15960	8700	5171	2843	11101	3335	23909
其他机构	19	392	212	95	89	171	168	333
国家级机构	64	2058	1099	676	318	1498	394	4503
省部级机构	509	13229	7200	4286	2355	9137	2815	18469
其他主管部门机构	47	1065	613	305	259	637	294	1270
单位独办	430	11653	6437	3798	2109	8339	2328	16760
与境内高校合办	41	1096	631	365	202	671	274	2385
与境内独立研究机构	45	1055	528	349	142	711	275	1427
与境外机构合办	33	761	410	240	153	503	161	1392
与境内注册其他企业	68	1684	868	493	320	1013	401	2248
其他	2	71	25	18	6	30	39	

5-8　高等院校自然科学领域科技活动机构情况（二）（2021）

指标名称	内部支出（千元）	R&D 支出	承担课题数（项）	固定资产原值（千元）	仪器设备	进口
合计	**4614623**	**3905276**	**23324**	**15067662**	**13180851**	**7107411**
R&D 机构	4552925	3860415	22966	14758082	12929950	7011247
其他机构	61698	44861	358	309580	250901	96164
国家级机构	834207	706060	5068	2483411	2214094	1231151
省部级机构	3632413	3083244	16742	11805931	10328652	5516250
其他主管部门机构	148003	115972	1514	778320	638105	360010
单位独办	3446336	2990020	17428	11184780	9849515	5547102
与境内高校合办	370751	276279	1323	908106	827424	471912
与境内独立研究机构	264575	220162	1574	930623	742928	339240
与境外机构合办	143583	107488	991	468292	416004	155736
与境内注册其他企业	383817	305945	1978	1542781	1314351	593421
其他	2861	2682	22	27930	25479	

5-9 高等院校自然科学领域科技项目情况（一）（2021）

研究类别	课题数（项）	当年投入经费（千元）	当年支出经费（千元）	当年投入人员（人年）	#女性
合计	**49876**	**10403964**	**8315439**	**19004**	**6556**
按研究类型分组					
基础研究	16176	2966807	2659734	6230	2264
应用研究	22670	5013492	3873933	8804	3131
试验与发展	4845	862045	718072	1526	458
R&D 成果应用	2952	993202	693586	1101	321
其他科技服务	3233	568418	370114	1343	382
按学科分组					
自然科学	7701	1590978	1141743	3038	971
工程与技术	28851	6498272	5607067	10463	3219
医药科学	10668	1628506	1045702	4420	2027
农业科学	2656	686208	520927	1083	338

研究类别	当年投入人员（人年）				参加项目的研究生人数（人）	博士	硕士
	高级职务	中级职务	初级职务	其他			
合计	**8610**	**7662**	**1315**	**1417**	**46258**	**10176**	**36082**
按研究类型分组							
基础研究	2626	2580	373	650	19392	4684	14708
应用研究	3967	3524	777	536	18215	3766	14449
试验与发展	759	659	60	49	3687	479	3208
R&D 成果应用	573	401	55	73	2636	695	1941
其他科技服务	686	498	51	108	2328	552	1776
按学科分组							
自然科学	1386	1249	70	333	8499	1932	6567
工程与技术	5023	4292	492	658	23940	5261	18679
医药科学	1657	1705	716	342	10895	2240	8655
农业科学	545	417	38	84	2924	743	2181

5-10 高等院校自然科学领域科技项目情况（二）（2021）

研究类别	课题数（项）	当年投入经费（千元）	当年支出经费（千元）	当年投入人员（人年）	女性
合计	49876	10403964	8315439	19004	6556
国家科技重大专项	41	32552	70973	21	7
国家重点研发计划	1156	798129	899941	573	172
国家自然科学基金项目	8042	1651016	1352863	3298	1106
主管部门科技项目	70	5772	6181	27	11
国家部委其他科技项目	890	768835	852189	396	122
省、市、自治区科技项目	8228	1334395	976255	3316	1346
地市厅局（含县）项目	5693	470861	315482	2180	893
企事业单位委托科技项目	22928	5000974	3554597	8269	2526
国际合作项目	78	22421	24914	32	8
自选课题	2309	157568	130210	701	307
其他课题	216	21786	13791	76	24

研究类别	当年投入人员（人年）				参加项目的研究生人数（人）	博士	硕士
	高级职务	中级职务	初级职务	其他			
合计	8610	7662	1315	1417	46258	10176	36082
国家科技重大专项	11	6	1	3	64	17	47
国家重点研发计划	278	177	27	91	2164	674	1490
国家自然科学基金项目	1405	1332	139	422	12014	3128	8886
主管部门科技项目	10	13	3	1	31	5	26
国家部委其他科技项目	214	107	15	60	1596	495	1101
省、市、自治区科技项目	1407	1372	331	206	7533	1446	6087
地市厅局（含县）项目	771	994	324	91	4260	471	3789
企事业单位委托科技项目	4164	3211	384	510	17045	3631	13414
国际合作项目	21	7	1	3	141	57	84
自选课题	249	367	76	9	810	89	721
其他课题	35	34	3	5	168	36	132

5–11　高等院校自然科学领域交流情况（2021）

形　式	合计	国（境）内	国（境）外
合作研究┃派遣┃（人次）	643	550	93
合作研究┃接受┃（人）	442	429	13
国际学术会议┃出席人员┃（人次）	5375	5174	201
国际学术会议┃交流论文┃（篇）	2499	2378	121
国际学术会议┃特邀报告┃（篇）	636	626	10
国际学术会议┃主办┃（次）	57	57	

5–12　高等院校自然科学领域技术转让与知识产权情况（一）（2021）

受让方类型	合同数（项）	合同金额（千元）	当年实际收入（千元）
合计	**1949**	**436629**	**267583**
其中：专利出售	1741	355161	232946
其他知识产权出售	206	77663	34332
国有企业	12	15881	3016
外资企业	19	6950	4330
民营企业	1877	408134	254573
其他	41	5664	5664

5–13　高等院校自然科学领域技术转让与知识产权情况（二）（2021）

知识产权类别	申请数（项）	授权数（项）	专利拥有数（项）
合计	**26594**	**21590**	**81980**
其中：国外	347	241	725
发明专利	18020	11592	48580
实用新型	7021	8650	29685
外观设计	1553	1348	3715
其他知识产权		2824	778
其中：集成电路布图设计登记数		210	
植物新品种权授予数		10	
国家或行业标准数		98	

5-14 高等院校自然科学领域科技成果情况（2021）

学科门类	发表学术论文数（篇）	三大检索收录论文数（篇）			
		国外学术刊物发表	SCIE	E1	ISTP
合　计	48638	35829	26865	10935	641
自然科学	9086	7432	5795	1582	57
工程与技术	20911	15877	10242	7948	555
医药科学	14632	9388	8424	595	19
农业科学	4009	3132	2404	810	10

学科门类	科技专著				大专院校教科书		编著	
	（部）	（千字）	国（境）外出版		（部）	（千字）	（部）	（千字）
			（部）	（千字）				
合计	169	32140	15	1682	419	87429	121	19752
自然科学	18	2863	3	180	38	7758	24	5313
工程与技术	85	19984	7	899	137	36311	24	4245
医药科学	58	7722	3	316	232	41467	54	7322
农业科学	8	1571	2	287	12	1893	19	2872

指标名称	合计	项目来源					
		与其他单位合作	"973"计划	国家科技支撑计划	"863"计划	国家自然科学基金重点、重大项目	军工项目
国家级项目验收（项）	0	0	0	0	0	0	0

指标名称	合计	鉴定结论			
		其中：与其他单位合作	国际水平	国内首创	国内先进	其他
鉴定成果（项）	0	0	0	0	0	0

六、高技术产业

6-1 高技术产业基本情况（2021）

指标名称	企业数（个）	从业人员平均人数（人）	资产总计（亿元）	主营业务收入（亿元）	利润总额（亿元）
总计	4231	1005614	18163.3	12928.6	1378.9
按行业分组					
医药制造业	556	158339	3828.6	2058.0	424.9
化学药品制造	207	95824	2599.0	1285.7	220.6
化学药品原料药制造	134	62544	1828.4	709.0	134.5
化学药品制剂制造	73	33280	770.6	576.7	86.1
中药饮品加工	37	4392	67.6	55.8	4.4
中成药生产	51	13549	320.0	112.8	40.3
兽用药品制造	18	3131	58.6	40.2	4.8
生物药品制品制造	80	18397	476.2	311.4	109.5
生物药品制造	76	17502	435.9	299.8	107.5
基因工程药物和疫苗制造	4	895	40.4	11.5	2.0
卫生材料及医药用品制造	112	16502	220.7	184.2	36.1
药用辅料及包装材料	51	6544	86.5	67.9	9.2
航空、航天器及设备制造业	19	2935	72.0	17.3	1.1
飞机制造	11	1373	52.4	7.6	-0.5
航天器及运载火箭制造	2	347	2.4	1.5	-0.2
航空、航天相关设备制造	5	1132	16.2	7.6	1.7
航天相关设备制造	3	675	10.2	5.1	0.9
航空相关设备制造	2	457	6.0	2.5	0.8
其他航空航天器制造	1	83	1.0	0.6	0.1
电子及通信设备制造业	2350	599695	10902.3	8366.9	685.4
电子工业专用设备制造	126	13136	345.2	182.8	26.9
半导体器件专用设备制造	40	4365	243.6	94.4	18.6
电子元器件与机电组件设备制造	24	1888	22.0	20.1	1.3
其他电子专用设备制造	62	6883	79.5	68.4	7.0
光纤、光缆及锂离子电池制造	131	29898	1001.4	499.0	8.5
光纤制造	23	2741	66.1	43.3	-0.3
光缆制造	24	2835	308.3	160.3	6.7

指标名称	企业数（个）	从业人员平均人数（人）	资产总计（亿元）	主营业务收入（亿元）	利润总额（亿元）
锂离子电池制造	84	24322	627.0	295.4	2.1
通信设备制造、雷达及配套设备制造	212	121511	3355.6	3004.6	297.2
通信系统设备制造	141	75596	2568.7	2143.0	251.2
通信终端设备制造	66	45204	772.4	854.7	47.4
雷达及配套设备制造	5	711	14.4	6.9	-1.4
广播电视设备制造	70	29322	327.0	411.5	8.1
广播电视节目制作及发射设备制造	2	284	2.3	2.2	0.6
广播电视接收设备制造	20	4186	27.1	23.2	1.0
广播电视专用配件制造	10	943	3.8	5.8	0.3
专用音响设备制造	17	15687	144.8	216.3	1.2
应用电视设备及其他广播电视设备制造	21	8222	149.0	164.0	5.0
非专业视听设备制造	82	15690	122.0	87.3	5.2
电视机制造	4	980	46.9	5.3	0.6
音响设备制造	68	12878	53.2	68.7	5.1
影视录放设备制造	10	1832	21.9	13.3	-0.5
电子器件制造	407	103891	1776.7	1188.6	88.2
电子真空器件制造	44	8461	68.0	63.0	2.7
半导体分立器件制造	43	9239	232.3	106.8	21.6
集成电路制造	110	26931	714.4	390.2	32.9
显示器件制造	50	21193	217.7	296.9	9.5
半导体照明器件制造	57	13086	185.3	109.2	6.4
光电子器件制造	52	16414	231.0	130.4	8.5
其他电子器件制造	51	8567	127.9	92.2	6.5
电子元件及电子专用设备制造	1024	204398	3030.6	2253.0	183.9
电阻电容电感元件制造	149	25284	208.1	179.8	12.3
电子电路制造	125	17631	112.1	107.8	4.4
敏感元件及传感器制造	54	17520	257.5	136.4	18.3
电声器件及零件制造	55	6748	40.1	38.7	1.7
电子专用材料制造	394	76520	1842.9	1322.5	103.5
其他电子元件制造	247	60695	569.9	467.8	43.5
智能消费设备制造	238	71866	811.5	652.4	57.9

指标名称	企业数（个）	从业人员平均人数（人）	资产总计（亿元）	主营业务收入（亿元）	利润总额（亿元）
可穿戴智能设备制造	5	367	3.0	2.9	0.2
智能车载设备制造	28	4463	109.4	58.8	2.2
智能无人飞行器制造	6	2706	26.7	19.2	1.3
其他智能消费设备制造	199	64330	672.3	571.5	54.2
其他电子设备制造	60	9983	132.3	87.6	9.5
计算机及办公设备制造业	170	46808	590.4	693.8	26.7
计算机整机制造	8	2364	63.3	223.2	2.5
计算机零部件制造	41	23504	189.9	172.4	5.5
计算机外围设备制造	55	11234	128.6	134.5	7.5
工业控制计算机及系统制造	10	713	9.0	7.4	0.7
信息安全设备制造	3	96	1.6	2.0	
其他计算机制造	21	5361	173.1	135.3	10.6
办公设备制造	32	3536	24.9	18.9	
复印和胶印设备制造	11	1050	12.9	6.4	-0.3
计算器及货币专用设备制造	21	2486	12.0	12.5	0.3
医疗仪器设备及仪器仪表制造业	1116	195343	2718.4	1757.8	240.1
医疗仪器设备及器械制造	256	43427	530.2	300.2	56.7
医疗诊断、监护及治疗设备制造	83	14811	236.6	144.3	34.7
口腔科用设备及器具制造	9	1077	10.0	9.2	1.9
医疗实验室及医用消毒设备和器具制造	9	827	7.5	6.3	0.5
医疗、外科及兽医用器械制造	98	19140	191.1	98.2	17.7
机械治疗及病房护理设备制造	12	1827	16.3	11.1	1.2
康复辅具制造	14	1414	11.2	9.4	-0.2
其他医疗设备及器械制造	31	4331	57.6	21.8	1.0
通用仪器仪表制造	654	107109	1555.9	1057.8	107.8
工业自动控制系统装置制造	369	57770	855.6	618.4	66.3
电工仪器仪表制造	89	16545	386.4	193.2	18.7
绘图、计算及测量仪器制造	22	3748	15.8	17.9	1.0
实验分析仪器制造	32	5454	39.3	36.6	6.2
试验机制造	14	915	5.4	5.5	0.3
供应用仪器仪表制造	93	15404	146.8	131.1	11.7

指标名称	企业数（个）	从业人员平均人数（人）	资产总计（亿元）	主营业务收入（亿元）	利润总额（亿元）
其他通用仪器制造	35	7273	106.7	55.1	3.6
专用仪器仪表制造	147	25706	369.1	222.0	29.1
环境监测专用仪器仪表制造	28	3054	28.5	25.5	3.1
运输设备及生产用计数仪表制造	37	11740	187.8	104.5	10.4
导航、测绘、气象及海洋专用仪器制造	8	642	5.5	4.2	0.4
农林牧渔专用仪器仪表制造	4	517	6.5	3.6	0.6
地质勘探和地震专用仪器制造	3	163	3.3	1.9	0.2
教学专用仪器制造	19	2805	21.4	14.9	2.9
核子及核辐射测量仪器制造	1	30	0.7	0.2	
电子测量仪器制造	33	5467	102.5	59.2	10.8
其他专用仪器制造	14	1288	12.9	8.0	0.5
光学仪器制造	50	17713	245.5	167.8	44.9
其他仪器仪表制造业	9	1388	17.7	9.9	1.5
信息化学品制造业	20	2494	51.6	34.8	0.8
信息化学品制造	20	2494	51.6	34.8	0.8
文化用信息化学品制造	15	2241	47.5	24.9	0.7
医学生产用信息化学品制造	5	253	4.1	9.9	0.1
按地区分组					
杭州市	987	273086	6790.0	5051.6	598.5
宁波市	1015	230635	3210.3	2717.6	248.1
温州市	493	80563	823.5	581.5	51.0
嘉兴市	551	146049	2179.6	1871.6	108.0
湖州市	220	38031	600.1	444.8	82.0
绍兴市	283	65471	1529.6	672.5	98.5
金华市	277	69005	954.6	640.4	61.8
衢州市	99	14448	355.9	197.1	22.3
舟山市	20	1626	14.7	11.2	1.3
台州市	228	77093	1580.4	664.3	98.1
丽水市	58	9607	124.5	75.9	9.3

6-2　高技术产业 R&D 人员情况（2021）

指标名称	有 R&D 活动的企业数（个）	R&D 人员（人）	# 全时人员	# 研究人员	R&D 人员折合全时当量（人年）
总计	2785	128369	96580	45567	99593.3
按行业分组					
医药制造业	426	19248	14092	8120	14220.8
化学药品制造	178	12796	9453	5801	9602.6
化学药品原料药制造	117	9377	6721	4162	6969.2
化学药品制剂制造	61	3419	2732	1639	2633.4
中药饮品加工	20	315	222	103	221.3
中成药生产	43	1411	1008	498	984.2
兽用药品制造	12	296	247	121	214.6
生物药品制品制造	65	2201	1636	1004	1561.7
生物药品制造	61	2023	1492	930	1418.6
基因工程药物和疫苗制造	4	178	144	74	143.1
卫生材料及医药用品制造	68	1511	1047	457	1106.9
药用辅料及包装材料	40	718	479	136	529.4
航空、航天器及设备制造业	16	446	334	155	289.0
飞机制造	10	265	183	96	152.7
航天器及运载火箭制造	2	58	52	24	46.3
航空、航天相关设备制造	3	102	80	34	73.0
航天相关设备制造	1	39	23	2	24.1
航空相关设备制造	2	63	57	32	48.9
其他航空航天器制造	1	21	19	1	17.1
电子及通信设备制造业	1468	77373	58854	27077	61153.7
电子工业专用设备制造	86	1802	1472	586	1340.8
半导体器件专用设备制造	30	826	685	372	611.8
电子元器件与机电组件设备制造	9	94	72	25	64.8
其他电子专用设备制造	47	882	715	189	664.2
光纤、光缆及锂离子电池制造	87	3659	2695	983	2748.7
光纤制造	12	226	159	50	190.5

指标名称	有 R&D 活动的企业数（个）	R&D 人员（人）	# 全时人员	# 研究人员	R&D 人员折合全时当量（人年）
光缆制造	14	484	375	132	399.4
锂离子电池制造	61	2949	2161	801	2158.7
通信设备制造、雷达及配套设备制造	131	27187	22011	13670	22954.2
通信系统设备制造	92	21030	17298	11515	18298.5
通信终端设备制造	34	5925	4548	2043	4508.0
雷达及配套设备制造	5	232	165	112	147.7
广播电视设备制造	38	2918	2415	688	2472.3
广播电视节目制作及发射设备制造	1	5	4	2	0.8
广播电视接收设备制造	14	438	289	90	368.8
广播电视专用配件制造	5	110	84	17	78.0
专用音响设备制造	9	1721	1519	358	1533.3
应用电视设备及其他广播电视设备制造	9	644	519	221	491.3
非专业视听设备制造	49	1443	981	418	1096.2
电视机制造	1	47	42	27	23.3
音响设备制造	42	1111	767	259	842.7
影视录放设备制造	6	285	172	132	230.1
电子器件制造	254	10681	8247	3769	8003.9
电子真空器件制造	22	596	500	162	506.0
半导体分立器件制造	23	1175	871	420	855.8
集成电路制造	77	3991	3108	1828	2933.4
显示器件制造	26	665	477	150	496.2
半导体照明器件制造	42	1567	1195	474	1121.1
光电子器件制造	39	1982	1554	533	1591.1
其他电子器件制造	25	705	542	202	500.3
电子元件及电子专用设备制造	616	20308	13932	4277	15280.8
电阻电容电感元件制造	101	2476	1813	447	1997.9
电子电路制造	65	1474	941	182	1099.6
敏感元件及传感器制造	43	2113	1594	469	1600.6
电声器件及零件制造	25	472	348	70	386.6
电子专用材料制造	230	7947	5113	1920	5717.7

指标名称	有 R&D 活动的企业数（个）	R&D 人员（人）	# 全时人员	# 研究人员	R&D 人员折合全时当量（人年）
其他电子元件制造	152	5826	4123	1189	4478.4
智能消费设备制造	170	7946	5893	2118	6028.8
可穿戴智能设备制造	2	71	64	17	64.6
智能车载设备制造	20	700	581	274	493.8
智能无人飞行器制造	5	185	156	85	128.6
其他智能消费设备制造	143	6990	5092	1742	5341.8
其他电子设备制造	37	1429	1208	568	1228.2
计算机及办公设备制造业	105	5437	4282	1337	4153.6
计算机整机制造	2	230	184	112	118.7
计算机零部件制造	25	2727	2214	325	2174.7
计算机外围设备制造	31	800	566	198	614.6
工业控制计算机及系统制造	6	187	158	96	160.6
信息安全设备制造	1	20	18	6	15.8
其他计算机制造	16	971	719	441	624.3
办公设备制造	24	502	423	159	444.9
复印和胶印设备制造	9	145	107	40	127.1
计算器及货币专用设备制造	15	357	316	119	317.8
医疗仪器设备及仪器仪表制造业	756	25604	18809	8802	19558.4
医疗仪器设备及器械制造	178	4323	3270	1214	3211.5
医疗诊断、监护及治疗设备制造	61	1640	1308	547	1172.8
口腔科用设备及器具制造	9	175	97	51	129.5
医疗实验室及医用消毒设备和器具制造	6	85	73	18	66.1
医疗、外科及兽医用器械制造	69	1754	1293	434	1336.2
机械治疗及病房护理设备制造	8	214	162	65	185.4
康复辅具制造	5	74	48	12	43.3
其他医疗设备及器械制造	20	381	289	87	278.2
通用仪器仪表制造	439	14437	10821	4831	11133.1
工业自动控制系统装置制造	252	7806	6094	2661	6085.8
电工仪器仪表制造	58	2493	1680	893	1921.9
绘图、计算及测量仪器制造	15	343	275	27	276.6
实验分析仪器制造	24	1238	1052	610	893.1

指标名称	有 R&D 活动的企业数（个）	R&D 人员（人）	＃全时人员	＃研究人员	R&D 人员折合全时当量（人年）
试验机制造	11	134	88	46	116.9
供应用仪器仪表制造	59	1872	1200	389	1428.1
其他通用仪器制造	20	551	432	205	410.7
专用仪器仪表制造	101	3281	2640	1205	2537.8
环境监测专用仪器仪表制造	21	409	349	182	307.2
运输设备及生产用计数仪表制造	21	1030	853	353	751.3
导航、测绘、气象及海洋专用仪器制造	7	110	85	48	86.6
农林牧渔专用仪器仪表制造	2	89	62	33	71.6
地质勘探和地震专用仪器制造	3	58	29	14	38.0
教学专用仪器制造	13	254	175	47	200.3
核子及核辐射测量仪器制造	1	3	2	1	1.7
电子测量仪器制造	22	1142	931	474	922.0
其他专用仪器制造	11	186	154	53	159.2
光学仪器制造	30	3455	1980	1536	2593.2
其他仪器仪表制造业	8	108	98	16	82.8
信息化学品制造业	14	261	209	76	217.8
信息化学品制造	14	261	209	76	217.8
文化用信息化学品制造	11	230	188	65	190.7
医学生产用信息化学品制造	3	31	21	11	27.2
按地区分组					
杭州市	619	43304	35559	20818	35239.9
宁波市	628	26446	19317	8422	20710.3
温州市	320	8820	6598	1821	6989.9
嘉兴市	333	15861	11555	3845	11656.3
湖州市	160	4084	3155	1235	3278.8
绍兴市	215	8311	5845	2894	6218.2
金华市	205	8136	5554	2001	5858.7
衢州市	60	1778	1012	413	1210.4
舟山市	16	194	129	77	131.0
台州市	187	10365	7109	3696	7539.6
丽水市	42	1070	747	345	760.2

6-3 高技术产业 R&D 经费情况（2021）

单位：万元

指标名称	R&D 经费内部支出	#人员劳务费	#仪器和设备	#政府资金	#企业资金	R&D 经费外部支出
总计	**4167292.1**	**1782717.7**	**265268.8**	**87989.5**	**4074428.8**	**367867.8**
按行业分组						
医药制造业	733695.7	213613.8	69677.2	16065.4	714053.9	135040.0
化学药品制造	511708.0	149359.1	52614.7	10975.1	497510.4	98137.8
化学药品原料药制造	308193.2	103366.3	40037.6	4079.2	304114.0	56751.9
化学药品制剂制造	203514.8	45992.8	12577.1	6895.9	193396.4	41385.9
中药饮品加工	8491.5	2220.8	397.2	198.3	8293.2	1157.1
中成药生产	33498.4	13279.1	3454.5	2424.0	31039.6	10836.9
兽用药品制造	10945.5	4305.3	451.6	387.8	10400.6	1227.4
生物药品制品制造	116496.2	27887.3	6935.3	1590.5	114743.7	22848.6
生物药品制造	103561.7	26029.4	6692.2	1589.5	101810.2	22287.9
基因工程药物和疫苗制造	12934.5	1857.9	243.1	1.0	12933.5	560.7
卫生材料及医药用品制造	36542.4	12161.4	5171.3	362.1	36180.3	542.2
药用辅料及包装材料	16013.7	4400.8	652.6	127.6	15886.1	290.0
航空、航天器及设备制造业	14873.2	3214.0	3935.1	0.5	14872.7	706.2
飞机制造	6996.8	1725.2	1258.1	0.5	6996.3	348.7
航天器及运载火箭制造	3082.7	507.9	575.5		3082.7	357.5
航空、航天相关设备制造	4566.4	930.6	2101.5		4566.4	
航天相关设备制造	2981.5	372.0	2101.5		2981.5	
航空相关设备制造	1584.9	558.6			1584.9	
其他航空航天器制造	227.3	50.3			227.3	
电子及通信设备制造业	2644175.9	1240611.1	141565.0	53586.5	2589472.2	163599.3
电子工业专用设备制造	68319.2	23128.9	7529.3	5120.4	63198.8	2541.6
半导体器件专用设备制造	43670.4	14359.1	6092.3	3877.7	39792.7	2081.8
电子元器件与机电组件设备制造	1823.2	844.6	51.4		1823.2	323.5
其他电子专用设备制造	22825.6	7925.2	1385.6	1242.7	21582.9	136.3
光纤、光缆及锂离子电池制造	138183.1	28865.0	9162.2	4713.8	133469.3	38987.6
光纤制造	9284.2	1598.6	430.4	119.2	9165.0	74.0

指标名称	R&D 经费内部支出	#人员劳务费	#仪器和设备	#政府资金	#企业资金	R&D 经费外部支出
光缆制造	33297.8	3348.9	544.1	39.6	33258.2	2042.8
锂离子电池制造	95601.1	23917.5	8187.7	4555.0	91046.1	36870.8
通信设备制造、雷达及配套设备制造	1124711.8	724791.9	16734.6	3454.3	1121257.5	74197.7
通信系统设备制造	906591.1	640546.8	4309.4	2211.6	904379.5	58930.2
通信终端设备制造	211778.9	81871.2	10989.6	849.0	210929.9	14614.4
雷达及配套设备制造	6341.8	2373.9	1435.6	393.7	5948.1	653.1
广播电视设备制造	79517.1	36620.4	4944.7	77.4	79439.7	299.8
广播电视节目制作及发射设备制造	331.2	250.1			331.2	7.2
广播电视接收设备制造	5553.7	2651.6	144.5	77.4	5476.3	289.0
广播电视专用配件制造	1659.4	626.8	86.3		1659.4	
专用音响设备制造	58380.8	26599.9	4441.5		58380.8	3.6
应用电视设备及其他广播电视设备制造	13592.0	6492.0	272.4		13592.0	
非专业视听设备制造	26318.5	11955.4	844.9	40.0	26278.5	148.5
电视机制造	692.0	545.5		20.0	672.0	3.5
音响设备制造	19395.4	7485.0	769.3	20.0	19375.4	47.9
影视录放设备制造	6231.1	3924.9	75.6		6231.1	97.1
电子器件制造	376953.0	150405.6	50058.3	21637.0	354298.5	18613.6
电子真空器件制造	14681.8	5350.2	1304.9	300.1	14381.7	1084.9
半导体分立器件制造	34680.4	19948.0	1312.2	335.5	33327.4	2393.6
集成电路制造	198737.4	76330.9	35969.8	17970.3	180767.1	6938.1
显示器件制造	15357.8	5464.5	603.7	226.4	15131.4	375.4
半导体照明器件制造	45616.9	16570.0	6530.9	2009.8	43607.1	1235.5
光电子器件制造	48156.5	17767.7	3793.8	736.9	47419.6	761.3
其他电子器件制造	19722.2	8974.3	543.0	58.0	19664.2	5824.8
电子元件及电子专用设备制造	582465.8	158752.8	40623.9	11292.5	571073.6	10288.1
电阻电容电感元件制造	59148.0	19002.0	3581.1	1002.5	58145.5	250.8
电子电路制造	21451.4	6666.2	1726.8	100.0	21351.4	545.2
敏感元件及传感器制造	41555.1	16295.7	2145.5	1448.6	40106.5	300.3
电声器件及零件制造	8523.2	3882.3	98.2	35.4	8487.8	119.7
电子专用材料制造	314762.0	63547.5	13870.0	6905.5	307764.6	5580.1

指标名称	R&D 经费 内部支出	#人员劳务费	#仪器和设备	#政府资金	#企业资金	R&D 经费 外部支出
其他电子元件制造	137026.1	49359.1	19202.3	1800.5	135217.8	3492.0
智能消费设备制造	207229.8	88136.5	8317.4	3563.9	203665.9	18047.5
可穿戴智能设备制造	924.3	392.5	98.0		924.3	95.4
智能车载设备制造	23522.3	7925.8	432.6	2513.7	21008.6	11677.1
智能无人飞行器制造	6802.1	4614.4	4.4	60.1	6742.0	101.0
其他智能消费设备制造	175981.1	75203.8	7782.4	990.1	174991.0	6174.0
其他电子设备制造	40477.6	17954.6	3349.7	3687.2	36790.4	474.9
计算机及办公设备制造业	170344.3	58741.6	6988.5	1436.2	168908.1	44856.2
计算机整机制造	6841.9	4777.5	15.5		6841.9	1967.1
计算机零部件制造	68189.4	20468.7	2108.8	156.0	68033.4	405.2
计算机外围设备制造	18720.6	7162.5	1161.8	810.7	17909.9	616.5
工业控制计算机及系统制造	4174.9	2794.4	131.5		4174.9	2867.8
信息安全设备制造	424.3	79.6	80.4	181.0	243.3	
其他计算机制造	62173.3	18267.0	3468.6	240.0	61933.3	38316.9
办公设备制造	9819.9	5191.9	21.9	48.5	9771.4	682.7
复印和胶印设备制造	4492.5	2148.8	12.3	28.4	4464.1	645.2
计算器及货币专用设备制造	5327.4	3043.1	9.6	20.1	5307.3	37.5
医疗仪器设备及仪器仪表制造业	598501.5	263846.0	42013.0	16780.9	581540.4	23514.2
医疗仪器设备及器械制造	112475.0	43427.0	5208.8	6051.7	106423.3	6295.7
医疗诊断、监护及治疗设备制造	46884.8	20259.6	1725.0	1170.2	45714.6	2805.8
口腔科用设备及器具制造	3492.7	1547.7	145.1		3492.7	57.3
医疗实验室及医用消毒设备和器具制造	1284.3	515.6	6.2	20.0	1264.3	47.5
医疗、外科及兽医用器械制造	42287.7	15837.1	2177.4	4756.5	37531.2	2805.2
机械治疗及病房护理设备制造	6066.8	1934.7	15.4		6066.8	248.7
康复辅具制造	1428.3	397.1	14.4	40.0	1388.3	68.4
其他医疗设备及器械制造	11030.4	2935.2	1125.3	65.0	10965.4	262.8
通用仪器仪表制造	318143.6	146323.8	23168.7	8641.8	309448.8	12899.8
工业自动控制系统装置制造	187019.6	87653.3	12162.8	6702.1	180317.5	9373.1
电工仪器仪表制造	58264.0	27455.2	1701.1	643.7	57567.3	1029.5
绘图、计算及测量仪器制造	4061.9	1549.4	185.4	66.6	3995.3	42.7
实验分析仪器制造	27415.4	11751.0	5968.3	529.3	26886.1	884.1

指标名称	R&D经费 内部支出	#人员劳务费	#仪器和设备	#政府资金	#企业资金	R&D经费 外部支出
试验机制造	2899.1	807.9	621.7	29.0	2870.1	284.4
供应用仪器仪表制造	27411.5	10160.2	2393.4	621.9	26789.6	1195.7
其他通用仪器制造	11072.1	6946.8	136.0	49.2	11022.9	90.3
专用仪器仪表制造	68536.6	34092.8	2811.1	1246.6	67290.0	2088.8
环境监测专用仪器仪表制造	8923.3	4535.5	773.7	242.1	8681.2	203.4
运输设备及生产用计数仪表制造	22683.3	9491.0	317.9	370.7	22312.6	368.3
导航、测绘、气象及海洋专用仪器制造	1980.8	855.0	3.7	50.4	1930.4	17.2
农林牧渔专用仪器仪表制造	2041.4	1327.4		382.0	1659.4	13.9
地质勘探和地震专用仪器制造	1049.1	436.7	214.7		1049.1	
教学专用仪器制造	3457.8	1536.7	205.0	128.5	3329.3	82.8
核子及核辐射测量仪器制造	214.7	28.5	153.9		214.7	
电子测量仪器制造	24798.2	14245.2	1140.2	63.1	24735.1	1387.5
其他专用仪器制造	3388.0	1636.8	2.0	9.8	3378.2	15.7
光学仪器制造	97689.8	39173.9	10731.2	840.8	96721.8	2207.2
其他仪器仪表制造业	1656.5	828.5	93.2		1656.5	22.7
信息化学品制造业	5701.5	2691.2	1090.0	120.0	5581.5	151.9
信息化学品制造	5701.5	2691.2	1090.0	120.0	5581.5	151.9
文化用信息化学品制造	3906.5	1918.8	811.3		3906.5	151.9
医学生产用信息化学品制造	1795.0	772.4	278.7	120.0	1675.0	
按地区分组						
杭州市	1661661.5	938232.2	47207.1	40315.3	1617014.6	148453.6
宁波市	823453.6	295273.6	60924.4	10146.0	813307.6	85846.7
温州市	187434.2	79497.8	10431.6	5983.9	181450.3	6408.4
嘉兴市	449498.9	157402.4	30446.1	6168.2	443223.1	21294.6
湖州市	131618.9	37455.2	15190.6	2577.2	128988.4	12967.0
绍兴市	306580.9	82696.5	35365.5	8916.7	297664.2	16039.3
金华市	218048.8	57156.7	27631.4	5561.7	212429.8	15232.0
衢州市	73157.4	15221.4	4404.8	2349.7	70807.7	1417.6
舟山市	5979.3	1626.1	1189.6	523.0	5456.3	182.3
台州市	285037.4	109648.4	31245.3	4962.6	279750.8	56836.7
丽水市	24821.2	8507.4	1232.4	485.2	24336.0	3189.6

6-4 高技术产业企业办研发机构情况（2021）

指标名称	有研发机构的企业数（个）	机构数（个）	机构人员（人）	机构经费支出（万元）	机构仪器设备（万元）
总计	**2420**	**2607**	**152667**	**5916246.2**	**2965630.7**
按行业分组					
医药制造业	351	409	22245	1017686.5	689901.4
化学药品制造	145	188	14425	701954.6	487506.1
化学药品原料药制造	92	122	9675	366177.8	314474.8
化学药品制剂制造	53	66	4750	335776.8	173031.3
中药饮品加工	13	14	244	8274.2	4325.4
中成药生产	39	46	1702	45017.3	39322.1
兽用药品制造	9	9	288	14686.1	7301.2
生物药品制品制造	54	57	2907	175924.3	69968.0
生物药品制造	52	55	2758	161234.8	64701.4
基因工程药物和疫苗制造	2	2	149	14689.5	5266.6
卫生材料及医药用品制造	55	59	1873	49194.5	57995.4
药用辅料及包装材料	36	36	806	22635.5	23483.2
航空、航天器及设备制造业	10	11	283	5722.1	7634.1
飞机制造	5	5	112	1804.2	3124.0
航天器及运载火箭制造	1	1	36	536.7	240.1
航空、航天相关设备制造	3	4	110	2892.8	3661.5
航天相关设备制造	1	2	42	1172.6	2101.5
航空相关设备制造	2	2	68	1720.2	1560.0
其他航空航天器制造	1	1	25	488.4	608.5
电子及通信设备制造业	1280	1359	92777	3746263.7	1594698.8
电子工业专用设备制造	75	79	2292	83256.1	34303.0
半导体器件专用设备制造	25	26	1135	52379.5	19348.4
电子元器件与机电组件设备制造	9	9	141	3835.0	1155.5
其他电子专用设备制造	41	44	1016	27041.6	13799.1
光纤、光缆及锂离子电池制造	75	80	3380	176293.7	109820.2
光纤制造	12	13	219	10458.2	6208.9

指标名称	有研发机构的企业数（个）	机构数（个）	机构人员（人）	机构经费支出（万元）	机构仪器设备（万元）
光缆制造	16	16	570	41819.9	29623.6
锂离子电池制造	47	51	2591	124015.6	73987.7
通信设备制造、雷达及配套设备制造	129	148	38516	1778777.4	317731.9
通信系统设备制造	87	106	31386	1444007.1	219044.9
通信终端设备制造	38	38	6671	313620.3	92872.3
雷达及配套设备制造	4	4	459	21150.0	5814.7
广播电视设备制造	35	40	3092	104033.2	56448.4
广播电视节目制作及发射设备制造	1	1	24	348.5	944.8
广播电视接收设备制造	12	12	439	8322.9	3666.9
广播电视专用配件制造	6	6	106	2806.0	1541.0
专用音响设备制造	8	8	2041	76802.9	42051.8
应用电视设备及其他广播电视设备制造	8	13	482	15752.9	8243.9
非专业视听设备制造	39	40	1461	29697.3	14392.6
电视机制造	2	3	78	1554.5	4370.6
音响设备制造	31	31	941	20599.6	7747.1
影视录放设备制造	6	6	442	7543.2	2274.9
电子器件制造	238	251	13861	554565.7	366797.3
电子真空器件制造	19	19	904	22021.7	18230.8
半导体分立器件制造	23	25	1793	56427.3	40154.2
集成电路制造	69	71	5490	295699.9	186097.2
显示器件制造	24	25	818	21904.8	12855.8
半导体照明器件制造	38	40	1780	54723.4	45805.3
光电子器件制造	35	37	2004	62095.0	54615.6
其他电子器件制造	30	34	1072	41693.6	9038.4
电子元件及电子专用设备制造	510	535	19893	701603.0	596312.9
电阻电容电感元件制造	76	77	2059	50113.2	38605.9
电子电路制造	63	66	1572	31311.1	25365.9
敏感元件及传感器制造	35	37	2389	60743.3	36453.8
电声器件及零件制造	27	27	585	13523.7	5800.8
电子专用材料制造	181	199	7353	390837.5	377356.7

指标名称	有研发机构的企业数（个）	机构数（个）	机构人员（人）	机构经费支出（万元）	机构仪器设备（万元）
其他电子元件制造	128	129	5935	155074.2	112729.8
智能消费设备制造	144	149	8470	259704.7	79670.7
可穿戴智能设备制造	4	4	131	2618.4	775.4
智能车载设备制造	20	21	789	37529.4	9237.0
智能无人飞行器制造	2	2	50	1699.7	1212.4
其他智能消费设备制造	118	122	7500	217857.2	68445.9
其他电子设备制造	35	37	1812	58332.6	19221.8
计算机及办公设备制造业	103	117	6361	244038.0	56599.3
计算机整机制造	4	13	405	7789.9	3640.9
计算机零部件制造	22	22	2556	71837.4	14390.3
计算机外围设备制造	33	33	1070	29567.6	11359.4
工业控制计算机及系统制造	6	6	250	9076.8	1306.6
其他计算机制造	16	21	1456	111294.1	18997.2
办公设备制造	22	22	624	14472.2	6904.9
复印和胶印设备制造	7	7	176	5685.8	2318.8
计算器及货币专用设备制造	15	15	448	8786.4	4586.1
医疗仪器设备及仪器仪表制造业	664	698	30679	890584.8	594509.7
医疗仪器设备及器械制造	138	147	4751	148933.4	72028.4
医疗诊断、监护及治疗设备制造	43	46	1860	65227.0	23779.1
口腔科用设备及器具制造	7	7	167	4065.6	2228.9
医疗实验室及医用消毒设备和器具制造	6	6	103	2049.5	712.1
医疗、外科及兽医用器械制造	48	52	1753	50641.4	32195.4
机械治疗及病房护理设备制造	6	6	215	5919.7	1027.7
康复辅具制造	8	10	204	5905.2	4009.7
其他医疗设备及器械制造	20	20	449	15125.0	8075.5
通用仪器仪表制造	403	419	17462	484909.3	349019.7
工业自动控制系统装置制造	248	256	9270	272476.0	268411.4
电工仪器仪表制造	51	55	2947	84685.3	24127.8
绘图、计算及测量仪器制造	13	13	404	6289.8	2983.8
实验分析仪器制造	24	25	1591	37730.4	16417.0

指标名称	有研发机构的企业数（个）	机构数（个）	机构人员（人）	机构经费支出（万元）	机构仪器设备（万元）
试验机制造	7	7	118	2475.4	1639.0
供应用仪器仪表制造	40	43	1677	39449.5	19646.1
其他通用仪器制造	20	20	1455	41802.9	15794.6
专用仪器仪表制造	85	92	4191	105060.2	47101.7
环境监测专用仪器仪表制造	14	14	646	16842.4	3925.8
运输设备及生产用计数仪表制造	19	23	1313	31397.7	15126.5
导航、测绘、气象及海洋专用仪器制造	6	6	136	4729.7	1544.4
农林牧渔专用仪器仪表制造	2	4	39	2638.8	1411.3
地质勘探和地震专用仪器制造	1	1	33	1323.7	2914.4
教学专用仪器制造	13	14	516	8966.1	4945.8
核子及核辐射测量仪器制造	1	1	5	131.3	315.3
电子测量仪器制造	21	21	1359	34519.4	10849.4
其他专用仪器制造	8	8	144	4511.1	6068.8
光学仪器制造	32	34	4034	146657.1	124311.8
其他仪器仪表制造业	6	6	241	5024.8	2048.1
信息化学品制造业	12	13	322	11951.1	22287.4
信息化学品制造	12	13	322	11951.1	22287.4
文化用信息化学品制造	10	10	260	9904.0	20815.4
医学生产用信息化学品制造	2	3	62	2047.1	1472.0
按地区分组					
杭州市	577	645	62284	2732154.8	860481.5
宁波市	555	563	28212	1059325.6	686419.3
温州市	283	287	9413	218326.3	148156.7
嘉兴市	406	429	20685	728952.4	397219.3
湖州市	133	135	4278	164996.0	100319.3
绍兴市	147	170	8251	355311.0	224678.7
金华市	133	152	6535	230650.7	168348.6
衢州市	43	50	1756	82002.4	102593.8
舟山市	16	16	180	5264.3	4308.4
台州市	109	141	10424	320088.1	261382.5
丽水市	18	19	649	19174.6	11722.6

6-5 高技术产业企业专利情况（2021）

单位：件

指标名称	专利申请数	# 发明专利	有效发明专利
总计	34351	15278	41274
按行业分组			
医药制造业	2295	1172	5187
化学药品制造	918	722	3211
化学药品原料药制造	450	358	2154
化学药品制剂制造	468	364	1057
中药饮品加工	73	27	188
中成药生产	133	51	403
兽用药品制造	57	23	162
生物药品制品制造	497	193	581
生物药品制造	493	189	563
基因工程药物和疫苗制造	4	4	18
卫生材料及医药用品制造	478	127	447
药用辅料及包装材料	139	29	195
航空、航天器及设备制造业	117	52	89
飞机制造	74	41	58
航天器及运载火箭制造	23	6	7
航空、航天相关设备制造	20	5	23
航天相关设备制造	6		15
航空相关设备制造	14	5	8
其他航空航天器制造			1
电子及通信设备制造业	22367	10459	27568
电子工业专用设备制造	870	251	426
半导体器件专用设备制造	488	198	213
电子元器件与机电组件设备制造	64	11	40
其他电子专用设备制造	318	42	173
光纤、光缆及锂离子电池制造	1128	598	1177
光纤制造	68	40	47

指标名称	专利申请数	# 发明专利	有效发明专利
光缆制造	117	59	254
锂离子电池制造	943	499	876
通信设备制造、雷达及配套设备制造	6077	4396	12406
通信系统设备制造	4874	3779	11149
通信终端设备制造	1144	583	1168
雷达及配套设备制造	59	34	89
广播电视设备制造	380	97	369
广播电视节目制作及发射设备制造	8	1	11
广播电视接收设备制造	96	15	77
广播电视专用配件制造	5		18
专用音响设备制造	136	10	15
应用电视设备及其他广播电视设备制造	135	71	248
非专业视听设备制造	262	53	178
电视机制造	19	17	49
音响设备制造	180	24	103
影视录放设备制造	63	12	26
电子器件制造	3475	1760	5362
电子真空器件制造	179	28	113
半导体分立器件制造	308	153	252
集成电路制造	1454	978	3142
显示器件制造	230	112	205
半导体照明器件制造	575	222	726
光电子器件制造	465	173	642
其他电子器件制造	264	94	282
电子元件及电子专用设备制造	4364	1737	4554
电阻电容电感元件制造	405	61	450
电子电路制造	380	57	151
敏感元件及传感器制造	493	242	606
电声器件及零件制造	79	18	46
电子专用材料制造	1747	1065	2407

指标名称	专利申请数	# 发明专利	有效发明专利
其他电子元件制造	1260	294	894
智能消费设备制造	5410	1333	2737
可穿戴智能设备制造	74	37	24
智能车载设备制造	285	159	199
智能无人飞行器制造	57	24	192
其他智能消费设备制造	4994	1113	2322
其他电子设备制造	401	234	359
计算机及办公设备制造业	1032	401	1174
计算机整机制造	4	2	4
计算机零部件制造	209	67	346
计算机外围设备制造	246	78	380
工业控制计算机及系统制造	65	26	67
信息安全设备制造			2
其他计算机制造	299	186	240
办公设备制造	209	42	135
复印和胶印设备制造	65	21	55
计算器及货币专用设备制造	144	21	80
医疗仪器设备及仪器仪表制造业	8517	3178	7171
医疗仪器设备及器械制造	1780	634	1812
医疗诊断、监护及治疗设备制造	915	377	643
口腔科用设备及器具制造	60	5	38
医疗实验室及医用消毒设备和器具制造	39	15	14
医疗、外科及兽医用器械制造	536	199	872
机械治疗及病房护理设备制造	84	8	55
康复辅具制造	54	10	65
其他医疗设备及器械制造	92	20	125
通用仪器仪表制造	4703	1780	4051
工业自动控制系统装置制造	2683	1071	2690
电工仪器仪表制造	765	275	630
绘图、计算及测量仪器制造	103	15	49

指标名称	专利申请数	#发明专利	有效发明专利
实验分析仪器制造	348	167	151
试验机制造	85	29	44
供应用仪器仪表制造	477	122	235
其他通用仪器制造	242	101	252
专用仪器仪表制造	1141	343	737
环境监测专用仪器仪表制造	176	68	108
运输设备及生产用计数仪表制造	278	52	147
导航、测绘、气象及海洋专用仪器制造	79	39	48
农林牧渔专用仪器仪表制造	55	11	50
地质勘探和地震专用仪器制造	6	2	15
教学专用仪器制造	134	8	59
电子测量仪器制造	375	148	229
其他专用仪器制造	38	15	81
光学仪器制造	872	416	544
其他仪器仪表制造业	21	5	27
信息化学品制造业	23	16	85
信息化学品制造	23	16	85
文化用信息化学品制造	15	9	62
医学生产用信息化学品制造	8	7	23
按地区分组			
杭州市	13170	8070	21103
宁波市	8804	3295	7188
温州市	2124	428	1340
嘉兴市	3575	1053	3168
湖州市	1132	334	1202
绍兴市	1789	730	2557
金华市	1664	599	1850
衢州市	506	139	264
舟山市	44	15	86
台州市	1229	533	2322
丽水市	314	82	194

6-6 高技术产业企业新产品开发、生产及销售情况（2021）

指标名称	新产品开发项目数（项）	新产品开发经费（万元）	新产品销售收入（万元）	＃出口
总计	**25517**	**5923749.9**	**72294877.0**	**19050137.3**
按行业分组				
医药制造业	4931	901010.2	9940291.3	3926429.1
化学药品制造	2339	549281.4	5978112.6	1925153.2
化学药品原料药制造	1303	287567.9	3923453.9	1698079.6
化学药品制剂制造	1036	261713.5	2054658.7	227073.6
中药饮品加工	135	9973.9	75734.3	4274.4
中成药生产	428	50566.1	501261.6	6824.1
兽用药品制造	159	13131.2	184230.3	11407.7
生物药品制品制造	1059	187640.5	1771106.5	1220514.7
生物药品制造	1031	170040.8	1771106.5	1220514.7
基因工程药物和疫苗制造	28	17599.7		
卫生材料及医药用品制造	562	66581.7	1028347.6	713541.7
药用辅料及包装材料	249	23835.4	401498.4	44713.3
航空、航天器及设备制造业	148	20720.6	104627.0	11618.8
飞机制造	101	11648.3	45389.6	11618.8
航天器及运载火箭制造	18	3675.9	11110.3	
航空、航天相关设备制造	25	5111.2	47489.2	
航天相关设备制造	14	3433.8	28112.7	
航空相关设备制造	11	1677.4	19376.5	
其他航空航天器制造	4	285.2	637.9	
电子及通信设备制造业	12511	3798316.2	50821246.3	12497683.5
电子工业专用设备制造	692	90959.1	1284177.4	89456.4
半导体器件专用设备制造	274	55765.8	715397.3	8293.4
电子元器件与机电组件设备制造	77	5610.0	122851.4	7915.1
其他电子专用设备制造	341	29583.3	445928.7	73247.9
光纤、光缆及锂离子电池制造	751	156889.3	2491539.6	197573.4
光纤制造	77	11813.3	165793.3	13796.5

指标名称	新产品开发项目数（项）	新产品开发经费（万元）	新产品销售收入（万元）	# 出口
光缆制造	115	32542.6	639300.6	13594.3
锂离子电池制造	559	112533.4	1686445.7	170182.6
通信设备制造、雷达及配套设备制造	1476	1633912.1	23921209.8	5760131.8
通信系统设备制造	945	1352309.5	16367052.0	2838811.8
通信终端设备制造	478	267476.0	7497960.9	2920708.5
雷达及配套设备制造	53	14126.6	56196.9	611.5
广播电视设备制造	284	107081.3	2664645.0	1795352.7
广播电视节目制作及发射设备制造	8	1611.7	19643.8	12171.3
广播电视接收设备制造	95	9558.3	112680.0	71185.2
广播电视专用配件制造	40	2246.4	22075.5	3210.6
专用音响设备制造	63	74176.7	1649152.4	1646896.2
应用电视设备及其他广播电视设备制造	78	19488.2	861093.3	61889.4
非专业视听设备制造	327	37039.1	333260.3	141841.9
电视机制造	20	2053.4	40780.7	
音响设备制造	248	26613.5	264977.9	141809.4
影视录放设备制造	59	8372.2	27501.7	32.5
电子器件制造	2400	593790.8	5103798.2	1008006.9
电子真空器件制造	178	23301.6	354344.3	12075.7
半导体分立器件制造	210	60172.5	423248.4	38819.6
集成电路制造	922	323530.7	1986649.6	242003.4
显示器件制造	217	26580.1	376679.6	98203.1
半导体照明器件制造	328	56936.3	700030.9	143208.5
光电子器件制造	289	62163.5	816841.6	347758.9
其他电子器件制造	256	41106.1	446003.8	125937.7
电子元件及电子专用设备制造	4491	831166.6	11048124.8	2478970.2
电阻电容电感元件制造	637	70788.6	964017.1	171793.6
电子电路制造	423	42025.7	432117.5	34078.2
敏感元件及传感器制造	383	68028.2	776710.1	300793.5
电声器件及零件制造	179	14768.2	142866.3	23469.3
电子专用材料制造	1733	447489.5	6403159.4	1258831.3

指标名称	新产品开发项目数（项）	新产品开发经费（万元）	新产品销售收入（万元）	# 出口
其他电子元件制造	1136	188066.4	2329254.4	690004.3
智能消费设备制造	1780	283013.4	3560844.5	918539.7
可穿戴智能设备制造	26	2345.7	16485.2	5856.7
智能车载设备制造	190	32423.6	388306.1	39326.4
智能无人飞行器制造	43	12725.2	55407.6	6138.2
其他智能消费设备制造	1521	235518.9	3100645.6	867218.4
其他电子设备制造	310	64464.5	413646.7	107810.5
计算机及办公设备制造业	1041	186076.4	2883220.6	1126700.3
计算机整机制造	49	10499.9	243245.5	219730.0
计算机零部件制造	191	25856.4	1069537.2	700894.4
计算机外围设备制造	297	49615.9	812986.7	140760.2
工业控制计算机及系统制造	40	6505.2	18756.8	
信息安全设备制造	1	605.0	500.0	
其他计算机制造	313	79289.1	652373.2	37683.6
办公设备制造	150	13704.9	85821.2	27632.1
复印和胶印设备制造	59	5003.9	25800.6	6986.2
计算器及货币专用设备制造	91	8701.0	60020.6	20645.9
医疗仪器设备及仪器仪表制造业	6801	1003307.1	8409570.2	1459318.2
医疗仪器设备及器械制造	1913	195073.3	1170073.7	394262.5
医疗诊断、监护及治疗设备制造	839	92824.4	524301.2	185946.0
口腔科用设备及器具制造	64	5064.0	54541.3	23182.8
医疗实验室及医用消毒设备和器具制造	40	2185.9	16859.0	1320.1
医疗、外科及兽医用器械制造	681	62720.5	364798.3	114498.8
机械治疗及病房护理设备制造	59	7071.4	60260.4	1578.5
康复辅具制造	29	5207.8	40389.6	18693.4
其他医疗设备及器械制造	201	19999.3	108923.9	49042.9
通用仪器仪表制造	3633	528030.0	5727109.9	826071.9
工业自动控制系统装置制造	2172	300970.9	3416118.8	396343.6
电工仪器仪表制造	491	86036.4	1288683.9	147216.6
绘图、计算及测量仪器制造	97	6784.6	75930.6	40934.0
实验分析仪器制造	191	41622.4	154047.9	22331.8

指标名称	新产品开发项目数（项）	新产品开发经费（万元）	新产品销售收入（万元）	# 出口
试验机制造	84	4032.9	8424.4	7.9
供应用仪器仪表制造	429	54298.0	506140.3	195970.3
其他通用仪器制造	169	34284.8	277764.0	23267.7
专用仪器仪表制造	920	129645.9	981272.1	61366.4
环境监测专用仪器仪表制造	204	19234.0	70360.7	1658.3
运输设备及生产用计数仪表制造	249	39022.6	473182.1	20468.8
导航、测绘、气象及海洋专用仪器制造	49	4451.2	14968.3	5583.4
农林牧渔专用仪器仪表制造	5	2340.0	15468.4	3210.3
地质勘探和地震专用仪器制造	25	2025.7	7956.2	
教学专用仪器制造	122	9532.4	66506.8	8239.3
核子及核辐射测量仪器制造	11	439.9	2300.0	1566.7
电子测量仪器制造	194	42902.9	288337.7	20054.3
其他专用仪器制造	61	9697.2	42191.9	585.3
光学仪器制造	281	144489.6	503757.7	176180.9
其他仪器仪表制造业	54	6068.3	27356.8	1436.5
信息化学品制造业	85	14319.4	135921.6	28387.4
信息化学品制造	85	14319.4	135921.6	28387.4
文化用信息化学品制造	68	8679.0	123373.0	27787.5
医学生产用信息化学品制造	17	5640.4	12548.6	599.9
按地区分组				
杭州市	6916	2762254.4	28375243.5	6029523.7
宁波市	6144	1093956.0	12227827.6	2559295.5
温州市	2371	237693.2	3072732.1	439960.1
嘉兴市	3080	617346.8	12710425.2	5644163.7
湖州市	1336	182688.7	2932017.3	1078957.8
绍兴市	1716	372504.7	4783078.5	1080589.0
金华市	1560	246091.7	3313636.7	744208.6
衢州市	401	86116.2	1051035.9	225282.8
舟山市	74	7125.9	32414.8	480.7
台州市	1679	293116.7	3385401.1	1228338.3
丽水市	240	24855.6	411064.3	19337.1

6-7 高技术产业企业技术获取和技术改造情况（2021）

单位：万元

指标名称	技术改造 经费支出	购买境内技术 经费支出	引进境外技术 经费支出	引进境外技术的 消化吸收经费支出
总计	**561492.7**	**66732.9**	**23188.7**	**711.0**
按行业分组				
医药制造业	202270.2	36802.3	14636.7	
化学药品制造	165165.1	31774.9	14536.7	
化学药品原料药制造	146800.9	21040.6	924.9	
化学药品制剂制造	18364.2	10734.3	13611.8	
中药饮品加工	917.8			
中成药生产	9575.2	2559.9		
兽用药品制造	186.0	850.0	100.0	
生物药品制品制造	9942.0	1340.8		
生物药品制造	9086.0	1340.8		
基因工程药物和疫苗制造	856.0			
卫生材料及医药用品制造	3053.6	183.1		
药用辅料及包装材料	13430.5	93.6		
航空、航天器及设备制造业	95.9			
飞机制造	95.9			
电子及通信设备制造业	249325.7	18298.2	6414.3	711.0
电子工业专用设备制造	1248.1	100.9		
半导体器件专用设备制造	714.2			
电子元器件与机电组件设备制造	80.8	87.4		
其他电子专用设备制造	453.1	13.5		
光纤、光缆及锂离子电池制造	37251.2			
光纤制造	83.6			
锂离子电池制造	37167.6			
通信设备制造、雷达及配套设备制造	34169.7	3109.7	0.1	0.1
通信系统设备制造	3071.8	781.7	0.1	0.1
通信终端设备制造	31097.9	2328.0		
广播电视设备制造	2025.6	385.7		
广播电视接收设备制造	394.6	385.7		
广播电视专用配件制造	1631.0			

指标名称	技术改造经费支出	购买境内技术经费支出	引进境外技术经费支出	引进境外技术的消化吸收经费支出
非专业视听设备制造	2236.7			
音响设备制造	2188.7			
影视录放设备制造	48.0			
电子器件制造	20180.1	3585.3	478.3	
电子真空器件制造	587.0			
半导体分立器件制造	1603.7	63.3		
集成电路制造	16683.7	1621.9	29.7	
半导体照明器件制造	499.2			
光电子器件制造	767.5	1900.1	448.6	
其他电子器件制造	39.0			
电子元件及电子专用设备制造	138032.1	10030.1	5932.6	710.9
电阻电容电感元件制造	5335.2	2932.9		
电子电路制造	2527.3			
敏感元件及传感器制造	25341.9	160.7		710.8
电声器件及零件制造	686.8			
电子专用材料制造	75776.6	56.3		
其他电子元件制造	28364.3	6880.2	5932.6	0.1
智能消费设备制造	13160.3	899.6	3.3	
可穿戴智能设备制造	57.7	33.2		
智能车载设备制造	1191.0			
智能无人飞行器制造		178.5		
其他智能消费设备制造	11911.6	687.9	3.3	
其他电子设备制造	1021.9	186.9		
计算机及办公设备制造业	15120.2	2130.3		
计算机整机制造	324.9			
计算机零部件制造	1536.0			
计算机外围设备制造	2921.8	2119.6		
其他计算机制造	9478.5	10.7		
办公设备制造	859.0			
复印和胶印设备制造	859.0			
医疗仪器设备及仪器仪表制造业	94680.7	9502.1	2137.7	
医疗仪器设备及器械制造	3183.4	117.7	52.0	

指标名称	技术改造经费支出	购买境内技术经费支出	引进境外技术经费支出	引进境外技术的消化吸收经费支出
医疗诊断、监护及治疗设备制造	370.4	26.5		
口腔科用设备及器具制造	9.6			
医疗、外科及兽医用器械制造	2599.3		52.0	
机械治疗及病房护理设备制造		6.2		
康复辅具制造	201.8	85.0		
其他医疗设备及器械制造	2.3			
通用仪器仪表制造	49812.2	9156.7	2085.7	
工业自动控制系统装置制造	41527.9	7830.0	2085.7	
电工仪器仪表制造	3816.2			
绘图、计算及测量仪器制造	1107.9			
实验分析仪器制造	879.9			
供应用仪器仪表制造	2191.4	1326.7		
其他通用仪器制造	288.9			
专用仪器仪表制造	22683.9	227.7		
运输设备及生产用计数仪表制造	12525.7	130.2		
导航、测绘、气象及海洋专用仪器制造		97.5		
教学专用仪器制造	481.9			
电子测量仪器制造	9676.3			
光学仪器制造	19001.2			
按地区分组				
杭州市	101371.8	18671.7	19265.3	0.1
宁波市	136453.0	17379.1	2190.9	710.8
温州市	37806.4	4962.1	20.9	
嘉兴市	29330.9	394.8	323.4	0.1
湖州市	13550.6	299.7		
绍兴市	32403.5	2273.5	315.0	
金华市	119942.6	1945.6	125.0	
衢州市	28385.5	15.8		
舟山市	348.6	348.6		
台州市	59374.2	20400.4	948.2	
丽水市	2525.6	41.6		

6-8　医药制造业产业基本情况（2021）

指标名称	企业数（个）	从业人员平均人数（人）	资产总计（亿元）	主营业务收入（亿元）	利润总额（亿元）
总计	**556**	**158339**	**3828.6**	**2058.0**	**424.9**
按行业分组					
医药制造业	556	158339	3828.6	2058.0	424.9
化学药品制造	207	95824	2599.0	1285.7	220.6
化学药品原料药制造	134	62544	1828.4	709.0	134.5
化学药品制剂制造	73	33280	770.6	576.7	86.1
中药饮品加工	37	4392	67.6	55.8	4.4
中成药生产	51	13549	320.0	112.8	40.3
兽用药品制造	18	3131	58.6	40.2	4.8
生物药品制品制造	80	18397	476.2	311.4	109.5
生物药品制造	76	17502	435.9	299.8	107.5
基因工程药物和疫苗制造	4	895	40.4	11.5	2.0
卫生材料及医药用品制造	112	16502	220.7	184.2	36.1
药用辅料及包装材料	51	6544	86.5	67.9	9.2
按地区分组					
杭州市	138	43006	1025.4	788.7	146.2
宁波市	53	9299	178.9	93.6	15.7
温州市	29	4386	54.9	38.0	6.8
嘉兴市	30	6282	113.2	53.4	7.9
湖州市	48	10108	205.3	154.2	64.5
绍兴市	96	27073	686.8	319.7	63.3
金华市	51	13040	277.9	137.7	39.6
衢州市	20	2302	28.6	23.8	3.9
舟山市	3	398	3.1	3.3	0.5
台州市	72	39488	1201.7	421.4	69.9
丽水市	16	2957	52.9	24.2	6.6

6-9 医药制造业产业 R&D 人员情况（2021）

指标名称	有 R&D 活动的企业数（个）	R&D 人员（人）	# 全时人员	# 研究人员	R&D 人员折合全时当量（人年）
总计	**426**	**19248**	**14092**	**8120**	**14220.8**
按行业分组					
医药制造业	426	19248	14092	8120	14220.8
化学药品制造	178	12796	9453	5801	9602.6
化学药品原料药制造	117	9377	6721	4162	6969.2
化学药品制剂制造	61	3419	2732	1639	2633.4
中药饮品加工	20	315	222	103	221.3
中成药生产	43	1411	1008	498	984.2
兽用药品制造	12	296	247	121	214.6
生物药品制品制造	65	2201	1636	1004	1561.7
生物药品制造	61	2023	1492	930	1418.6
基因工程药物和疫苗制造	4	178	144	74	143.1
卫生材料及医药用品制造	68	1511	1047	457	1106.9
药用辅料及包装材料	40	718	479	136	529.4
按地区分组					
杭州市	93	3714	2901	1763	2774.2
宁波市	46	1486	1097	540	1060.1
温州市	22	563	382	151	391.7
嘉兴市	21	517	396	191	359.1
湖州市	35	1008	778	366	764.4
绍兴市	75	3384	2411	1481	2757.3
金华市	43	2089	1529	733	1539.4
衢州市	12	270	194	57	204.1
舟山市	3	57	37	26	39.2
台州市	62	5834	4144	2703	4132.8
丽水市	14	326	223	109	198.7

6–10 医药制造业产业 R&D 经费情况（2021）

单位：万元

指标名称	R&D 经费内部支出	# 人员劳务费	# 仪器和设备	# 政府资金	# 企业资金	R&D 经费外部支出
总计	**733695.7**	**213613.8**	**69677.2**	**16065.4**	**714053.9**	**135040.0**
按行业分组						
医药制造业	733695.7	213613.8	69677.2	16065.4	714053.9	135040.0
化学药品制造	511708.0	149359.1	52614.7	10975.1	497510.4	98137.8
化学药品原料药制造	308193.2	103366.3	40037.6	4079.2	304114.0	56751.9
化学药品制剂制造	203514.8	45992.8	12577.1	6895.9	193396.4	41385.9
中药饮品加工	8491.5	2220.8	397.2	198.3	8293.2	1157.1
中成药生产	33498.4	13279.1	3454.5	2424.0	31039.6	10836.9
兽用药品制造	10945.5	4305.3	451.6	387.8	10400.6	1227.4
生物药品制品制造	116496.2	27887.3	6935.3	1590.5	114743.7	22848.6
生物药品制造	103561.7	26029.4	6692.2	1589.5	101810.2	22287.9
基因工程药物和疫苗制造	12934.5	1857.9	243.1	1.0	12933.5	560.7
卫生材料及医药用品制造	36542.4	12161.4	5171.3	362.1	36180.3	542.2
药用辅料及包装材料	16013.7	4400.8	652.6	127.6	15886.1	290.0
按地区分组						
杭州市	208896.0	51905.0	10478.0	5457.1	200216.4	28242.8
宁波市	46201.9	16130.0	2691.0	110.1	46091.8	7195.2
温州市	12045.6	4566.5	1999.0	187.1	11858.5	2728.5
嘉兴市	13395.0	4442.7	2390.9	206.1	13089.1	4974.2
湖州市	38257.6	11425.2	2620.0	777.7	37479.9	12132.7
绍兴市	130440.9	31034.5	12038.7	3265.6	127175.3	11220.9
金华市	66459.3	15578.2	12568.8	1448.0	64954.0	13249.6
衢州市	7103.4	1981.7	756.0	76.0	7027.4	857.3
舟山市	1252.2	360.3	142.6		1252.2	100.6
台州市	202418.4	74113.1	23668.5	4159.4	198062.2	51518.2
丽水市	7225.4	2076.6	323.7	378.3	6847.1	2820.0

6-11 医药制造业企业办研发机构情况（2021）

指标名称	有研发机构的企业数（个）	机构数（个）	机构人员（人）	机构经费支出（万元）	机构仪器设备（万元）
总计	**351**	**409**	**22245**	**1017686.5**	**689901.4**
按行业分组					
医药制造业	351	409	22245	1017686.5	689901.4
化学药品制造	145	188	14425	701954.6	487506.1
化学药品原料药制造	92	122	9675	366177.8	314474.8
化学药品制剂制造	53	66	4750	335776.8	173031.3
中药饮品加工	13	14	244	8274.2	4325.4
中成药生产	39	46	1702	45017.3	39322.1
兽用药品制造	9	9	288	14686.1	7301.2
生物药品制品制造	54	57	2907	175924.3	69968.0
生物药品制造	52	55	2758	161234.8	64701.4
基因工程药物和疫苗制造	2	2	149	14689.5	5266.6
卫生材料及医药用品制造	55	59	1873	49194.5	57995.4
药用辅料及包装材料	36	36	806	22635.5	23483.2
按地区分组					
杭州市	83	92	5389	344367.4	197192.3
宁波市	33	33	1433	50867.8	28852.4
温州市	20	20	600	16055.9	20655.4
嘉兴市	24	25	964	34808.4	21474.7
湖州市	30	31	1284	73424.6	20886.6
绍兴市	63	76	3223	166897.8	125577.1
金华市	29	33	2058	76090.5	49562.1
衢州市	9	9	201	6719.9	6958.2
舟山市	3	3	31	1440.5	1231.2
台州市	49	78	6779	236727.9	210665.9
丽水市	8	9	283	10285.8	6845.5

6-12 医药制造业企业专利情况（2021）

单位：件

指标名称	专利申请数	# 发明专利	有效发明专利
总计	**2295**	**1172**	**5187**
按行业分组			
医药制造业	2295	1172	5187
化学药品制造	918	722	3211
化学药品原料药制造	450	358	2154
化学药品制剂制造	468	364	1057
中药饮品加工	73	27	188
中成药生产	133	51	403
兽用药品制造	57	23	162
生物药品制品制造	497	193	581
生物药品制造	493	189	563
基因工程药物和疫苗制造	4	4	18
卫生材料及医药用品制造	478	127	447
药用辅料及包装材料	139	29	195
按地区分组			
杭州市	799	492	1490
宁波市	138	62	317
温州市	67	27	74
嘉兴市	110	46	193
湖州市	246	20	211
绍兴市	418	168	871
金华市	147	52	323
衢州市	28	14	57
舟山市	2	2	11
台州市	288	268	1559
丽水市	52	21	81

6-13 医药制造业企业新产品开发、生产及销售情况（2021）

指标名称	新产品开发项目数（项）	新产品开发经费（万元）	新产品销售收入（万元）	＃出口
总计	**4931**	**901010.2**	**9940291.3**	**3926429.1**
按行业分组				
医药制造业	4931	901010.2	9940291.3	3926429.1
化学药品制造	2339	549281.4	5978112.6	1925153.2
化学药品原料药制造	1303	287567.9	3923453.9	1698079.6
化学药品制剂制造	1036	261713.5	2054658.7	227073.6
中药饮品加工	135	9973.9	75734.3	4274.4
中成药生产	428	50566.1	501261.6	6824.1
兽用药品制造	159	13131.2	184230.3	11407.7
生物药品制品制造	1059	187640.5	1771106.5	1220514.7
生物药品制造	1031	170040.8	1771106.5	1220514.7
基因工程药物和疫苗制造	28	17599.7		
卫生材料及医药用品制造	562	66581.7	1028347.6	713541.7
药用辅料及包装材料	249	23835.4	401498.4	44713.3
按地区分组				
杭州市	1311	329998.5	3136462.5	1404823.1
宁波市	481	57922.7	327094.5	40191.7
温州市	193	16628.2	157555.5	33179.1
嘉兴市	301	26653.7	286347.0	55088.0
湖州市	443	54966.3	1118361.5	730947.1
绍兴市	741	153156.6	2269462.6	800116.0
金华市	493	62520.1	459386.5	35982.8
衢州市	93	8891.0	86864.8	9173.9
舟山市	7	1247.8		
台州市	788	182050.2	2015984.8	815414.9
丽水市	80	6975.1	82771.6	1512.5

6-14 医药制造业企业技术获取和技术改造情况（2021）

单位：万元

指标名称	技术改造经费支出	购买境内技术经费支出	引进境外技术经费支出
总计	**202270.2**	**36802.3**	**14636.7**
按行业分组			
医药制造业	202270.2	36802.3	14636.7
化学药品制造	165165.1	31774.9	14536.7
化学药品原料药制造	146800.9	21040.6	924.9
化学药品制剂制造	18364.2	10734.3	13611.8
中药饮品加工	917.8		
中成药生产	9575.2	2559.9	
兽用药品制造	186.0	850.0	100.0
生物药品制品制造	9942.0	1340.8	
生物药品制造	9086.0	1340.8	
基因工程药物和疫苗制造	856.0		
卫生材料及医药用品制造	3053.6	183.1	
药用辅料及包装材料	13430.5	93.6	
按地区分组			
杭州市	16443.2	13647.0	13396.8
宁波市	13108.8	395.4	
温州市	618.6	16.6	
嘉兴市	1464.2		
湖州市	1741.7	83.9	
绍兴市	5515.4	2193.5	315.0
金华市	104291.4	21.6	
衢州市	2933.4	15.8	
舟山市			
台州市	54219.8	20386.9	924.9
丽水市	1933.7	41.6	

6-15 电子及通信设备制造业基本情况（2021）

指标名称	企业数（个）	从业人员平均人数（人）	资产总计（亿元）	主营业务收入（亿元）	利润总额（亿元）
总计	**2350**	**599695**	**10902.3**	**8366.9**	**685.4**
按行业分组					
电子及通信设备制造业	2350	599695	10902.3	8366.9	685.4
电子工业专用设备制造	126	13136	345.2	182.8	26.9
半导体器件专用设备制造	40	4365	243.6	94.4	18.6
电子元器件与机电组件设备制造	24	1888	22.0	20.1	1.3
其他电子专用设备制造	62	6883	79.5	68.4	7.0
光纤、光缆及锂离子电池制造	131	29898	1001.4	499.0	8.5
光纤制造	23	2741	66.1	43.3	-0.3
光缆制造	24	2835	308.3	160.3	6.7
锂离子电池制造	84	24322	627.0	295.4	2.1
通信设备制造、雷达及配套设备制造	212	121511	3355.6	3004.6	297.2
通信系统设备制造	141	75596	2568.7	2143.0	251.2
通信终端设备制造	66	45204	772.4	854.7	47.4
雷达及配套设备制造	5	711	14.4	6.9	-1.4
广播电视设备制造	70	29322	327.0	411.5	8.1
广播电视节目制作及发射设备制造	2	284	2.3	2.2	0.6
广播电视接收设备制造	20	4186	27.1	23.2	1.0
广播电视专用配件制造	10	943	3.8	5.8	0.3
专用音响设备制造	17	15687	144.8	216.3	1.2
应用电视设备及其他广播电视设备制造	21	8222	149.0	164.0	5.0
非专业视听设备制造	82	15690	122.0	87.3	5.2
电视机制造	4	980	46.9	5.3	0.6
音响设备制造	68	12878	53.2	68.7	5.1
影视录放设备制造	10	1832	21.9	13.3	-0.5
电子器件制造	407	103891	1776.7	1188.6	88.2
电子真空器件制造	44	8461	68.0	63.0	2.7
半导体分立器件制造	43	9239	232.3	106.8	21.6

指标名称	企业数（个）	从业人员平均人数（人）	资产总计（亿元）	主营业务收入（亿元）	利润总额（亿元）
集成电路制造	110	26931	714.4	390.2	32.9
显示器件制造	50	21193	217.7	296.9	9.5
半导体照明器件制造	57	13086	185.3	109.2	6.4
光电子器件制造	52	16414	231.0	130.4	8.5
其他电子器件制造	51	8567	127.9	92.2	6.5
电子元件及电子专用设备制造	1024	204398	3030.6	2253.0	183.9
电阻电容电感元件制造	149	25284	208.1	179.8	12.3
电子电路制造	125	17631	112.1	107.8	4.4
敏感元件及传感器制造	54	17520	257.5	136.4	18.3
电声器件及零件制造	55	6748	40.1	38.7	1.7
电子专用材料制造	394	76520	1842.9	1322.5	103.5
其他电子元件制造	247	60695	569.9	467.8	43.5
智能消费设备制造	238	71866	811.5	652.4	57.9
可穿戴智能设备制造	5	367	3.0	2.9	0.2
智能车载设备制造	28	4463	109.4	58.8	2.2
智能无人飞行器制造	6	2706	26.7	19.2	1.3
其他智能消费设备制造	199	64330	672.3	571.5	54.2
其他电子设备制造	60	9983	132.3	87.6	9.5
按地区分组					
杭州市	474	155516	4417.4	3308.9	348.2
宁波市	645	157760	2113.6	1960.1	153.8
温州市	256	41995	398.0	279.5	13.0
嘉兴市	381	107214	1720.7	1529.4	82.2
湖州市	121	22370	335.7	239.0	12.5
绍兴市	131	31519	690.8	288.4	27.4
金华市	173	49018	606.8	443.0	17.1
衢州市	69	9906	310.2	154.4	16.6
舟山市	8	484	6.8	3.4	0.4
台州市	58	18081	237.3	117.1	11.9
丽水市	34	5832	64.9	43.7	2.1

6-16 电子及通信设备制造业产业 R&D 人员情况（2021）

指标名称	有 R&D 活动的企业数（个）	R&D 人员（人）	# 全时人员	# 研究人员	R&D 人员折合全时当量（人年）
总计	**1468**	**77373**	**58854**	**27077**	**61153.7**
按行业分组					
电子及通信设备制造业	1468	77373	58854	27077	61153.7
电子工业专用设备制造	86	1802	1472	586	1340.8
半导体器件专用设备制造	30	826	685	372	611.8
电子元器件与机电组件设备制造	9	94	72	25	64.8
其他电子专用设备制造	47	882	715	189	664.2
光纤、光缆及锂离子电池制造	87	3659	2695	983	2748.7
光纤制造	12	226	159	50	190.5
光缆制造	14	484	375	132	399.4
锂离子电池制造	61	2949	2161	801	2158.7
通信设备制造、雷达及配套设备制造	131	27187	22011	13670	22954.2
通信系统设备制造	92	21030	17298	11515	18298.5
通信终端设备制造	34	5925	4548	2043	4508.0
雷达及配套设备制造	5	232	165	112	147.7
广播电视设备制造	38	2918	2415	688	2472.3
广播电视节目制作及发射设备制造	1	5	4	2	0.8
广播电视接收设备制造	14	438	289	90	368.8
广播电视专用配件制造	5	110	84	17	78.0
专用音响设备制造	9	1721	1519	358	1533.3
应用电视设备及其他广播电视设备制造	9	644	519	221	491.3
非专业视听设备制造	49	1443	981	418	1096.2
电视机制造	1	47	42	27	23.3
音响设备制造	42	1111	767	259	842.7
影视录放设备制造	6	285	172	132	230.1
电子器件制造	254	10681	8247	3769	8003.9
电子真空器件制造	22	596	500	162	506.0
半导体分立器件制造	23	1175	871	420	855.8

指标名称	有R&D活动的企业数（个）	R&D人员（人）	#全时人员	#研究人员	R&D人员折合全时当量（人年）
集成电路制造	77	3991	3108	1828	2933.4
显示器件制造	26	665	477	150	496.2
半导体照明器件制造	42	1567	1195	474	1121.1
光电子器件制造	39	1982	1554	533	1591.1
其他电子器件制造	25	705	542	202	500.3
电子元件及电子专用设备制造	616	20308	13932	4277	15280.8
电阻电容电感元件制造	101	2476	1813	447	1997.9
电子电路制造	65	1474	941	182	1099.6
敏感元件及传感器制造	43	2113	1594	469	1600.6
电声器件及零件制造	25	472	348	70	386.6
电子专用材料制造	230	7947	5113	1920	5717.7
其他电子元件制造	152	5826	4123	1189	4478.4
智能消费设备制造	170	7946	5893	2118	6028.8
可穿戴智能设备制造	2	71	64	17	64.6
智能车载设备制造	20	700	581	274	493.8
智能无人飞行器制造	5	185	156	85	128.6
其他智能消费设备制造	143	6990	5092	1742	5341.8
其他电子设备制造	37	1429	1208	568	1228.2
按地区分组					
杭州市	279	30393	24946	15229	25403.8
宁波市	376	15458	12114	4402	12591.5
温州市	152	4460	3136	735	3496.3
嘉兴市	241	11698	8318	2986	8496.5
湖州市	88	2408	1820	710	1998.3
绍兴市	97	3871	2631	1069	2671.6
金华市	121	5259	3500	1056	3724.6
衢州市	39	1187	584	225	740.1
舟山市	7	87	64	35	55.3
台州市	46	1912	1301	422	1498.1
丽水市	22	640	440	208	477.7

6-17 电子及通信设备制造业 R&D 经费情况（2021）

单位：万元

指标名称	R&D 经费内部支出	#人员劳务费	#仪器和设备	#政府资金	#企业资金	R&D 经费外部支出
总计	**2644175.9**	**1240611.1**	**141565.0**	**53586.5**	**2589472.2**	**163599.3**
按行业分组						
电子及通信设备制造业	2644175.9	1240611.1	141565.0	53586.5	2589472.2	163599.3
电子工业专用设备制造	68319.2	23128.9	7529.3	5120.4	63198.8	2541.6
半导体器件专用设备制造	43670.4	14359.1	6092.3	3877.7	39792.7	2081.8
电子元器件与机电组件设备制造	1823.2	844.6	51.4		1823.2	323.5
其他电子专用设备制造	22825.6	7925.2	1385.6	1242.7	21582.9	136.3
光纤、光缆及锂离子电池制造	138183.1	28865.0	9162.2	4713.8	133469.3	38987.6
光纤制造	9284.2	1598.6	430.4	119.2	9165.0	74.0
光缆制造	33297.8	3348.9	544.1	39.6	33258.2	2042.8
锂离子电池制造	95601.1	23917.5	8187.7	4555.0	91046.1	36870.8
通信设备制造、雷达及配套设备制造	1124711.8	724791.9	16734.6	3454.3	1121257.5	74197.7
通信系统设备制造	906591.1	640546.8	4309.4	2211.6	904379.5	58930.2
通信终端设备制造	211778.9	81871.2	10989.6	849.0	210929.9	14614.4
雷达及配套设备制造	6341.8	2373.9	1435.6	393.7	5948.1	653.1
广播电视设备制造	79517.1	36620.4	4944.7	77.4	79439.7	299.8
广播电视节目制作及发射设备制造	331.2	250.1			331.2	7.2
广播电视接收设备制造	5553.7	2651.6	144.5	77.4	5476.3	289.0
广播电视专用配件制造	1659.4	626.8	86.3		1659.4	
专用音响设备制造	58380.8	26599.9	4441.5		58380.8	3.6
应用电视设备及其他广播电视设备制造	13592.0	6492.0	272.4		13592.0	
非专业视听设备制造	26318.5	11955.4	844.9	40.0	26278.5	148.5
电视机制造	692.0	545.5		20.0	672.0	3.5
音响设备制造	19395.4	7485.0	769.3	20.0	19375.4	47.9
影视录放设备制造	6231.1	3924.9	75.6		6231.1	97.1
电子器件制造	376953.0	150405.6	50058.3	21637.0	354298.5	18613.6
电子真空器件制造	14681.8	5350.2	1304.9	300.1	14381.7	1084.9
半导体分立器件制造	34680.4	19948.0	1312.2	335.5	33327.4	2393.6

指标名称	R&D经费内部支出	#人员劳务费	#仪器和设备	#政府资金	#企业资金	R&D经费外部支出
集成电路制造	198737.4	76330.9	35969.8	17970.3	180767.1	6938.1
显示器件制造	15357.8	5464.5	603.7	226.4	15131.4	375.4
半导体照明器件制造	45616.9	16570.0	6530.9	2009.8	43607.1	1235.5
光电子器件制造	48156.5	17767.7	3793.8	736.9	47419.6	761.3
其他电子器件制造	19722.2	8974.3	543.0	58.0	19664.2	5824.8
电子元件及电子专用设备制造	582465.8	158752.8	40623.9	11292.5	571073.6	10288.1
电阻电容电感元件制造	59148.0	19002.0	3581.1	1002.5	58145.5	250.8
电子电路制造	21451.4	6666.2	1726.8	100.0	21351.4	545.2
敏感元件及传感器制造	41555.1	16295.7	2145.5	1448.6	40106.5	300.3
电声器件及零件制造	8523.2	3882.3	98.2	35.4	8487.8	119.7
电子专用材料制造	314762.0	63547.5	13870.0	6905.5	307764.6	5580.1
其他电子元件制造	137026.1	49359.1	19202.3	1800.5	135217.8	3492.0
智能消费设备制造	207229.8	88136.5	8317.4	3563.9	203665.9	18047.5
可穿戴智能设备制造	924.3	392.5	98.0		924.3	95.4
智能车载设备制造	23522.3	7925.8	432.6	2513.7	21008.6	11677.1
智能无人飞行器制造	6802.1	4614.4	4.4	60.1	6742.0	101.0
其他智能消费设备制造	175981.1	75203.8	7782.4	990.1	174991.0	6174.0
其他电子设备制造	40477.6	17954.6	3349.7	3687.2	36790.4	474.9
按地区分组						
杭州市	1224144.9	773407.9	17914.7	23222.2	1199866.6	106730.7
宁波市	504886.6	175133.6	37507.3	7933.4	496953.2	31376.1
温州市	93027.8	39162.6	6136.5	4841.3	88186.5	1995.6
嘉兴市	349044.1	125205.6	25425.8	5254.6	343781.7	13859.9
湖州市	76492.2	19938.2	11389.9	1126.2	75312.7	528.4
绍兴市	148762.0	41168.1	21375.8	5132.5	143629.5	3944.1
金华市	134157.3	34933.9	13224.8	3302.9	130854.4	1481.5
衢州市	57990.6	8592.1	3564.3	1876.2	56114.4	472.3
舟山市	3415.0	818.8	1047.0	523.0	2892.0	81.7
台州市	38408.8	17134.5	3086.7	354.2	38054.6	2803.3
丽水市	13846.6	5115.8	892.2	20.0	13826.6	325.7

6-18 电子及通信设备制造业企业办研发机构情况（2021）

指标名称	有研发机构的企业数（个）	机构数（个）	机构人员（人）	机构经费支出（万元）	机构仪器设备（万元）
总计	**1280**	**1359**	**92777**	**3746263.7**	**1594698.8**
按行业分组					
电子及通信设备制造业	1280	1359	92777	3746263.7	1594698.8
电子工业专用设备制造	75	79	2292	83256.1	34303.0
半导体器件专用设备制造	25	26	1135	52379.5	19348.4
电子元器件与机电组件设备制造	9	9	141	3835.0	1155.5
其他电子专用设备制造	41	44	1016	27041.6	13799.1
光纤、光缆及锂离子电池制造	75	80	3380	176293.7	109820.2
光纤制造	12	13	219	10458.2	6208.9
光缆制造	16	16	570	41819.9	29623.6
锂离子电池制造	47	51	2591	124015.6	73987.7
通信设备制造、雷达及配套设备制造	129	148	38516	1778777.4	317731.9
通信系统设备制造	87	106	31386	1444007.1	219044.9
通信终端设备制造	38	38	6671	313620.3	92872.3
雷达及配套设备制造	4	4	459	21150.0	5814.7
广播电视设备制造	35	40	3092	104033.2	56448.4
广播电视节目制作及发射设备制造	1	1	24	348.5	944.8
广播电视接收设备制造	12	12	439	8322.9	3666.9
广播电视专用配件制造	6	6	106	2806.0	1541.0
专用音响设备制造	8	8	2041	76802.9	42051.8
应用电视设备及其他广播电视设备制造	8	13	482	15752.9	8243.9
非专业视听设备制造	39	40	1461	29697.3	14392.6
电视机制造	2	3	78	1554.5	4370.6
音响设备制造	31	31	941	20599.6	7747.1
影视录放设备制造	6	6	442	7543.2	2274.9
电子器件制造	238	251	13861	554565.7	366797.3
电子真空器件制造	19	19	904	22021.7	18230.8
半导体分立器件制造	23	25	1793	56427.3	40154.2

指标名称	有研发机构的企业数（个）	机构数（个）	机构人员（人）	机构经费支出（万元）	机构仪器设备（万元）
集成电路制造	69	71	5490	295699.9	186097.2
显示器件制造	24	25	818	21904.8	12855.8
半导体照明器件制造	38	40	1780	54723.4	45805.3
光电子器件制造	35	37	2004	62095.0	54615.6
其他电子器件制造	30	34	1072	41693.6	9038.4
电子元件及电子专用设备制造	510	535	19893	701603.0	596312.9
电阻电容电感元件制造	76	77	2059	50113.2	38605.9
电子电路制造	63	66	1572	31311.1	25365.9
敏感元件及传感器制造	35	37	2389	60743.3	36453.8
电声器件及零件制造	27	27	585	13523.7	5800.8
电子专用材料制造	181	199	7353	390837.5	377356.7
其他电子元件制造	128	129	5935	155074.2	112729.8
智能消费设备制造	144	149	8470	259704.7	79670.7
可穿戴智能设备制造	4	4	131	2618.4	775.4
智能车载设备制造	20	21	789	37529.4	9237.0
智能无人飞行器制造	2	2	50	1699.7	1212.4
其他智能消费设备制造	118	122	7500	217857.2	68445.9
其他电子设备制造	35	37	1812	58332.6	19221.8
按地区分组					
杭州市	268	295	43766	2003545.1	520254.3
宁波市	332	340	16238	613647.6	308959.5
温州市	127	127	4242	87160.9	64343.4
嘉兴市	280	298	15264	560337.8	312554.8
湖州市	72	72	2285	71941.1	69974.3
绍兴市	56	64	3863	154383.8	84340.8
金华市	75	86	3657	135572.4	104165.1
衢州市	29	35	1182	64883.0	87821.6
舟山市	7	7	90	2490.2	2176.4
台州市	25	26	1839	43685.5	35564.6
丽水市	9	9	351	8616.3	4544.0

6-19 电子及通信设备制造业企业专利情况（2021）

单位：件

指标名称	专利申请数	# 发明专利	有效发明专利
总计	**22367**	**10459**	**27568**
按行业分组			
电子及通信设备制造业	22367	10459	27568
电子工业专用设备制造	870	251	426
半导体器件专用设备制造	488	198	213
电子元器件与机电组件设备制造	64	11	40
其他电子专用设备制造	318	42	173
光纤、光缆及锂离子电池制造	1128	598	1177
光纤制造	68	40	47
光缆制造	117	59	254
锂离子电池制造	943	499	876
通信设备制造、雷达及配套设备制造	6077	4396	12406
通信系统设备制造	4874	3779	11149
通信终端设备制造	1144	583	1168
雷达及配套设备制造	59	34	89
广播电视设备制造	380	97	369
广播电视节目制作及发射设备制造	8	1	11
广播电视接收设备制造	96	15	77
广播电视专用配件制造	5		18
专用音响设备制造	136	10	15
应用电视设备及其他广播电视设备制造	135	71	248
非专业视听设备制造	262	53	178
电视机制造	19	17	49
音响设备制造	180	24	103
影视录放设备制造	63	12	26
电子器件制造	3475	1760	5362
电子真空器件制造	179	28	113
半导体分立器件制造	308	153	252

指标名称	专利申请数	＃发明专利	有效发明专利
集成电路制造	1454	978	3142
显示器件制造	230	112	205
半导体照明器件制造	575	222	726
光电子器件制造	465	173	642
其他电子器件制造	264	94	282
电子元件及电子专用设备制造	4364	1737	4554
电阻电容电感元件制造	405	61	450
电子电路制造	380	57	151
敏感元件及传感器制造	493	242	606
电声器件及零件制造	79	18	46
电子专用材料制造	1747	1065	2407
其他电子元件制造	1260	294	894
智能消费设备制造	5410	1333	2737
可穿戴智能设备制造	74	37	24
智能车载设备制造	285	159	199
智能无人飞行器制造	57	24	192
其他智能消费设备制造	4994	1113	2322
其他电子设备制造	401	234	359
按地区分组			
杭州市	8474	5728	15819
宁波市	6150	2258	4863
温州市	1081	188	581
嘉兴市	2782	839	2245
湖州市	596	228	759
绍兴市	989	443	1480
金华市	1261	486	1352
衢州市	414	105	176
舟山市	22	12	63
台州市	360	116	132
丽水市	238	56	98

6-20 电子及通信设备制造业企业新产品开发、生产及销售情况（2021）

指标名称	新产品开发项目数（项）	新产品开发经费（万元）	新产品销售收入（万元）	# 出口
总计	**12511**	**3798316.2**	**50821246.3**	**12497683.5**
按行业分组				
电子及通信设备制造业	12511	3798316.2	50821246.3	12497683.5
电子工业专用设备制造	692	90959.1	1284177.4	89456.4
半导体器件专用设备制造	274	55765.8	715397.3	8293.4
电子元器件与机电组件设备制造	77	5610.0	122851.4	7915.1
其他电子专用设备制造	341	29583.3	445928.7	73247.9
光纤、光缆及锂离子电池制造	751	156889.3	2491539.6	197573.4
光纤制造	77	11813.3	165793.3	13796.5
光缆制造	115	32542.6	639300.6	13594.3
锂离子电池制造	559	112533.4	1686445.7	170182.6
通信设备制造、雷达及配套设备制造	1476	1633912.1	23921209.8	5760131.8
通信系统设备制造	945	1352309.5	16367052.0	2838811.8
通信终端设备制造	478	267476.0	7497960.9	2920708.5
雷达及配套设备制造	53	14126.6	56196.9	611.5
广播电视设备制造	284	107081.3	2664645.0	1795352.7
广播电视节目制作及发射设备制造	8	1611.7	19643.8	12171.3
广播电视接收设备制造	95	9558.3	112680.0	71185.2
广播电视专用配件制造	40	2246.4	22075.5	3210.6
专用音响设备制造	63	74176.7	1649152.4	1646896.2
应用电视设备及其他广播电视设备制造	78	19488.2	861093.3	61889.4
非专业视听设备制造	327	37039.1	333260.3	141841.9
电视机制造	20	2053.4	40780.7	
音响设备制造	248	26613.5	264977.9	141809.4
影视录放设备制造	59	8372.2	27501.7	32.5
电子器件制造	2400	593790.8	5103798.2	1008006.9
电子真空器件制造	178	23301.6	354344.3	12075.7
半导体分立器件制造	210	60172.5	423248.4	38819.6

指标名称	新产品开发项目数 （项）	新产品开发经费 （万元）	新产品销售收入 （万元）	# 出口
集成电路制造	922	323530.7	1986649.6	242003.4
显示器件制造	217	26580.1	376679.6	98203.1
半导体照明器件制造	328	56936.3	700030.9	143208.5
光电子器件制造	289	62163.5	816841.6	347758.9
其他电子器件制造	256	41106.1	446003.8	125937.7
电子元件及电子专用设备制造	4491	831166.6	11048124.8	2478970.2
电阻电容电感元件制造	637	70788.6	964017.1	171793.6
电子电路制造	423	42025.7	432117.5	34078.2
敏感元件及传感器制造	383	68028.2	776710.1	300793.5
电声器件及零件制造	179	14768.2	142866.3	23469.3
电子专用材料制造	1733	447489.5	6403159.4	1258831.3
其他电子元件制造	1136	188066.4	2329254.4	690004.3
智能消费设备制造	1780	283013.4	3560844.5	918539.7
可穿戴智能设备制造	26	2345.7	16485.2	5856.7
智能车载设备制造	190	32423.6	388306.1	39326.4
智能无人飞行器制造	43	12725.2	55407.6	6138.2
其他智能消费设备制造	1521	235518.9	3100645.6	867218.4
其他电子设备制造	310	64464.5	413646.7	107810.5
按地区分组				
杭州市	2959	1952912.3	21561652.6	3902650.0
宁波市	3611	657310.6	9168123.2	2049468.6
温州市	1053	103029.4	1361286.5	216290.7
嘉兴市	2068	507840.4	10732182.1	4686223.7
湖州市	599	103174.8	1477274.1	310411.0
绍兴市	629	180836.3	2114199.9	234111.7
金华市	834	160785.9	2577428.2	660318.8
衢州市	254	63491.9	858032.6	215041.1
舟山市	33	3832.5	10068.8	
台州市	333	51188.2	695978.8	205756.0
丽水市	138	13913.9	265019.5	17411.9

6-21 电子及通信设备制造业企业技术获取和技术改造情况（2021）

单位：万元

指标名称	技术改造经费支出	购买境内技术经费支出	引进境外技术经费支出	引进境外技术的消化吸收经费支出
总计	**249325.7**	**18298.2**	**6414.3**	**711.0**
按行业分组				
电子及通信设备制造业	249325.7	18298.2	6414.3	711.0
电子工业专用设备制造	1248.1	100.9		
半导体器件专用设备制造	714.2			
电子元器件与机电组件设备制造	80.8	87.4		
其他电子专用设备制造	453.1	13.5		
光纤、光缆及锂离子电池制造	37251.2			
光纤制造	83.6			
光缆制造				
锂离子电池制造	37167.6			
通信设备制造、雷达及配套设备制造	34169.7	3109.7	0.1	0.1
通信系统设备制造	3071.8	781.7	0.1	0.1
通信终端设备制造	31097.9	2328.0		
雷达及配套设备制造				
广播电视设备制造	2025.6	385.7		
广播电视节目制作及发射设备制造				
广播电视接收设备制造	394.6	385.7		
广播电视专用配件制造	1631.0			
专用音响设备制造				
应用电视设备及其他广播电视设备制造				
非专业视听设备制造	2236.7			
电视机制造				
音响设备制造	2188.7			
影视录放设备制造	48.0			
电子器件制造	20180.1	3585.3	478.3	
电子真空器件制造	587.0			
半导体分立器件制造	1603.7	63.3		

指标名称	技术改造经费支出	购买境内技术经费支出	引进境外技术经费支出	引进境外技术的消化吸收经费支出
集成电路制造	16683.7	1621.9	29.7	
显示器件制造				
半导体照明器件制造	499.2			
光电子器件制造	767.5	1900.1	448.6	
其他电子器件制造	39.0			
电子元件及电子专用设备制造	138032.1	10030.1	5932.6	710.9
电阻电容电感元件制造	5335.2	2932.9		
电子电路制造	2527.3			
敏感元件及传感器制造	25341.9	160.7		710.8
电声器件及零件制造	686.8			
电子专用材料制造	75776.6	56.3		
其他电子元件制造	28364.3	6880.2	5932.6	0.1
智能消费设备制造	13160.3	899.6	3.3	
可穿戴智能设备制造	57.7	33.2		
智能车载设备制造	1191.0			
智能无人飞行器制造		178.5		
其他智能消费设备制造	11911.6	687.9	3.3	
其他电子设备制造	1021.9	186.9		
按地区分组				
杭州市	63021.4	4660.8	5816.5	0.1
宁波市	83001.9	6574.1	448.6	710.8
温州市	15018.7	4504.7	20.9	
嘉兴市	25822.3	3.2		0.1
湖州市	11690.5	189.3		
绍兴市	8358.4	80.0		
金华市	13758.5	1924.0	125.0	
衢州市	25452.1			
舟山市	348.6	348.6		
台州市	2261.4	13.5	3.3	
丽水市	591.9			

6-22 计算机及办公设备制造业基本情况（2021）

指标名称	企业数（个）	从业人员平均人数（人）	资产总计（亿元）	主营业务收入（亿元）	利润总额（亿元）
总计	**170**	**46808**	**590.4**	**693.8**	**26.7**
按行业分组					
计算机及办公设备制造业	170	46808	590.4	693.8	26.7
计算机整机制造	8	2364	63.3	223.2	2.5
计算机零部件制造	41	23504	189.9	172.4	5.5
计算机外围设备制造	55	11234	128.6	134.5	7.5
工业控制计算机及系统制造	10	713	9.0	7.4	0.7
信息安全设备制造	3	96	1.6	2.0	
其他计算机制造	21	5361	173.1	135.3	10.6
办公设备制造	32	3536	24.9	18.9	
复印和胶印设备制造	11	1050	12.9	6.4	-0.3
计算器及货币专用设备制造	21	2486	12.0	12.5	0.3
按地区分组					
杭州市	50	10688	177.2	306.5	10.3
宁波市	45	11563	180.9	188.6	12.3
温州市	27	3829	26.7	26.0	1.2
嘉兴市	31	18551	174.1	139.0	1.8
湖州市	6	943	8.9	15.0	0.8
绍兴市	5	481	9.5	2.8	-0.1
金华市	3	492	10.5	13.6	0.5
衢州市	1	53	0.4	0.5	
台州市	2	208	2.2	1.9	

6-23　计算机及办公设备制造业 R&D 人员情况（2021）

指标名称	有 R&D 活动的企业数（个）	R&D 人员（人）	＃全时人员	＃研究人员	R&D 人员折合全时当量（人年）
总计	**105**	**5437**	**4282**	**1337**	**4153.6**
按行业分组					
计算机及办公设备制造业	105	5437	4282	1337	4153.6
计算机整机制造	2	230	184	112	118.7
计算机零部件制造	25	2727	2214	325	2174.7
计算机外围设备制造	31	800	566	198	614.6
工业控制计算机及系统制造	6	187	158	96	160.6
信息安全设备制造	1	20	18	6	15.8
其他计算机制造	16	971	719	441	624.3
办公设备制造	24	502	423	159	444.9
复印和胶印设备制造	9	145	107	40	127.1
计算器及货币专用设备制造	15	357	316	119	317.8
按地区分组					
杭州市	33	1086	897	422	801.6
宁波市	24	1329	940	494	895.5
温州市	21	380	324	90	322.6
嘉兴市	14	2335	1911	233	1897.9
湖州市	5	135	111	45	118.3
绍兴市	4	89	69	43	76.1
金华市	1	16	11	5	11.3
衢州市	1	11	10	3	7.5
台州市	2	56	9	2	22.8

6-24 计算机及办公设备制造业 R&D 经费情况（2021）

单位：万元

指标名称	R&D经费内部支出	#人员劳务费	#仪器和设备	#政府资金	#企业资金	R&D经费外部支出
总计	**170344.3**	**58741.6**	**6988.5**	**1436.2**	**168908.1**	**44856.2**
按行业分组						
计算机及办公设备制造业	170344.3	58741.6	6988.5	1436.2	168908.1	44856.2
计算机整机制造	6841.9	4777.5	15.5		6841.9	1967.1
计算机零部件制造	68189.4	20468.7	2108.8	156.0	68033.4	405.2
计算机外围设备制造	18720.6	7162.5	1161.8	810.7	17909.9	616.5
工业控制计算机及系统制造	4174.9	2794.4	131.5		4174.9	2867.8
信息安全设备制造	424.3	79.6	80.4	181.0	243.3	
其他计算机制造	62173.3	18267.0	3468.6	240.0	61933.3	38316.9
办公设备制造	9819.9	5191.9	21.9	48.5	9771.4	682.7
复印和胶印设备制造	4492.5	2148.8	12.3	28.4	4464.1	645.2
计算器及货币专用设备制造	5327.4	3043.1	9.6	20.1	5307.3	37.5
按地区分组						
杭州市	27139.4	15226.2	891.3	991.7	26147.7	5238.4
宁波市	68690.5	19948.2	4233.7	240.0	68450.5	38993.9
温州市	7342.6	3381.1	9.1	20.1	7322.5	54.6
嘉兴市	56118.0	15805.8	1328.9	18.0	56100.0	5.0
湖州市	7087.6	2282.0	510.0	138.0	6949.6	31.0
绍兴市	3146.0	1663.2		28.4	3117.6	533.3
金华市	181.7	159.3			181.7	
衢州市	202.8	51.3			202.8	
台州市	435.7	224.5	15.5		435.7	

6–25 计算机及办公设备制造业企业办研发机构情况（2021）

指标名称	有研发机构的企业数（个）	机构数（个）	机构人员（人）	机构经费支出（万元）	机构仪器设备（万元）
总计	103	117	6361	244038.0	56599.3
按行业分组					
计算机及办公设备制造业	103	117	6361	244038.0	56599.3
计算机整机制造	4	13	405	7789.9	3640.9
计算机零部件制造	22	22	2556	71837.4	14390.3
计算机外围设备制造	33	33	1070	29567.6	11359.4
工业控制计算机及系统制造	6	6	250	9076.8	1306.6
信息安全设备制造					
其他计算机制造	16	21	1456	111294.1	18997.2
办公设备制造	22	22	624	14472.2	6904.9
复印和胶印设备制造	7	7	176	5685.8	2318.8
计算器及货币专用设备制造	15	15	448	8786.4	4586.1
按地区分组					
杭州市	30	43	1620	45032.2	17454.7
宁波市	22	22	1549	114509.8	21265.2
温州市	21	22	585	11531.9	6240.9
嘉兴市	21	21	2317	61807.0	9902.3
湖州市	5	5	153	7511.1	986.4
绍兴市	1	1	73	3031	660
金华市	1	1	18	183	38
衢州市	1	1	11	271	37
台州市	1	1	35	161	16

6-26 计算机及办公设备制造业企业专利情况（2021）

单位：件

指标名称	专利申请数	# 发明专利	有效发明专利
总计	**1032**	**401**	**1174**
按行业分组			
计算机及办公设备制造业	1032	401	1174
计算机整机制造	4	2	4
计算机零部件制造	209	67	346
计算机外围设备制造	246	78	380
工业控制计算机及系统制造	65	26	67
信息安全设备制造			2
其他计算机制造	299	186	240
办公设备制造	209	42	135
复印和胶印设备制造	65	21	55
计算器及货币专用设备制造	144	21	80
按地区分组			
杭州市	378	178	501
宁波市	241	97	198
温州市	173	36	102
嘉兴市	122	49	319
湖州市	77	26	32
绍兴市	34	12	17
金华市	7	3	2
衢州市			
台州市			3

6-27 计算机及办公设备制造业企业新产品开发、生产及销售情况（2021）

指标名称	新产品开发项目数（项）	新产品开发经费（万元）	新产品销售收入（万元）	#出口
总计	**1041**	**186076.4**	**2883220.6**	**1126700.3**
按行业分组				
计算机及办公设备制造业	1041	186076.4	2883220.6	1126700.3
计算机整机制造	49	10499.9	243245.5	219730.0
计算机零部件制造	191	25856.4	1069537.2	700894.4
计算机外围设备制造	297	49615.9	812986.7	140760.2
工业控制计算机及系统制造	40	6505.2	18756.8	
信息安全设备制造	1	605.0	500.0	
其他计算机制造	313	79289.1	652373.2	37683.6
办公设备制造	150	13704.9	85821.2	27632.1
复印和胶印设备制造	59	5003.9	25800.6	6986.2
计算器及货币专用设备制造	91	8701.0	60020.6	20645.9
按地区分组				
杭州市	308	70143.2	975307.2	315808.8
宁波市	371	78611.6	696649.3	47678.8
温州市	145	11471.1	104505.5	29298.6
嘉兴市	135	12666.6	934203.1	724015.1
湖州市	28	8160.7	129227.6	7806.2
绍兴市	23	3390.2	7433.7	2092.8
金华市	16	909.9	33666.1	
衢州市	5	269.6		
台州市	10	453.5	2228.1	

6-28 计算机及办公设备制造业企业技术获取和技术改造情况（2021）

单位：万元

指标名称	技术改造经费支出	购买境内技术经费支出	引进境外技术经费支出	引进境外技术的消化吸收经费支出
总计	15120.2	2130.3	0	0
按行业分组				
计算机及办公设备制造业	15120.2	2130.3		
计算机整机制造	324.9			
计算机零部件制造	1536.0			
计算机外围设备制造	2921.8	2119.6		
工业控制计算机及系统制造				
信息安全设备制造				
其他计算机制造	9478.5	10.7		
办公设备制造	859.0			
复印和胶印设备制造	859.0			
计算器及货币专用设备制造				
按地区分组				
杭州市	3714.1	10.7		
宁波市	9478.5	1728.0		
温州市				
嘉兴市	1927.6	391.6		
湖州市				
绍兴市				
金华市				
衢州市				
台州市				

6-29 医疗仪器设备及仪器仪表制造业基本情况（2021）

指标名称	企业数（个）	从业人员平均人数（人）	资产总计（亿元）	主营业务收入（亿元）	利润总额（亿元）
总计	**1116**	**195343**	**2718.4**	**1757.8**	**240.1**
按行业分组					
医疗仪器设备及仪器仪表制造业	1116	195343	2718.4	1757.8	240.1
医疗仪器设备及器械制造	256	43427	530.2	300.2	56.7
医疗诊断、监护及治疗设备制造	83	14811	236.6	144.3	34.7
口腔科用设备及器具制造	9	1077	10.0	9.2	1.9
医疗实验室及医用消毒设备和器具制造	9	827	7.5	6.3	0.5
医疗、外科及兽医用器械制造	98	19140	191.1	98.2	17.7
机械治疗及病房护理设备制造	12	1827	16.3	11.1	1.2
康复辅具制造	14	1414	11.2	9.4	-0.2
其他医疗设备及器械制造	31	4331	57.6	21.8	1.0
通用仪器仪表制造	654	107109	1555.9	1057.8	107.8
工业自动控制系统装置制造	369	57770	855.6	618.4	66.3
电工仪器仪表制造	89	16545	386.4	193.2	18.7
绘图、计算及测量仪器制造	22	3748	15.8	17.9	1.0
实验分析仪器制造	32	5454	39.3	36.6	6.2
试验机制造	14	915	5.4	5.5	0.3
供应用仪器仪表制造	93	15404	146.8	131.1	11.7
其他通用仪器制造	35	7273	106.7	55.1	3.6
专用仪器仪表制造	147	25706	369.1	222.0	29.1
环境监测专用仪器仪表制造	28	3054	28.5	25.5	3.1

指标名称	企业数（个）	从业人员平均人数（人）	资产总计（亿元）	主营业务收入（亿元）	利润总额（亿元）
运输设备及生产用计数仪表制造	37	11740	187.8	104.5	10.4
导航、测绘、气象及海洋专用仪器制造	8	642	5.5	4.2	0.4
农林牧渔专用仪器仪表制造	4	517	6.5	3.6	0.6
地质勘探和地震专用仪器制造	3	163	3.3	1.9	0.2
教学专用仪器制造	19	2805	21.4	14.9	2.9
核子及核辐射测量仪器制造	1	30	0.7	0.2	0.0
电子测量仪器制造	33	5467	102.5	59.2	10.8
其他专用仪器制造	14	1288	12.9	8.0	0.5
光学仪器制造	50	17713	245.5	167.8	44.9
其他仪器仪表制造业	9.0	1388	17.7	9.9	1.5
按地区分组					
杭州市	317	62964	1160.4	642.7	94.2
宁波市	267	50795	725.7	469.0	66.5
温州市	175	29819	336.5	234.5	30.2
嘉兴市	105	13427	153.9	140.1	16.6
湖州市	42	3911	39.6	31.1	3.2
绍兴市	46	5649	89.0	52.4	6.6
金华市	48	6394	58.7	45.3	4.7
衢州市	8	2174	15.6	11.4	1.8
舟山市	9	744	4.8	4.5	0.4
台州市	91	18648	127.6	118.8	15.3
丽水市	8	818	6.7	8	0.6

6-30 医疗仪器设备及仪器仪表制造业 R&D 人员情况（2021）

指标名称	有 R&D 活动的企业数（个）	R&D 人员（人）	# 全时人员	# 研究人员	R&D 人员折合全时当量（人年）
总计	**756**	**25604**	**18809**	**8802**	**19558.4**
按行业分组					
医疗仪器设备及仪器仪表制造	756	25604	18809	8802	19558.4
医疗仪器设备及器械制造	178	4323	3270	1214	3211.5
医疗诊断、监护及治疗设备制造	61	1640	1308	547	1172.8
口腔科用设备及器具制造	9	175	97	51	129.5
医疗实验室及医用消毒设备和器具制造	6	85	73	18	66.1
医疗、外科及兽医用器械制造	69	1754	1293	434	1336.2
机械治疗及病房护理设备制造	8	214	162	65	185.4
康复辅具制造	5	74	48	12	43.3
其他医疗设备及器械制造	20	381	289	87	278.2
通用仪器仪表制造	439	14437	10821	4831	11133.1
工业自动控制系统装置制造	252	7806	6094	2661	6085.8
电工仪器仪表制造	58	2493	1680	893	1921.9
绘图、计算及测量仪器制造	15	343	275	27	276.6
实验分析仪器制造	24	1238	1052	610	893.1
试验机制造	11	134	88	46	116.9
供应用仪器仪表制造	59	1872	1200	389	1428.1
其他通用仪器制造	20	551	432	205	410.7
专用仪器仪表制造	101	3281	2640	1205	2537.8
环境监测专用仪器仪表制造	21	409	349	182	307.2

指标名称	有R&D活动的企业数（个）	R&D人员（人）	#全时人员	#研究人员	R&D人员折合全时当量（人年）
运输设备及生产用计数仪表制造	21	1030	853	353	751.3
导航、测绘、气象及海洋专用仪器制造	7	110	85	48	86.6
农林牧渔专用仪器仪表制造	2	89	62	33	71.6
地质勘探和地震专用仪器制造	3	58	29	14	38.0
教学专用仪器制造	13	254	175	47	200.3
核子及核辐射测量仪器制造	1	3	2	1	1.7
电子测量仪器制造	22	1142	931	474	922.0
其他专用仪器制造	11	186	154	53	159.2
光学仪器制造	30	3455	1980	1536	2593.2
其他仪器仪表制造业	8	108	98	16	82.8
按地区分组					
杭州市	207	7964	6708	3356	6166.4
宁波市	178	8041	5047	2929	6059.8
温州市	121	3353	2708	834	2729.0
嘉兴市	54	1257	885	410	858.1
湖州市	30	462	384	102	338.0
绍兴市	36	851	652	247	643.8
金华市	38	748	502	200	571.5
衢州市	7	303	224	128	253.4
舟山市	6	50	28	16	36.6
台州市	73	2471	1587	552	1818.1
丽水市	6	104	84	28	83.8

6-31 医疗仪器设备及仪器仪表制造业 R&D 经费情况（2021）

单位：万元

指标名称	R&D 经费内部支出	#人员劳务费	#仪器和设备	#政府资金	#企业资金	R&D 经费外部支出
总计	**598501.5**	**263846.0**	**42013.0**	**16780.9**	**581540.4**	**23514.2**
按行业分组						
医疗仪器设备及仪器仪表制造业	598501.5	263846.0	42013.0	16780.9	581540.4	23514.2
医疗仪器设备及器械制造	112475.0	43427.0	5208.8	6051.7	106423.3	6295.7
医疗诊断、监护及治疗设备制造	46884.8	20259.6	1725.0	1170.2	45714.6	2805.8
口腔科用设备及器具制造	3492.7	1547.7	145.1		3492.7	57.3
医疗实验室及医用消毒设备和器具制造	1284.3	515.6	6.2	20.0	1264.3	47.5
医疗、外科及兽医用器械制造	42287.7	15837.1	2177.4	4756.5	37531.2	2805.2
机械治疗及病房护理设备制造	6066.8	1934.7	15.4		6066.8	248.7
康复辅具制造	1428.3	397.1	14.4	40.0	1388.3	68.4
其他医疗设备及器械制造	11030.4	2935.2	1125.3	65.0	10965.4	262.8
通用仪器仪表制造	318143.6	146323.8	23168.7	8641.8	309448.8	12899.8
工业自动控制系统装置制造	187019.6	87653.3	12162.8	6702.1	180317.5	9373.1
电工仪器仪表制造	58264.0	27455.2	1701.1	643.7	57567.3	1029.5
绘图、计算及测量仪器制造	4061.9	1549.4	185.4	66.6	3995.3	42.7
实验分析仪器制造	27415.4	11751.0	5968.3	529.3	26886.1	884.1
试验机制造	2899.1	807.9	621.7	29.0	2870.1	284.4
供应用仪器仪表制造	27411.5	10160.2	2393.4	621.9	26789.6	1195.7
其他通用仪器制造	11072.1	6946.8	136.0	49.2	11022.9	90.3
专用仪器仪表制造	68536.6	34092.8	2811.1	1246.6	67290.0	2088.8

指标名称	R&D经费内部支出	#人员劳务费	#仪器和设备	#政府资金	#企业资金	R&D经费外部支出
环境监测专用仪器仪表制造	8923.3	4535.5	773.7	242.1	8681.2	203.4
运输设备及生产用计数仪表制造	22683.3	9491.0	317.9	370.7	22312.6	368.3
导航、测绘、气象及海洋专用仪器制造	1980.8	855.0	3.7	50.4	1930.4	17.2
农林牧渔专用仪器仪表制造	2041.4	1327.4		382.0	1659.4	13.9
地质勘探和地震专用仪器制造	1049.1	436.7	214.7		1049.1	
教学专用仪器制造	3457.8	1536.7	205.0	128.5	3329.3	82.8
核子及核辐射测量仪器制造	214.7	28.5	153.9		214.7	
电子测量仪器制造	24798.2	14245.2	1140.2	63.1	24735.1	1387.5
其他专用仪器制造	3388.0	1636.8	2.0	9.8	3378.2	15.7
光学仪器制造	97689.8	39173.9	10731.2	840.8	96721.8	2207.2
其他仪器仪表制造业	1656.5	828.5	93.2		1656.5	22.7
按地区分组						
杭州市	198778.0	96251.8	17603.6	10523.8	188201.2	8241.7
宁波市	197001.7	82631.5	15916.9	1862.5	195139.2	7729.2
温州市	74595.5	32224.5	2287.0	935.4	73660.1	1629.7
嘉兴市	29852.2	11596.2	774.1	689.5	29162.7	2375.8
湖州市	8384.6	3085.3	501.9	535.3	7849.3	274.9
绍兴市	21955.3	7941.4	1834.9	490.2	21465.1	268.8
金华市	15666.7	6342.3	620.5	810.8	14855.9	500.9
衢州市	7445.5	4585.6	84.5	397.5	7048.0	88.0
舟山市	1312.1	447.0			1312.1	
台州市	39760.7	17425.4	2373.1	449.0	39184.5	2361.3
丽水市	3749.2	1315.0	16.5	86.9	3662.3	43.9

6-32 医疗仪器设备及仪器仪表制造业企业办研发机构情况（2021）

指标名称	有研发机构的企业数（个）	机构数（个）	机构人员（人）	机构经费支出（万元）	机构仪器设备（万元）
总计	664	698	30679	890584.8	594509.7
按行业分组					
医疗仪器设备及仪器仪表制造业	664	698	30679	890584.8	594509.7
医疗仪器设备及器械制造	138	147	4751	148933.4	72028.4
医疗诊断、监护及治疗设备制造	43	46	1860	65227.0	23779.1
口腔科用设备及器具制造	7	7	167	4065.6	2228.9
医疗实验室及医用消毒设备和器具制造	6	6	103	2049.5	712.1
医疗、外科及兽医用器械制造	48	52	1753	50641.4	32195.4
机械治疗及病房护理设备制造	6	6	215	5919.7	1027.7
康复辅具制造	8	10	204	5905.2	4009.7
其他医疗设备及器械制造	20	20	449	15125.0	8075.5
通用仪器仪表制造	403	419	17462	484909.3	349019.7
工业自动控制系统装置制造	248	256	9270	272476.0	268411.4
电工仪器仪表制造	51	55	2947	84685.3	24127.8
绘图、计算及测量仪器制造	13	13	404	6289.8	2983.8
实验分析仪器制造	24	25	1591	37730.4	16417.0
试验机制造	7	7	118	2475.4	1639.0
供应用仪器仪表制造	40	43	1677	39449.5	19646.1
其他通用仪器制造	20	20	1455	41803	15795
专用仪器仪表制造	85	92	4191	105060.2	47101.7
环境监测专用仪器仪表制造	14	14	646	16842.4	3925.8

指标名称	有研发机构的企业数（个）	机构数（个）	机构人员（人）	机构经费支出（万元）	机构仪器设备（万元）
运输设备及生产用计数仪表制造	19	23	1313	31397.7	15126.5
导航、测绘、气象及海洋专用仪器制造	6	6	136	4729.7	1544.4
农林牧渔专用仪器仪表制造	2	4	39	2638.8	1411.3
地质勘探和地震专用仪器制造	1	1	33	1323.7	2914.4
教学专用仪器制造	13	14	516	8966.1	4945.8
核子及核辐射测量仪器制造	1	1	5	131.3	315.3
电子测量仪器制造	21	21	1359	34519.4	10849.4
其他专用仪器制造	8	8	144	4511.1	6068.8
光学仪器制造	32	34	4034	146657.1	124311.8
其他仪器仪表制造业	6	6	241	5024.8	2048.1
按地区分组					
杭州市	192	210	11407	336533.4	123442.0
宁波市	166	166	8918	279015.3	325557.2
温州市	110	113	3909	101611.4	54644.5
嘉兴市	78	82	2054	67478.9	37115.7
湖州市	25	26	505	11001.0	7450.7
绍兴市	24	26	956	26969.7	11704.5
金华市	26	30	780	18314.0	13354.8
衢州市	4	5	362	10128.6	7777.5
舟山市	6	6	59	1333.6	900.8
台州市	32	33	1714	37926.4	12228.9
丽水市	1	1	15	272.5	333.1

6-33 医疗仪器设备及仪器仪表制造业企业专利情况（2021）

单位：件

指标名称	专利申请数	# 发明专利	有效发明专利
总计	**8517**	**3178**	**7171**
按行业分组			
医疗仪器设备及仪器仪表制造业	8517	3178	7171
医疗仪器设备及器械制造	1780	634	1812
医疗诊断、监护及治疗设备制造	915	377	643
口腔科用设备及器具制造	60	5	38
医疗实验室及医用消毒设备和器具制造	39	15	14
医疗、外科及兽医用器械制造	536	199	872
机械治疗及病房护理设备制造	84	8	55
康复辅具制造	54	10	65
其他医疗设备及器械制造	92	20	125
通用仪器仪表制造	4703	1780	4051
工业自动控制系统装置制造	2683	1071	2690
电工仪器仪表制造	765	275	630
绘图、计算及测量仪器制造	103	15	49
实验分析仪器制造	348	167	151
试验机制造	85	29	44
供应用仪器仪表制造	477	122	235
其他通用仪器制造	242	101	252
专用仪器仪表制造	1141	343	737
环境监测专用仪器仪表制造	176	68	108

指标名称	专利申请数	＃发明专利	有效发明专利
运输设备及生产用计数仪表制造	278	52	147
导航、测绘、气象及海洋专用仪器制造	79	39	48
农林牧渔专用仪器仪表制造	55	11	50
地质勘探和地震专用仪器制造	6	2	15
教学专用仪器制造	134	8	59
核子及核辐射测量仪器制造			
电子测量仪器制造	375	148	229
其他专用仪器制造	38	15	81
光学仪器制造	872	416	544
其他仪器仪表制造业	21	5	27
按地区分组			
杭州市	3475	1640	3220
宁波市	2217	858	1798
温州市	798	174	572
嘉兴市	556	116	390
湖州市	207	56	181
绍兴市	330	103	178
金华市	249	58	171
衢州市	63	20	31
舟山市	20	1	12
台州市	578	147	603
丽水市	24	5	15

6-34 医疗仪器设备及仪器仪表制造业企业新产品开发、生产及销售情况（2021）

指标名称	新产品开发项目数（项）	新产品开发经费（万元）	新产品销售收入（万元）	#出口
总计	**6801**	**1003307.1**	**8409570.2**	**1459318.2**
按行业分组				
医疗仪器设备及仪器仪表制造业	6801	1003307.1	8409570.2	1459318.2
医疗仪器设备及器械制造	1913	195073.3	1170073.7	394262.5
医疗诊断、监护及治疗设备制造	839	92824.4	524301.2	185946.0
口腔科用设备及器具制造	64	5064.0	54541.3	23182.8
医疗实验室及医用消毒设备和器具制造	40	2185.9	16859.0	1320.1
医疗、外科及兽医用器械制造	681	62720.5	364798.3	114498.8
机械治疗及病房护理设备制造	59	7071.4	60260.4	1578.5
康复辅具制造	29	5207.8	40389.6	18693.4
其他医疗设备及器械制造	201	19999.3	108923.9	49042.9
通用仪器仪表制造	3633	528030.0	5727109.9	826071.9
工业自动控制系统装置制造	2172	300970.9	3416118.8	396343.6
电工仪器仪表制造	491	86036.4	1288683.9	147216.6
绘图、计算及测量仪器制造	97	6784.6	75930.6	40934.0
实验分析仪器制造	191	41622.4	154047.9	22331.8
试验机制造	84	4032.9	8424.4	7.9
供应用仪器仪表制造	429	54298.0	506140.3	195970.3
其他通用仪器制造	169	34284.8	277764.0	23267.7
专用仪器仪表制造	920	129645.9	981272.1	61366.4

指标名称	新产品开发项目数（项）	新产品开发经费（万元）	新产品销售收入（万元）	# 出口
环境监测专用仪器仪表制造	204	19234.0	70360.7	1658.3
运输设备及生产用计数仪表制造	249	39022.6	473182.1	20468.8
导航、测绘、气象及海洋专用仪器制造	49	4451.2	14968.3	5583.4
农林牧渔专用仪器仪表制造	5	2340.0	15468.4	3210.3
地质勘探和地震专用仪器制造	25	2025.7	7956.2	
教学专用仪器制造	122	9532.4	66506.8	8239.3
核子及核辐射测量仪器制造	11	439.9	2300.0	1566.7
电子测量仪器制造	194	42902.9	288337.7	20054.3
其他专用仪器制造	61	9697.2	42191.9	585.3
光学仪器制造	281	144489.6	503757.7	176180.9
其他仪器仪表制造业	54	6068.3	27356.8	1436.5
按地区分组				
杭州市	2275	402561.5	2678906.8	394497.2
宁波市	1622	291668.0	2000486.9	421956.4
温州市	956	104727.7	1428642.1	159195.1
嘉兴市	557	67308.5	706835.6	177533.4
湖州市	253	14398.9	191381.0	27131.3
绍兴市	303	30794.1	338320.8	21969.2
金华市	216	20925.0	239617.5	47907.0
衢州市	42	9874.3	104005.1	1067.8
舟山市	34	2045.6	22346.0	480.7
台州市	521	55036.9	635755.2	207167.4
丽水市	22	3966.6	63273.2	412.7

6–35 医疗仪器设备及仪器仪表制造业企业技术获取和技术改造情况（2021）

单位：万元

指标名称	技术改造经费支出	购买境内技术经费支出	引进境外技术经费支出
总计	**94680.7**	**9502.1**	**2137.7**
按行业分组			
医疗仪器设备及仪器仪表制造业	94680.7	9502.1	2137.7
医疗仪器设备及器械制造	3183.4	117.7	52.0
医疗诊断、监护及治疗设备制造	370.4	26.5	
口腔科用设备及器具制造	9.6		
医疗实验室及医用消毒设备和器具制造			
医疗、外科及兽医用器械制造	2599.3		52.0
机械治疗及病房护理设备制造		6.2	
康复辅具制造	201.8	85.0	
其他医疗设备及器械制造	2.3		
通用仪器仪表制造	49812.2	9156.7	2085.7
工业自动控制系统装置制造	41527.9	7830.0	2085.7
电工仪器仪表制造	3816.2		
绘图、计算及测量仪器制造	1107.9		
实验分析仪器制造	879.9		
试验机制造			
供应用仪器仪表制造	2191.4	1326.7	
其他通用仪器制造	288.9		
专用仪器仪表制造	22683.9	227.7	

指标名称	技术改造经费支出	购买境内技术经费支出	引进境外技术经费支出
环境监测专用仪器仪表制造			
运输设备及生产用计数仪表制造	12525.7	130.2	
导航、测绘、气象及海洋专用仪器制造		97.5	
农林牧渔专用仪器仪表制造			
地质勘探和地震专用仪器制造			
教学专用仪器制造	481.9		
核子及核辐射测量仪器制造			
电子测量仪器制造	9676.3		
其他专用仪器制造			
光学仪器制造	19001.2		
其他仪器仪表制造业			
按地区分组			
杭州市	18177.2	353.2	52.0
宁波市	30863.8	8681.6	1742.3
温州市	22169.1	440.8	
嘉兴市	116.8		323.4
湖州市	118.4	26.5	
绍兴市	18529.7		
金华市	1892.7		
衢州市			
舟山市			
台州市	2813.0		20.0
丽水市			

主 要 指 标 解 释

科技活动：指在自然科学、农业科学、医药科学、工程与技术科学、人文与社会科学领域（以下简称科学技术领域）中与科技知识的产生、发展、传播和应用密切相关的有组织的活动。为核算科技投入的需要，科技活动可分为科学研究与试验发展（R&D）、科学研究与试验发展成果应用及相关的科技服务三类活动。

科学研究与试验发展：指在科学技术领域，为增加知识总量以及运用这些知识去创造新的应用而进行的系统的创造性的活动，包括基础研究、应用研究、试验发展三类活动。

基础研究：指为了获得关于现象和可观察事实的基本原理的新知识（揭示客观事物的本质、运动规律，获得新发现、新学说）而进行的实验性或理论性研究，它不以任何专门或特定的应用或使用为目的。其成果以科学论文和科学著作为主要形式。

应用研究：指为获得新知识而进行的创造性研究，主要针对某一特定的目的或目标。应用研究是为了确定基础研究成果可能的用途，或是为达到预定的目标探索应采取的新方法（原理性）或新途径。其成果形式以科学论文、专著、原理性模型或发明专利为主。

试验发展：指利用从基础研究、应用研究和实际经验中所获得的现有知识，为产生新的产品、材料和装置，建立新的工艺、系统和服务，以及为了对已产生和建立的上述各项做实质性的改进而进行的系统性工作。其成果形式主要是专利、专有技术、新产品原型或样机样件等。

科学研究与试验发展成果应用：指为使试验发展阶段产生的新产品、材料和装置，建立的新工艺、系统和服务以及做实质性改进后的上述各项能够投入生产或实际应用，为了解决所存在的技术问题而进行的系统性的工作。这类活动的成果形式大多是可供生产和实际操作的带有技术和工艺参数的图纸、技术标准和操作规范。

科技服务：指与科学研究与实验发展有关，并有助于科学技术知识的产生、传播和应用的活动。

从业人员年平均人数：从业人员是指在从事劳动并取得劳动报酬或经营收入的全部劳动力。从业人员年平均人数是指在报告期内平均每天拥有的从业人员数。

科学家和工程师：指具有高、中级技术职称（职务）的人员和无高、中级技术职称（职务）的大学本科及以上学历的人员。

专业技术人员：指从事专业技术工作的人员以及从事专业技术管理工作且在 1983 年以前审定了专业技术职称或在 1984 年以后聘任了专业技术职务的人员。

工程技术人员：指负担工程技术和工程技术管理工作并具有工程技术能力的人员。

从业人员劳动报酬：指工业企业在报告期内直接支付给本企业全部从业人员的劳动报酬总额，包括职工工资总额和企业其他从业人员劳动报酬两部分。

工业总产值：指以货币表现的工业企业在报告期内生产的工业产品总量，包括本年生产成品价值，对外加工费收入，自制半成品、在制品期末期初差额价值。

产品销售收入：指工业企业销售产成品、自制半成品的收入和提供工业性劳务等取得的收入总额。

产品销售利润：指企业销售收入扣除其成本、费用、税金后的余额。

利润总额：指企业在生产经营过程中各种收入扣除各种消耗后的盈余，反映企业在报告期内实现的盈亏总额（亏损以"-"表示），包括企业的营业利润、补贴收入、各种投资净收益和营业外收支净额。

年末固定资产原价：指企业在建造、购置、安装、改建、扩建、技术改造固定资产时实际支出的全部货币总额。

生产经营用机器设备原价：指企业在年末拥有的直接服务于企业生产、经营过程的各种机器设备的原价。

微电子控制机器设备原价：指企业在年末拥有的、利用微电子技术（包括电子计算机、集成电路等）对生产过程进行控制、观察测量、测试等生产机器设备的原价。

科技活动人员：指企业在报告年度直接从事（或参与）科技活动以及专门从事科技活动管理和为科技活动提供直接服务的人员。累计从事科技活动的时间占制度工作时间10%（不含）以下的人员不统计。

科技活动全时人员：指企业科技活动人员中在报告年度实际从事科技活动的时间占制度工作时间90%（含）以上的人员。

科技活动非全时人员：指企业科技活动人员中在报告年度实际从事科技活动的时间占制度工作时间在10%（含）～90%（不含）的人员。

研究与试验发展人员：指企业科技活动人员中从事基础研究、应用研究和试验发展三类活动的人员。

科技活动经费筹集总额：指企业在报告年度从各种渠道筹集到的计划用于科技活动的经费，包括企业资金、金融机构贷款、政府资金、事业单位资金、国外资金、其他资金等。

企业资金：指报告年度本企业从自有资金中提取或接受在国内注册的其他企业委托获得的计划用于科研和技术开发活动的经费，不包括来自政府有关部门、金融机构以及国外的计划用于科技活动的经费。

金融机构贷款：指企业从各类金融机构获得的用于科技活动的贷款。

政府资金：指企业从各级政府部门获得的计划用于科技活动的经费，包括科技专项费、科研基建费和贷款等。

国外资金：指本企业从中国以外的企业、大学、国际组织、民间组织、金融机构及外国政府获得的计划用于科技活动的经费，不包括从在国内注册的外资企业获得的计划用于科技活动的经费。

其他资金：指科技活动执行单位从上述渠道以外获得的计划用于科技活动的经费，如来自民间非营利机构的资助和个人捐赠等。

科技活动经费支出总额：指企业在报告年度实际支出的全部科技活动费用，包括列入技术开发的经费支出以及技措技改等资金实际用于科技活动的支出，不包括生产性支出和归还贷款支出。科技活动经费支出总额分为内部支出和外部支出。

科技活动经费内部支出：指企业在报告年度用于内部开展科技活动实际支出的费用，包括外协加工费，不包括委托研制或合作研制而支付外单位的经费。

科技活动人员劳务费：指以货币或实物形式直接或间接支付给科技活动人员的劳动报酬及各种费用，包括各种形式的工资、补助工资、津贴、价格补贴、奖金、福利、失业保险、养老保险、医疗保险、工伤保险、人民助学金等。为科技活动提供间接服务人员的劳务费计入其他支出。

固定资产购建：指企业在报告年度为开展科技活动，使用非基本建设资金进行固定资产购置，以及使用基本建设费进行新建、改建、扩建、购置、安装科研用固定资产以及进行科研设备改造及大修理等的实际支出。

设备购置：指在报告期内为进行科技活动而购置的科研仪器设备、图书资料、实验材料和标本以及其他设备的支出。

研究与试验发展经费支出：指报告年度在企业科技活动经费内部支出中用于基础研究、应用研究和试验发展三类项目以及这三类项目的管理和服务费用的支出。

基础研究支出：指报告年度在企业科技活动经费内部支出中用于基础研究项目以及这类项目的管理和服务费用的支出。

应用研究支出：指报告年度在企业科技活动经费内部支出中用于应用研究项目以及这类项目的管理和服务费用的支出。

试验发展支出：指报告年度在企业科技活动经费内部支出中用于试验发展项目以及这类项目的管理和服务费用的支出。

科技活动经费外部支出：指企业在报告年度委托其他单位或与其他单位合作开展科技活动而支付给其他单位的经费，不包括外协加工费。

新产品：指采用新技术原理、新设计构思研制、生产的全新产品，或在结构、材质、工艺等某一方面比原有产品有明显改进，从而显著提高了产品性能或扩大了使用功能的产品。

新产品产值：指报告年度本企业生产的新产品的价值。

新产品销售收入：指报告年度本企业销售新产品实现的销售收入。

新产品出口收入：指报告年度本企业将新产品出售给外贸部门和直接出售给外商所实现的销售收入。

全部科技项目数：指企业在报告年度当年立项并开展研制工作和以前年份立项仍继续进行研制的科技项目数，包括当年完成和年内研制工作已告失败的科技项目，但不包括委托外单位进行研制的科技项目。

研究与试验发展项目数：指企业在报告年度进行的全部科技项目中属于研究与试验发展的项目数。

专利申请数：指企业在报告年度内向专利行政部门提出专利申请并被受理的件数。

发明专利申请数：指企业在报告年度内向专利行政部门提出发明专利申请并被受理的件数。

拥有发明专利数：指企业作为专利权人在报告年度拥有的、经国内外专利行政部门授权且在有效期内的发明专利件数。

技术改造经费支出：指本企业在报告年度进行技术改造而发生的费用支出。在技术改造经费支出中，属于研究与试验发展的经费支出，除了包含在技术改造经费支出中，还要计入企业研究与试验发展经费支出中。

技术引进经费支出：指企业在报告年度用于购买国外技术，包括产品设计、工艺流程、图纸、配方、专利等技术资料的费用支出，以及购买关键设备、仪器、样机和样件等的费用支出。

引进设计、图纸、工艺、配方、专利的支出：指企业在报告年度内用于购买国外产品设计、工艺流程、配方、专利、技术诀窍等的费用支出。

消化吸收的经费支出：指本企业在报告年度对国外引进项目进行消化吸收所支付的经费总额。

购买国内技术经费支出：指本企业在报告年度购买国内其他单位科技成果的经费支出。

享受各级政府对科技的减免税：指各级政府为了鼓励增加科技投入、促进高新技术产品开发、发展高新技术产业等而减负的各种税金总额。